高等院校环境类系列教材

持久性有机污染物及其防治

环 境 保 护 部 宣 传 教 育 中 心
环境保护部环境保护对外合作中心　编著
中 国 环 境 管 理 干 部 学 院

U0323021

中国环境出版社·北京

图书在版编目（CIP）数据

持久性有机污染物及其防治/环境保护部宣传教育中心，
环境保护部环境保护对外合作中心，中国环境管理干部
学院编著. —北京：中国环境出版社，2014.8
（高等院校环境类系列教材）
ISBN 978-7-5111-1894-3

Ⅰ．①持… Ⅱ．①环…②环…③中… Ⅲ．①持久性
—有机污染物—污染防治—高等学校—教材 Ⅳ．①X5

中国版本图书馆 CIP 数据核字（2014）第 120542 号

出 版 人　王新程
责任编辑　张维平
封面设计　彭　杉

出版发行　中国环境出版社
　　　　　（100062　北京市东城区广渠门内大街 16 号）
　　　　　网　　　址：http://www.cesp.com.cn
　　　　　电子邮箱：bjgl@cesp.com.cn
　　　　　联系电话：010-67112765（编辑管理部）
　　　　　　　　　　010-67112738（管理图书编辑部）
　　　　　发行热线：010-67125803，010-67113405（传真）
印　　刷　北京中科印刷有限公司
经　　销　各地新华书店
版　　次　2014 年 11 月第 1 版
印　　次　2014 年 11 月第 1 次印刷
开　　本　787×1092　1/16
印　　张　13
字　　数　290 千字
定　　价　48.00 元

《持久性有机污染物及其防治》
编写委员会

主　编：耿世刚

副主编：陈海君　齐海云

成　员：颜莹莹　苏　畅　李鹏辉　彭玉丹　郑艳芬

　　　　曹东杰　张一婷　张亚楠

专家指导：杨宏伟　吴昌敏　刘建国

前　言

　　持久性有机污染物（POPs）具有持久性、半挥发性、生物富集性和高毒性，在自然界中难降解，对人体健康和生态环境具有严重的危害，对人类的生存和社会的可持续发展构成了重大威胁。POPs对人类健康和全球生态环境的巨大危害引起世界各国政府、学术界、工业界和公众的广泛重视。

　　通过国际社会的共同努力，来自100多个国家的环境部长或高级官员于2001年5月22日在瑞典首都斯德哥尔摩签署了《关于持久性有机污染物的斯德哥尔摩公约》（简称"斯德哥尔摩公约"、"POPs公约"或"公约"），2004年5月17日，公约生效。2001年5月23日，中国政府在公约供开放签署的首日签署了公约。2004年6月25日，第十届全国人民代表大会常务委员会第十次会议批准公约，2004年11月11日，公约对中国生效。公约义务下的《国家实施计划》（NIP）也于2007年经国务院批准并启动实施。

　　履行《斯德哥尔摩公约》，对我国来说既是一个十分难得的机遇，同时又是一个严峻的挑战。机遇意味着我国将全面履行承诺，利用公约资金机制、双边、多边合作以及国家和地方的支持来逐步削减和淘汰公约中首批控制及后续增列的DDT、灭蚁灵、二噁英等POPs，逐步解决我国的持久性有机污染物问题。挑战则是历史遗留的POPs废物和污染场地环境隐患突出；二噁英排放量大面广、新增列物质不断增加；政策法规体系不完善，监督管理能力不足；替代品/替代技术缺乏，污染控制技术水平较低；POPs履约资金缺口大，投入不足等方面。

　　我国作为经济快速增长的发展中国家，POPs污染问题是我国迫切需要解决的问题。而公众特别是大学生对于POPs及其污染问题的正确、足够的认识和理解，对我国开展 POPs 污染防治具有重要作用。

本教材以大学本科或专科学生为教学对象，精心设计章节，论述了 POPs 的定义、特性、名单、基本性质，以及 POPs 的环境存在、危害、分析方法、环境行为、控制技术，探讨了国际国内针对 POPs 物质的应对措施，使学生掌握持久性有机污染物及其防治的基础知识，了解国际国内对持久性污染物防治的措施和手段，激发其进一步深入学习持久性有机污染物相关知识的兴趣，培养环境保护理念，使学生在今后的工作岗位上，成为环境友好的伙伴。

本书中第一章由彭玉丹编写，第二章由颜莹莹、彭玉丹编写，第三章由郑艳芬、曹东杰编写，第四章由郑艳芬、李鹏辉编写，第五章由曹东杰编写，第六章由张一婷、张亚楠编写，第七章由陈海君、张一婷编写，第八章由苏畅、齐海云编写。全书由耿世刚、齐海云统编。

感谢联合国工业发展组织（UNIDO）对本书提供的大力支持！

目　录

第一章　持久性有机污染物概述

近年来，持久性有机污染物作为一个新的全球性环境问题，成为各国政府、管理部门、学术界、工农业界以及社会公众共同关注的焦点。国际社会在对其特性进行详细考察后，出台了针对持久性有机污染物的国际公约《关于持久性有机污染物的斯德哥尔摩公约》（简称《斯德哥尔摩公约》或"POPs 公约"或公约），与《关于在国际贸易中对某些危险化学品和农药采用事先知情同意程序的鹿特丹公约》（简称《鹿特丹公约》）、《控制危险废物越境转移及其处置巴塞尔公约》（简称《巴塞尔公约》）等公约成为人们控制有毒化学品的指导性文件。

本章将介绍持久性有机污染物的定义和特性，以及《斯德哥尔摩公约》中典型持久性有机污染物的分类与名单。

第一节　持久性有机污染物的定义和特性

一、持久性有机污染物的定义

根据《斯德哥尔摩公约》，持久性有机污染物（Persistent Organic Pollutants，POPs）是指高毒性的、持久的、易于生物积累并在环境中长距离转移的化学品。

我国著名持久性有机污染物方面的专家学者余刚在其教材中也给出了学术界普遍认可的定义：POPs 物质是指具有长期残留性、生物蓄积性、半挥发性和高毒性，并通过各种环境介质（大气、水、生物体等）能够长距离迁移并能持久存在于环境中、通过生物食物链（网）累积、具有很长的半衰期、并对人类健康及环境造成不利影响的有机化学物质。

POPs 物质包括农药、工业化学物质、某类焚烧和化学工业过程中形成的非故意生产副产物。比如滴滴涕、多氯联苯和二噁英等都被界定为 POPs。

二、持久性有机污染物的特性

根据 POPs 的定义，国际上公认 POPs 具有下列四个重要的特性：环境持久性、生物富集性、半挥发性、高毒性。以下分别介绍 POPs 的这四个主要特性。

1. 环境持久性

POPs 对生物降解、光解、化学分解等作用有较强的抵抗能力，因此，这些物质一旦排放到环境中就难以被分解，并且能够在水体、土壤和底泥等多介质环境中残留数年或更长的时间。POPs 对整个生态系统、对人体健康的威胁都会长期的存在。目前常采用半衰期（$t_{1/2}$）作为衡量 POPs 在环境中持久性的评价参数。半衰期是指污染物挥发到其浓度减少到一半所需的时间。根据《斯德哥尔摩公约》附件 D 中的要求：该化学品在水中的半衰期大于两个月，或在土壤中的半衰期大于六个月，或在沉积物中的半衰期大于六个月；或具有其他足够持久性，因而足以有理由考虑将之列入本公约适用范围。通常，POPs 在水体、土壤和沉积物中的 $t_{1/2}$ 值分别大于 60 d、180 d 和 180 d。

2. 生物富集性

有机化合物在生物体内浓度升高的现象称为生物富集作用。生物富集的基本机制是有机化合物在脂肪和水体系中的分配过程。POPs 具有低水溶性、高脂溶性（高脂亲水性），导致 POPs 从周围媒介物质中富集到生物体内，并通过食物链的生物放大作用达到中毒浓度。它的特点是通过食物链可以逐级地放大，也就是说 POPs 在自然环境，如大气、水、土壤里可能浓度很低，甚至监测不出来，但是它可以通过大气、水、土壤进入植物或者低等的生物，然后逐级对营养级放大，营养级越高蓄积越高，人类作为最高营养级，受到的影响很大。人类、动物和水生生物通过饮食和环境污染接触到 POPs，都会造成健康危害。

生物富集作用通常用生物富集因子（BCF）来表示。BCF 是指有机化合物在生物体内或生物组织内的浓度与水中浓度之比。它是估算水生生物富集化学物质能力的一个量度。在自然界的水生生物中，鱼的种类多、数量大，是人类和其他食肉动物的重要食物来源。因此，鱼可用来作为测定 BCF 值的有效标准测试物。BCF 为在稳定状态下，鱼体内受试化学物质的浓度与试验水体中受试物质浓度的比值。研究发现，BCF 与有机污染物的正辛醇/水分配系数（K_{OW}）有很好的相关性。K_{OW} 是化合物重要的理化性质参数之一，它是该化合物在正辛醇相中的物质的量浓度与其在水相中的物质的量浓度达到平衡时的比值：

$$K_{OW} = \frac{[c_o]}{[c_w]} \tag{1.1}$$

式中，c_O——有机物在正辛醇相中的浓度，mol/L；

c_W——有机物在水相中的浓度，mol/L。

通常，K_{OW} 值是在室温（25℃）下测定所得，且测定时有机物的总浓度不超过 0.01 mol/L。在实际应用中，为方便起见，常使用其对数形式 $\lg K_{OW}$ 来表示。有机物的对数值的分布范围从亲水性化合物−4.0 到憎水性化合物的 8.5；由于 POPs 具有较强的亲脂性，其 $\lg K_{OW}$ 值一般大于 4.0，公约中 POPs 物质的 $\lg K_{OW}$ 值范围是 1.11～8.26（详见第二章表 2-1）。根据《斯德哥尔摩公约》附件 D 中的要求：该化学品在水生物种中的生物浓缩系数或生物蓄积系数大于 5 000，或如无生物浓缩系数和生物蓄积系数数据，$\lg K_{OW}$ 值大于 5；或在其他物种中的生物蓄积系数值较高，或具有高度的毒性或生态毒性；或生物区系的监测数据显示，所具有的生物蓄积潜力足以有理由考虑将其列入本公约的适用范围。此外，$\lg K_{OW}$ 还与有机物的多种生物活性，如多种药效、毒性、杀虫活性等具有较明显的相关性，它作为一种亲脂性或疏水性的量度参数，在阐述化合物和大分子或受体相互作用中具有重要的意义。

同时，在研究 POPs 的生物富集过程时，有机化合物在水中的溶解度（S_W）与 K_{OW} 密切相关，也是一个必须考虑的重要参数。当 POPs 的 S_W 减小时，其 BCF 值将会增加；反之，则减小。除以上的参数外，有机碳分配系数（K_{OC}）、土壤/沉积物分配系数（K_d）等参数在研究 POPs 的环境行为和毒性时也可作为重要的评价指标。

3. 半挥发性

POPs 一般是半挥发性物质，它们能够从土壤、水体挥发到空气中，在室温下就能挥发进入大气层，并以蒸气的形式存在于空气中或吸附在大气颗粒物上，可以通过风和水流传播到很远的距离，从而能在大气环境中进行远距离迁移。由于其具有持久性，所以能在大气环境中远距离迁移而不会全部被降解，同时这一适度挥发性又使得它们不会永久停留在大气层中，会在一定条件下重新沉降到地球表面，然后又在某些条件下挥发。这样的挥发和沉降重复多次就可以导致 POPs 分散到地球上各个地方。因此，这种性质使得 POPs 容易从比较暖和的地方迁移到比较冷的地方，像北极圈这种远离污染源的地方都发现了 POPs 的踪迹。

这种性质体现出全球蒸馏效应和蚱蜢跳效应（详见本书第五章第二节）。POPs 透过挥发或是风力的影响，不断地释放至大气中，然后再借由沉降作用（例如降雨）回到陆地上，并随季节变化一直在反复进行着，并能从热温带地区向寒冷地区迁移的现象。从全球来看，由于温度的差异，地球就像一个蒸馏装置——在低、中纬度地区，由于温度相对高，POPs 挥发进入到大气；在寒冷地区，POPs 沉降下来，最终导致 POPs 从热带地区迁移到寒冷地区，这也就是从未使用过 POPs 的南北极和高寒地区发现 POPs 存在的原因。因为在中纬度地区在温度较高的夏季 POPs 易于挥发和迁移，而在温度较低的冬季 POPs 则易于沉降下来，所以 POPs 在向高纬度迁移的过程中会有一系列距离相对较短的跳跃过程，这种特性又被称为"蚱蜢跳效应"（Grasshopper Effect）。

通常以饱和蒸气压（p_s，Pa）和亨利常数（K_H）作为评价化学物质挥发性的指标参数。

所谓饱和蒸汽压是指化学物质在一定温度下，与液体或固体处于相互平衡时的蒸汽饱和压力，即化学物质从溶液或固体中脱离进入空间的程度。在一定温度下，当化学物质与液体或固体处于相互平衡时，此时的蒸气压力称为饱和蒸气压。由于 p_s 在一定的温度下是定值，因而通常用 p_s 来作为评价化学物质挥发性的指标参数。一般而言，相对分子质量（M_r）较低的化合物具有较高的饱和蒸气压；POPs 的 M_r 中等，因而它们表现出半挥发性。根据《斯德哥尔摩公约》附件 D 中的要求：该化学品在远离其排放源的地点测得的该化学品的浓度可能会引起关注；或监测数据显示，该化学品具有向某一环境受体转移的潜力，且可能已通过空气、水或迁徙物种进行了远距离环境迁移；或环境转归特性模型结果显示，该化学品具有通过空气、水或迁徙物种进行远距离环境迁移的潜力，以及转移到远离物质排放源地点的某一环境受体的潜力。对于通过空气大量迁移的化学品，其在空气中的半衰期应大于 2 d，因而有理由将之列入本公约适用范围。POPs 的 p_s 范围是 $1.0 \times 10^{-10} \sim 53.3$（详见第二章表 2-1）。除此之外，$K_H$ 也可以用来表示化合物挥发性的大小，它是指在标准状态下，当空气和水中的化合物达到相对平衡时，化合物的蒸气压和水溶解度的比值，其单位为 Pa·m³/mol 或 atm·m³/mol，范围是 $0.13 \sim 1.01 \times 10^4$（详见第二章表 2-1）。

4. 高毒性

在公约规定的 POPs 中，大多数 POPs 具有很高的毒性，部分 POPs 还具有致癌性、致畸性、致突变性、生殖毒性和免疫毒性等（详见本书第三章第二节）。这些物质严重危害生物体的健康，对人类和动物的生殖、遗传、免疫、神经、内分泌系统等具有强烈的危害作用，而且这种毒性还能由于污染物的持久性而持续一段时间。在低浓度时也会对生物体造成伤害，例如，二噁英类物质中最毒者，号称是世界上最毒的化合物之一，每人每日能容忍的二噁英摄入量为每千克体重 1 皮克（pg），二噁英中的 2,3,7,8-TCDD 只需几十皮克就足以使豚鼠毙命，连续数天施以每千克体重若干皮克的喂量能使孕猴流产。POPs 物质还因为其生物放大效应，通过生物链逐渐积聚成高浓度，从而造成更大的危害。根据《斯德哥尔摩公约》附件 D 中的要求：该化学品对人类健康或对环境产生不利影响；或可能会对人类健康或对环境造成损害的毒性或生态毒性，因而有理由将之列入本公约适用范围。研究表明，多数 POPs 会导致生物体内分泌紊乱、生殖及免疫机能失调、神经行为和发育紊乱等疾病。

POPs 进入生物体后，其毒性作用大致可分为两种：

一是来自 POPs 本身特定的化学结构的毒性，其毒性作用相当于物质所具有的生理作用。由于物质的生理作用浓度与该物质进入机体的量成比例，当 POPs 的浓度特别低时，不显示任何作用，称为无作用剂量（NOEL）。但是，当 POPs 进入生物体的浓度超过阈值时，开始出现固有的生理作用；如果进入的量进一步增加而达到致死剂量时，生物体就无法维持正常的生理代谢功能，最后会导致生物体的死亡。若 POPs 进入生物体体内，随后被生物代谢、转化，由于物质的极性作用而被排出体外，致使生物体内的 POPs 浓度下降，中毒症状也随之好转，这种毒性称为单纯性急性毒性。

二是 POPs 进入生物体后，在生物代谢酶与极化过程中产生具有较强反应能力的不稳定中间体，其一部分与蛋白质、核酸等细胞高分子成分发生共价结合，产生不可逆的化学改性。蛋白成分的改性可导致组织发生坏死和变态反应，而核酸的化学改性，可破坏细胞正常的信息传递，引起细胞死亡或突变，进而导致组织出现肿瘤。

与常规污染物不同，持久性有机污染物对人类健康和自然环境危害更大：在自然环境中滞留时间长，极难降解，毒性极强，能导致全球性的传播。被生物体摄入后不易分解，并沿着食物链浓缩放大，对人类和动物危害巨大。很多持久性有机污染物不仅具有致癌、致畸、致突变性，而且还具有内分泌干扰作用。

第二节　典型持久性有机污染物的分类与名单

2001 年 5 月 23 日签署的《斯德哥尔摩公约》是国际社会为保护人类免受持久性有机污染物危害而采取的共同行动，是继《蒙特利尔议定书》后第二个对发展中国家具有明确强制减排义务的环境公约，落实这一公约对人类社会的可持续发展具有重要意义。它是国际社会鉴于 POPs 对全人类可能造成的严重危害，为淘汰和削减 POPs 的生成和排放、保护环境和人类免受 POPs 的危害而共同签署的一项重要国际环境公约。

一、国际公约中的 POPs 名单

公约旨在减少、消除和预防 POPs 污染，保护人类健康和环境。公约建立了一份含 POPs 特性的 12 种化学物质的最初清单，规定公约缔约方政府应对这些物质进行控制。另外，意识到该清单并非一份囊括所有 POPs 物质的完整清单，公约制定了标准已供未来界定其他含 POPs 特性的化学物质。为了控制其他具有 POPs 特性的化学物质，公约建立了一项程序以扩大 POPs 物质的清单。

第一批列入公约受控名单的 12 种 POPs 有：

（1）有意生产的有机氯杀虫剂（OCPs）：艾氏剂、狄氏剂、异狄氏剂、滴滴涕、氯丹、灭蚁灵、七氯、毒杀酚和六氯苯；

（2）有意生产的工业化学品：六氯苯和多氯联苯（PCBs，209 种）；

（3）无意产生（工业生产过程或燃烧生产的副产品）：多氯代二苯并-对-二噁英（简称二噁英，PCDD）和多氯二苯并呋喃（简称呋喃，PCDF）。

第二批新增物质（第四次缔约方大会，2009 年）包括：α-六氯环己烷、β-六氯环己烷、林丹、六溴二苯醚和七溴二苯醚、四溴二苯醚和五溴二苯醚、六溴联苯、十氯酮、五氯苯以及 PFOS 类物质（全氟辛磺酸及其盐类和全氟辛基磺酰氟）。

第三批增列（第五次缔约方大会，2011 年）：硫丹。

第四批增列（第六次缔约方大会，2013 年）：六溴环十二烷。

二、POPs 物质分类

截至 2013 年，公约中受控 POPs 增加到共计 23 种，具体类别如下：

1. 农药类

主要指杀虫剂类 POPs，包括以下几种：

（1）艾氏剂（Aldrin）

有机氯农药，用于防治地下害虫和某些大田、饲料、蔬菜、果实作物害虫，施于土壤中，用于清除白蚁、蚱蜢、南瓜十二星叶甲和其他昆虫，是一种极为有效的触杀和胃毒剂，可引起人肝功能障碍、致癌。结构见图 1-1。

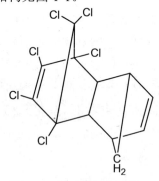

图 1-1 艾氏剂的化学结构

（2）狄氏剂（Dieldrin）

有机氯农药，用于控制白蚁、纺织品类害虫、森林害虫、棉作物害虫和地下害虫，以及防治热带蚊蝇传播疾病，部分用于农业，产生于 1948 年。对神经系统、肝脏、肾脏有明显的毒性作用。结构见图 1-2。

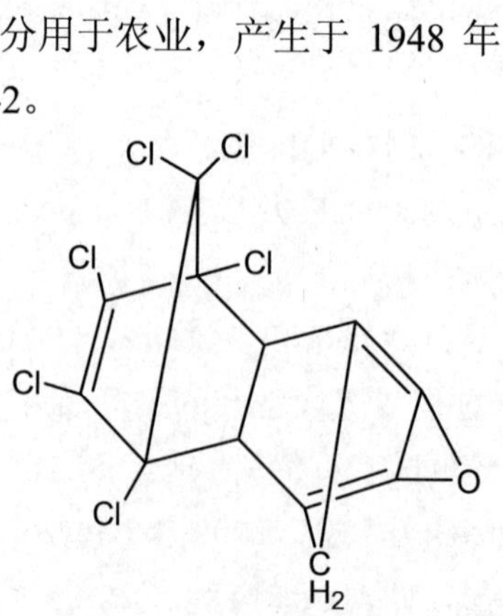

图 1-2 狄氏剂的化学结构

（3）异狄氏剂（Endrin）

有机氯农药，用于棉花和谷物等大田作物，喷洒作物叶片杀虫剂，也用于控制啮齿动物，1951 年开始生产。用于制备实验室工作标准和校准分析仪器。本品为高毒杀虫剂。中毒后症状有头痛、眩晕、乏力、食欲不振、视力模糊、失眠、震颤等，重者引起昏迷。结构见图 1-3。

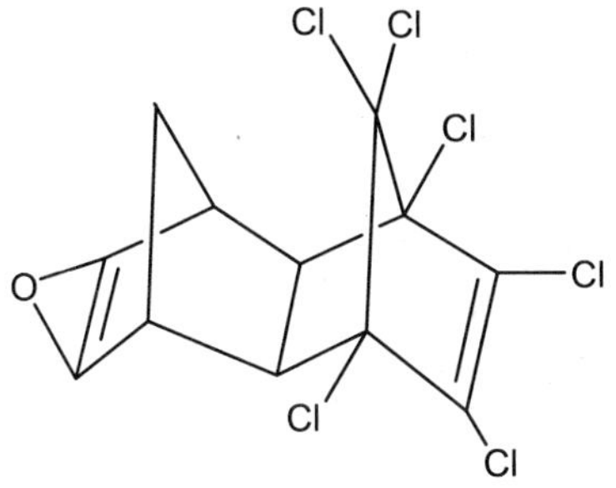

图 1-3　异狄氏剂的化学结构

（4）滴滴涕（DDT）

DDT 又叫滴滴涕，二二三，化学名为双对氯苯基三氯乙烷（Dichlorodiphenyl trichloroethane）。中文名称从英文缩写 DDT 而来，为白色晶体，不溶于水，溶于煤油，可制成乳剂。有机氯农药，曾用于防治棉田后期害虫、果树和蔬菜害虫，具有触杀、胃毒作用，目前主要用于防治蚊蝇传播疾病，是有效的杀虫剂。结构见图 1-4。

滴滴涕于 1874 年首次在德国合成，1939 年才发现具有杀虫威力，1942 年开始生产。由于其药效维持时间长、杀虫范围广而在当时被认为是最有希望的农药，其后因在防止斑疹伤寒、防治害虫等方面有着卓越贡献曾被广泛使用。为 20 世纪上半叶防止农业病虫害，减轻疟疾伤寒等蚊蝇传播的疾病危害起到了不小的作用。但由于其对环境污染过于严重，目前很多国家和地区已经禁止使用。

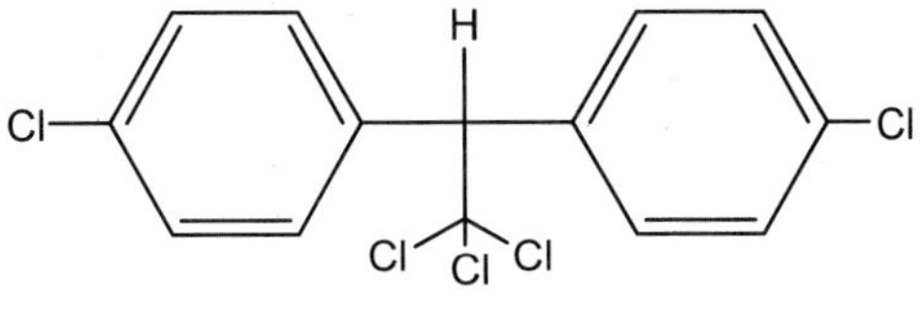

图 1-4　滴滴涕的化学结构

（5）氯丹（Chlordane）

有机氯农药，用作残留性杀虫剂。用于防治高粱、玉米、小麦、大豆及林业苗圃等地下害虫，是一种具有非内吸性触杀、胃毒及熏蒸作用的广谱杀虫剂，具有长的残留期，在杀虫浓度下植物无药害；杀灭地下害虫，如蝼蛄、地老虎、稻草害虫等，对防治白蚁效果显著。同时因具有杀灭白蚁、火蚁的功效，也用于建筑基础防腐。作为广谱杀虫剂用于各种作物和居民区草坪中，1945年开始生产。结构见图1-5。

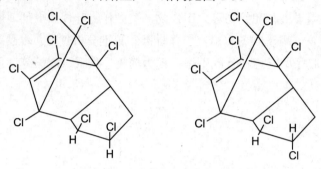

图1-5 顺、反氯丹的化学结构

（6）七氯

有机氯农药，用于防治地下害虫、棉花后期害虫及禾本科作物及牧草害虫；具有杀灭白蚁、火蚁、蝗虫的功效；非内吸性触杀、胃毒性杀虫剂，有一定熏蒸作用，常加工成乳剂与可湿性粉剂使用。用来杀灭火蚁、白蚁、蚱蜢、作物病虫害以及传播疾病的蚊蝇等带菌媒介，1948年开始生产。进入机体后很快转化为毒性较大的环氯化物并储存于脂肪中，主要影响中枢神经系统及肝脏等。结构见图1-6。

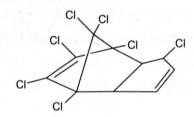

图1-6 七氯的化学结构

（7）灭蚁灵（Mirex）

有机氯农药，为中等毒杀蚁剂，广泛用于防治白蚁、火蚁等多种蚁虫。吸入、摄入或经皮肤吸收后会中毒。实验、资料报道，有致癌、致畸、致突变作用。结构见图1-7。

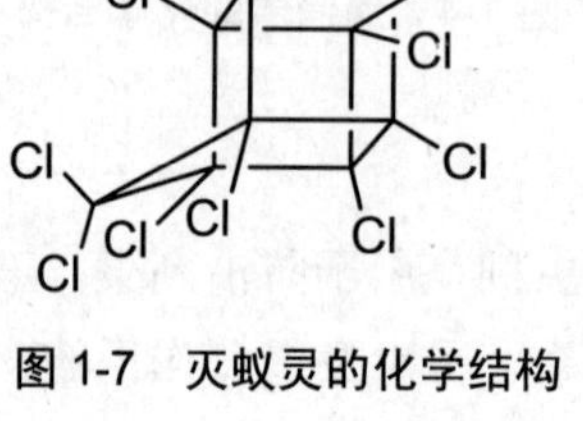

图1-7 灭蚁灵的化学结构

（8）六氯苯（HCB）

六氯苯（hexachlorobenzene），首先用于处理种子，是粮食作物的杀真菌剂，一种农业杀菌剂。主要用于防治真菌对谷类作物种子外膜的危害，可用于防治麦类黑穗病和土壤消毒。结构见图1-8。

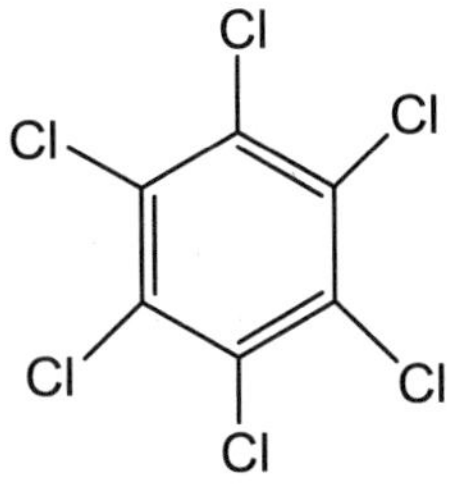

图1-8　六氯苯的化学结构

（9）毒杀芬（Toxaphene）

有机氯农药，用于棉花、谷类、水果、坚果、蔬菜、林木以及牲畜体外寄生虫的防治，具有触杀、胃毒作用。1948年开始生产。通常将毒杀芬归入高持久性农药之列，其生物代谢和环境降解速率较缓。中等毒类，急性毒性较DDT强二倍，为全身性抽搐毒物，具樟脑样兴奋作用，蓄积作用不明显。结构见图1-9。

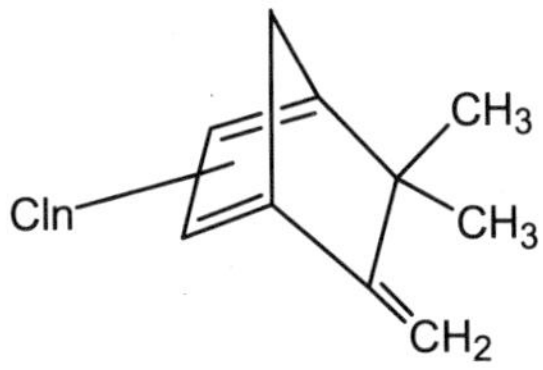

图1-9　毒杀芬的化学结构

（10）α-六氯环己烷

有机氯杀虫剂。六氯环己烷，是环己烷每个碳原子上的一个氢原子被氯原子取代形成的饱和化合物。英文简称BHC。分子式$C_6H_6Cl_6$，俗称α-六六六。结构式因分子中含碳、氢、氯原子各6个，可以看做是苯的六个氯原子加成产物。结构见图1-10、图1-11。白色晶体，有8种同分异构体。对昆虫有触杀、熏杀和胃毒作用，其中γ异构体杀虫效力最高，α异构体次之，δ异构体又次之，β异构体效率极低。六氯化苯对酸稳定，在碱性溶液中或锌、铁、锡等存在下易分解，长期受潮或日晒会失效。

用于防治水稻、小麦、大豆、玉米、蔬菜、果树、烟草、森林、粮仓等害虫。

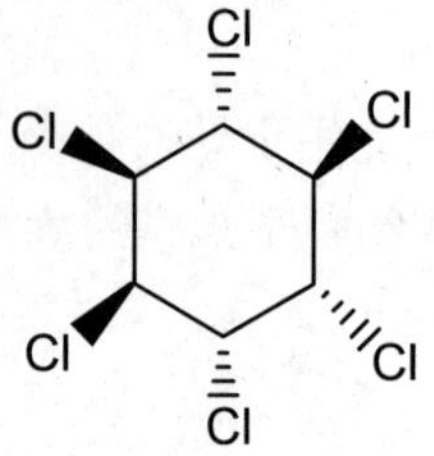

图 1-10   α-六氯环己烷的化学结构

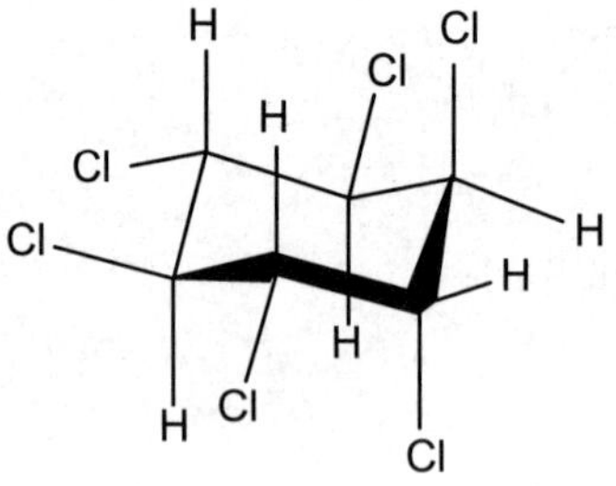

(+)α-六氯环己烷 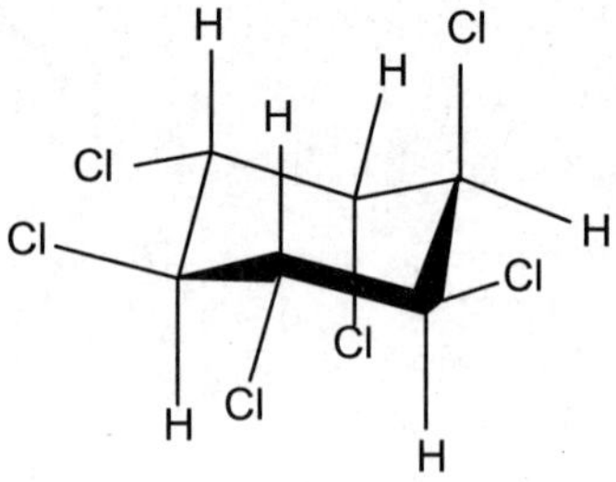   (-)α-六氯环己烷

图 1-11   α-六氯环己烷对映异构体的化学结构

（11）β-六氯环己烷

有机氯杀虫剂。该物质对环境可能有危害，对水体应给予特别注意。用于防治水稻、小麦、大豆、玉米、蔬菜、果树、烟草、森林、粮仓等害虫。结构见图 1-12。

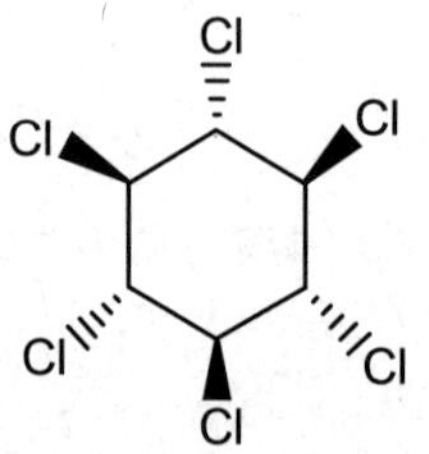

图 1-12   β-六氯环己烷的化学结构

（12）林丹

20 世纪 40 年代出现的有机氯杀虫剂。六六六的主要杀虫活性成分，可由六六六经甲醇提取得到。用于防治水稻、小麦、大豆、玉米、蔬菜、果树、烟草、森林、粮仓等害虫。结构见图 1-13。

林丹（γ-六氯环己烷）是作用于昆虫神经的广谱杀虫剂，兼有胃毒、触杀、熏蒸作用，一般加工成粉剂或可湿性粉剂使用。由于用途广、制造六六六的工艺较简单，20 世纪 50～60 年代在全世界广泛生产和应用，曾是我国产量最大的杀虫剂，对于消除蝗灾、防治家林害虫和家庭卫生害虫起过积极作用。六六六因长期大量使用后使害虫产生抗药性，药效日减，又因其不易降解，在环境和生物体内造成残留积累，许多国家在 70 年代已停止使用，仅允许用于某些特殊场所，如我国仅允许用于防治竹蝗。制剂有粉剂、可湿性粉剂、烟剂等。我国从 1983 年起停止生产，但作为其他家药的原料还保留少量生产。

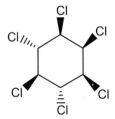

图 1-13　林丹的化学结构

（13）十氯酮

十氯酮又名开蓬，是一种毒性较高的杀虫剂和杀真菌剂。用于防治白蚁、地下害虫、土豆上的咀嚼口器害虫；还可防治苹果蠹蛾、红带卷叶虫；对番茄晚疫病、红斑病、白菜霜腐病等也有效果；对防治咀嚼口器害虫有效，对刺吸口器害虫为低效。结构见图 1-14。我国从未生产和使用过十氯酮。

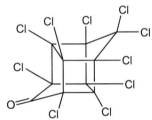

图 1-14　十氯酮的化学结构

（14）硫丹

硫丹（Thiosulfan）是一种人工合成的有机氯化合物，又名：安杀丹、硕丹、赛丹、雅丹，广泛用作农业杀虫剂。根据已掌握的数据，硫丹在环境中具有较强的持久性，生物蓄积性潜力较大，具有远距离环境迁移能力，可能导致严重的人类健康问题。结构见图 1-15。

硫丹是一种非内吸性、有触杀和胃毒的杀虫剂，为摄入型杀虫剂，被广泛用于防治谷物、咖啡、棉花、果树、油菜、土豆、茶叶、蔬菜以及其他多种不同作物、观赏植物和森林树木上的害虫，对棉铃虫有很高的防治作用，还曾被用作工业木材和日用木材的防腐剂等用途。这些用途基本已经可以被危害较小的产品和方法所替代。

硫丹于 20 世纪 50 年代被德国赫斯特公司（Hoechst AG）和美国富美实公司（FMC Corporation）作为一种有机氯杀虫剂首次报道。全球的硫丹年产量估计为 1.8 万 t 至 2 万 t。生产硫丹的国家有印度、中国、以色列、巴西和韩国。使用硫丹的国家有阿根廷、澳大利亚、巴西、加拿大、中国、印度、美国等。

我国硫丹的生产量仅次于印度，约占全球产量的 1/4。截至 2012 年底我国在登记有效期内的硫丹产品有 38 个，制剂登记作物有棉花和烟草，防治对象为棉铃虫、烟青虫和蚜虫。调查显示，2010 年我国硫丹产量仍有 2 万余 t，使用量也有 1.5 万余 t，已识别棉花、烟草、苹果树和茶叶 4 个领域，占硫丹总用量的 95%以上；其中，用于防治棉花棉铃虫的用量超过总用量的 50%；其次是烟草，用量占 20%；还有苹果树和茶叶。2011 年 6 月，农业部等 5 部门联合发布公告，撤销硫丹在茶树和苹果树上的使用登记。

目前，我国硫丹主要应用领域登记可用的替代品充足，其中用于棉花棉铃虫防治的替代品有 35 种，用于烟草烟青虫防治的替代品有 18 种，用于烟草蚜虫防治的替代品有 17 种。

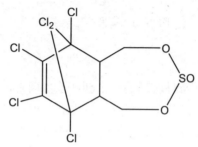

图 1-15　硫丹的化学结构

2. 工业化学品

包括多氯联苯（PCBs）、六氯苯（HCB）、多溴联苯醚类（PBDEs）、全氟辛烷磺酸盐类（PFOS）和六溴环十二烷（HCBDD）。

（1）多氯联苯（PCBs）

多氯联苯于 1929 年首先在美国合成，由于其良好的化学性质、热稳定性、惰性及介电特性，常被用作增塑剂、润滑剂和电解液，工业上广泛用于绝缘油、液压油、热载体等。用作电器设备如变压器、电容器、充液高压电缆和荧光照明整流以及油漆和塑料中，是一种热交流介质。结构见图 1-16。

多氯联苯（简称 PCB 或 PCBs），是由一些氯取代苯分子中的氢原子而形成的油状化合物。PCBs 的理化性质极为稳定，易溶于脂质中，在水中溶解度仅为 12 g/L（25℃）左右。目前在海水、河水、水生生物、底质、土壤、空气、野生动植物以及人乳和脂肪中都发现有 PCB 污染，即 PCB 的污染是全球性的。

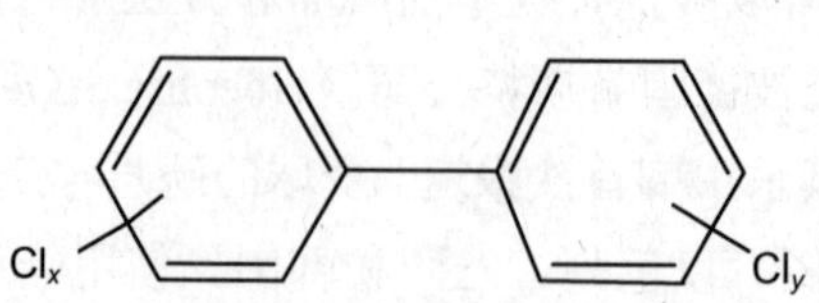

图 1-16　多氯联苯 PCB 同系物的母体结构图

（2）六氯苯（HCB）

用作有机合成的中间体，生产五氯苯酚，也可制烟火着色剂、花炮等，同时也是某些化工生产中的中间体或副产品。

（3）多溴联苯醚类（PBDEs）

多溴联苯醚的英文名为 Poly Brominated Diphenyl Ethers（简称 PBDEs），又称为多溴二苯醚，依溴原子数不同分为 10 个同系组，有四溴二苯醚、五溴二苯醚、六溴二苯醚、八溴二苯醚、十溴二苯醚等 209 种同系物。其商品多溴联苯醚是一组溴原子数不同的联苯醚混合物，因此被总称为多溴联苯醚。结构见图 1-17。

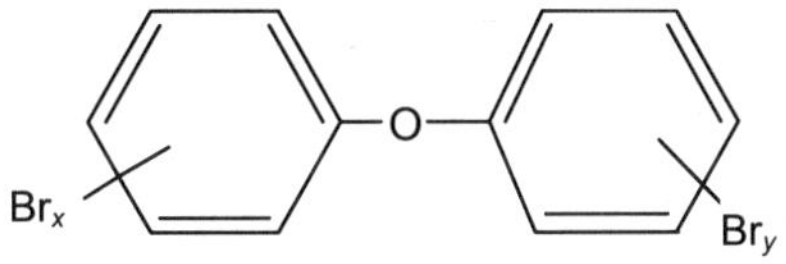

图 1-17　PBDEs 的化学结构

多溴联苯醚是我们传统的阻燃剂品种，工业化生产的多溴联苯醚品种有：四溴二苯醚、五溴二苯醚、六溴二苯醚、七溴二苯醚、八溴二苯醚、九溴二苯醚及十溴二苯醚，其中常用的为五溴二苯醚、八溴二苯醚和十溴二苯醚三个品种。

2009 年增列的主要是四溴二苯醚和五溴二苯醚、六溴二苯醚和七溴二苯醚。已通过新 POPs 审查委员会（POPROC）审议的五溴二苯醚实际上是指工业品，其主要成分是：50%～62%的五溴二苯醚（BDE－99）、24%～38%的四溴二苯醚（BDE－47）、4%～12%的六溴二苯醚、0～1%的三溴二苯醚，以及痕量的七溴二苯醚。

多溴联苯醚具有相当稳定的化学结构，很难通过物理、化学或生物方法降解，已被大量研究报道发现能够长距离迁移。多溴联苯醚能够通过各种途径进入环境，科学研究发现大气、水体、土壤和底泥中的含量呈现上升趋势。在水处理污泥和家庭灰尘中也有检出。在世界自然基金会（WWF）开展的一项调查中，所有欧盟议会的议员血液样品中都能检出多溴联苯醚。这类化学物质的残留性和毒性很有可能给环境和人体造成严重影响，会导致人和生物患癌、出生缺陷和神经系统损害。有证据表明，其对无脊椎动物和鱼类的繁殖系统具有毒性。

（4）全氟辛烷磺酸及其盐类（PFOS）

包括全氟辛烷磺酸及其盐类（PFOS）和全氟辛基磺酰氟（PFOSF）。

全氟辛基磺酰基化合物（PFOS）（结构见图 1-18）包括全氟辛基磺酸及可降解为全氟辛基磺酸的一类物质。全氟辛烷磺酸是完全氟化的阴离子，以盐的形式广泛使用或渗入较大的聚合物。经济合作与发展组织（OECD）的报告中列出了 96 种属于 PFOS 的化学物质。

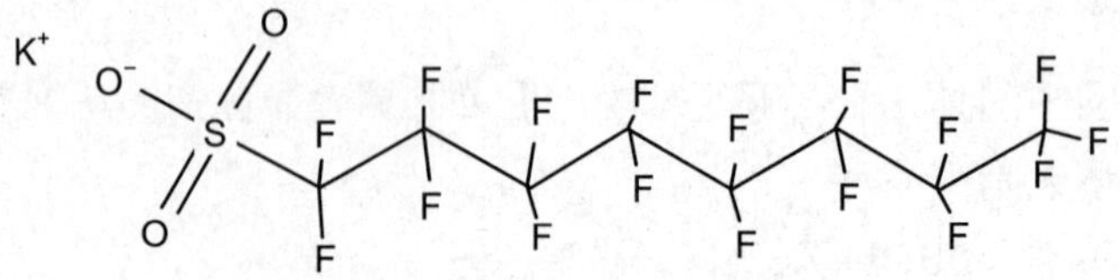

图 1-18 PFOS 的钾盐化学结构

PFOS/PFOSF 是美国明尼苏达矿业及机器制造公司（以下简称 3M 公司）在 1952 年研制成功的一类化学品。该产品能够以极小的添加量获得很高的活性和稳定性，是合成多种氟表面活性剂、氟精细化工产品的原料。产品用途十分广泛，主要涉及消防、电子、电镀、农药、石油开采、橡塑加工、涂料、皮革、纺织等行业领域，用于表面活性剂、铬雾抑制剂、防火剂、织物整理剂以及石油三采助剂等的生产。

2006 年 12 月 27 日正式公布并同时生效的欧盟《关于限制全氟辛烷磺酸销售及使用的指令》（即 PFOS 指令）于 2008 年 6 月 27 日正式实施。该指令规定，以 PFOS 为构成物质或要素的，若浓度或质量等于或超过 0.005% 的将不得销售；而在成品和半成品中使用 PFOS 浓度或质量等于或超过 0.1%，则成品、半成品及零件也将被列入禁售范围。自 2006 年起，欧盟、美国、加拿大和日本等发达国家逐步采取控制措施限制 PFOS 的使用，PFOS 的国际市场需求已经明显萎缩。历史上，3M 公司是最大的也是最重要的 PFOS 生产商，3M 公司以外的 PFOS 产量很小。1985—2002 年，3M 公司累计 PFOS 产量为 13 670 t，最大年产量 3 700 t，2003 年初完全停产。目前所有国外厂商均已停止了 PFOS 的生产。国际上使用 PFOS 的主要来源是以前库存和从我国进口。

我国 PFOS 主要应用于轻水泡沫灭火剂、电镀铬雾抑制剂、农药等生产，近年来发现在油田回采处理剂领域有所应用。2012 年数据显示，国内有 PFOS 生产企业 12 家。我国 PFOS 生产历史短，年生产量及历史累计产量远小于 3M 公司，但我国是目前唯一声明仍在生产 PFOS 的国家。我国 PFOS 产品出口涉及很多国家。其中出口巴西等南美国家的量较大，主要用于林业（桉树等速生树种灭虫）、甘蔗等产业高效低毒杀虫剂氟虫胺等；美国因 3M 公司停产，一些不可替代的领域仍从我国进口；日本主要用于织物整理剂生产缺口补充；台湾主要用于微电子行业清洗用；中东用于石油产业；欧洲用于铬雾抑制剂；韩国、印度等用于塑料加工、脱膜、阻燃及加工其他表面活性剂等。

（5）六溴联苯（Hexa-BB）

六溴联苯，又名六溴二苯或六溴代二苯（Hexabromobiphenyl，简称 Hexa-BB），具有高度环境持久性，高度生物蓄积性，并具有很强的远距离环境迁移的可能性。已通过 POPs 审查委员会第四次会议的审查，在 2009 年的缔约方大会上通过审查，正式增列。结构见图 1-19。

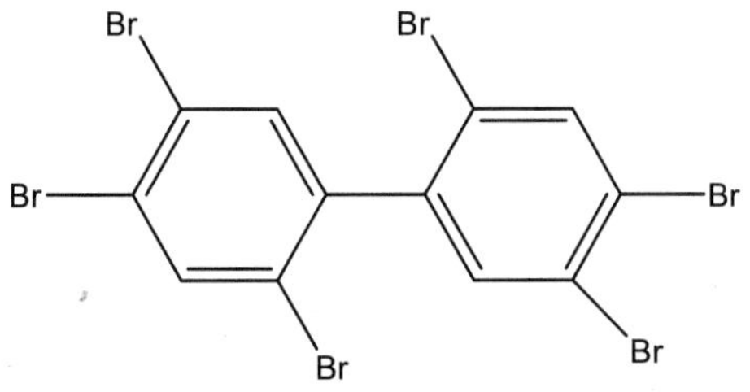

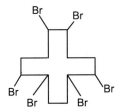

图 1-19　2,2′,4,4′,5,5′-六溴联苯的化学结构

六溴代二苯是一种有意生产的化学品，被用作阻燃剂。根据现有资料，数年前就已经停止了该物质的生产和使用。尽管如此，可能仍有一些发展中国家在生产六溴代二苯。六溴代二苯主要用于丙烯腈-丁二烯-苯乙烯（ABS）塑料和涂层电缆。基于电器产品和电子产品 5～10 年的预期寿命，预计已经处理完了所有相关产品。

多溴联苯的商业生产始于 1970 年。1970—1976 年美国生产了约 600 万 kg 的多溴联苯。其中六溴代二苯约占 540 万 kg（约 88%）。美国在 1975 年停止生产多溴联苯。1970—1976 年在美国生产了大约 500 万 t 六溴代二苯。在 1974 年生产的估计 2 200 t 六溴代二苯中，约有 900 t 用于丙烯腈-丁二烯-苯乙烯共聚物塑料产品，用于线缆涂料的甚至更多。用于汽车内饰聚氨酯泡沫塑料的准确数量没有公布。

（6）六溴环十二烷（HBCDD）

六溴环十二烷（Hexabromocyclododecane，简称 HBCDD 或 HBCD）因具有 POPs 的持久性、生物富集性、有害性、可能在环境中大范围转移等特性，已通过 POPs 审查委员会第六次会议的审查，在 2013 年 5 月的缔约方大会上通过审查，正式增列。结构见图1-20。

图 1-20　六溴环十二烷 HBCD 的化学结构

六溴环十二烷是溴系阻燃剂的一种，用作添加型阻燃剂，由于具有添加量低、阻燃效率高、无须辅助阻燃剂和对聚合物性能影响小等优点，六溴环十二烷也广泛用在电子电气、包装材料、纺织品、家具、黏合剂、涂料等产品中。常用于聚丙烯塑料和纤维、聚苯乙烯泡沫塑料的阻燃，也可用于涤纶织物阻燃后整理和维纶涂塑双面革的阻燃。六溴环十二烷主要应用于建筑材料中的发泡聚苯乙烯（EPS）和挤塑聚苯乙烯（XPS）隔热层中，适用于聚苯乙烯、不饱和聚酯、聚碳酸酯、聚丙烯、合成橡胶等，广泛用于聚苯乙烯泡沫保温材料，但经证实对水生生物有毒，破坏实验室动物的甲状腺激素，并容易在环境中聚集。

3．非故意生产的副产品

（1）二噁英和呋喃

二噁英（Dioxin），又称二氧杂芑，是指氯苯氧基一类化合物，具有含氧三环的氯代芳烃类化合物，一种无色无味、毒性严重的脂溶性物质。二噁英实际上是二噁英类（Dioxins）一个简称，它指的并不是一种单一物质，而是结构和性质都很相似的包含众多同类物或异构体的两大类有机化合物，全称分别是多氯二苯并二噁英（polychlorinated dibenzo-*p*-dioxin，PCDDs）和多氯二苯并呋喃（polychlorinated dibenzofuran，PCDFs）。

这类化合物的母核为二苯并对二噁英，具有经两个氧原子联结的二苯环结构，每个苯环上都可以取代 1～4 个氯原子，从而形成众多的异构体，两个苯环上的 1，2，3，4，5，6，7，8，9 位置上可有 1～8 个取代氯原子，由氯原子数和所据位置的不同，可能组成 75 种异构体（或称同族体），总称多氯二苯并-对-二噁英（PCDDs，简称二噁英）。经常与之伴生，且与二噁英具有十分相似的物理和化学性质及生物毒性的另一类毒物是二苯并呋喃，或全称为多氯二苯并呋喃（PCDFs），它的氯代衍生物有 135 种。这两类污染物（合称 PCDD/Fs）共计 210 种异构体，它们的母体结构如图 1-21 所示。

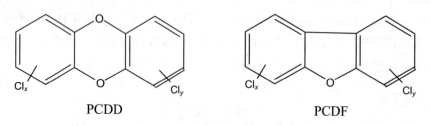

图 1-21　二噁英和呋喃的化学结构

这类物质非常稳定，熔点较高，极难溶于水，可以溶于大部分有机溶剂，是无色无味的脂溶性物质，所以非常容易在生物体内积累。自然界的微生物和水解作用对二噁英的分子结构影响较小，因此，环境中的二噁英很难自然降解消除。它的毒性十分大，是氰化物的 130 倍、砒霜的 900 倍，有"世纪之毒"之称。国际癌症研究中心已将其列为人类一级致癌物。二噁英的毒性因氯原子的取代位置不同而有差异，故在环境健康危险度评价中用它们的含量乘以等效毒性系数（toxic equivalency factors，TEFs）得到等效毒性量（toxic equivalent，TEQ）。在毒性、致癌性、致畸性的强度方面可能有几个数量级的差别，其中2,3,7,8-四氯二苯并对二噁英（2,3,7,8-tetrachlorodibenzo-*p*-dioxin，2,3,7,8-TCDD）是毒性最大的。

二噁英常以微小的颗粒存在于大气、土壤和水中，主要的污染源是化工冶金工业、垃圾焚烧、造纸以及生产杀虫剂等产业。日常生活所用的胶袋，PVC（聚氯乙烯）软胶等物都含有氯，燃烧这些物品时便会释放出二噁英，悬浮于空气中。

所有 PCDD/Fs 化合物具有相似的物理和化学性质，皆为固体，均具有很高的熔点和沸点及很小蒸汽压，大多难溶于水和各种有机溶剂，但易溶于油脂，又易被吸附于沉积物、土壤和空气中的飞灰上。估计在水体沉积物和土壤中的半衰期分别约为 1 年和 100 年。生物浓集因子可高达 104。所有 PCDD/Fs 都具有很高程度的热稳定性、化学稳定性和生物化学稳定性。

（2）五氯苯

五氯苯属氯苯类，可由苯或二氯苯、三氯苯氯化制四氯苯时作为副产物得到，也可由苯深度氯化得到的四氯苯、五氯苯和六氯苯的混合物经精馏、结晶分离得到。五氯苯常被用于制备五氯硝基苯。结构见图 1-22。

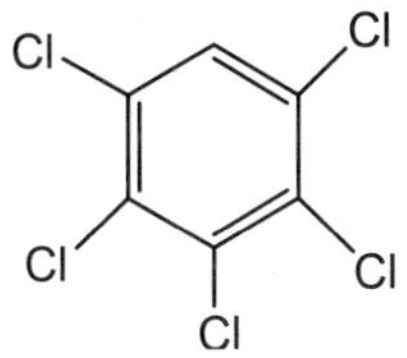

图 1-22　五氯苯的化学结构

历史上，五氯苯曾被用作杀虫剂、阻燃剂，或是与多氯联苯混合用作绝缘液。在五氯硝基苯和其他一些杀虫剂如二氯吡啶酸、莠去津、百菌清、敌草索、林丹、五氯苯酚、毒莠定和西玛津中，五氯苯作为一种杂质存在着。它可能会作为废物焚烧的副产物而间接排放到环境中，或者是存在于造纸厂、钢铁厂和炼油厂的废水中，以及废水处理厂的活性污泥中。在我国，五氯苯没有作为农药生产和使用。

三、正在审议的 POPs 名单

公约的清单是开放式的。如短链氯化石蜡、氯化萘、五氯苯酚及其盐类和酯类、六氯丁二烯等几种物质正在审核，今后也将加入到清单中。其他潜在 POPs 如多氯代萘、溴代二噁英、氯代多环芳烃、德克隆等，也在如火如荼的研究中。可以说，公约附录名单中的POPs 种类会越来越多。

思考题

1. 什么是持久性有机污染物（POPs）？
2. 简要概括 POPs 的特性。
3. 简要概括《关于持久性有机污染物的斯德哥尔摩公约》中确定的 POPs 名单（12+9+1+1 种）。
4. POPs 的分类有哪些？

参考文献

[1] 联合国环境规划署. 关于持久性有机污染物的斯德哥尔摩公约[C]. 联合国环境规划署，2001.

[2] 余刚，牛军峰，黄俊. 持久性有机污染物——新的全球性环境问题[M]. 北京：科学出版社，2005.

[3] Jack Weinberg. 持久性有机污染物 NGO 指南[G]. 国际消除持久性有机污染物网络（IPEN），2008.

[4] 余刚，黄俊. 持久性有机污染物知识 100 问[M]. 北京：中国环境科学出版社，2005.

[5] 全国人大常务委员会. 全国人民代表大会常务委员会关于批准《关于持久性有机污染物的斯德哥尔摩公约》的决定[R]. 全国人大常务委员会. 2004-06-25.

[6] 国家环境保护总局. 中华人民共和国履行《关于持久性有机污染物的斯德哥尔摩公约》国家实施计划[R]. 国家环境保护总局，2007.

[7] 全球受限和禁用有毒化学品新增 9 种[N/OL]. 农产品质量与安全（市场信息与动态），2010（5）：64.

[8] 农业部农药检定所综合处. 斯德哥尔摩公约第五次缔约方大会将硫丹列入消除类物质名单[N/OL]. 中国农药信息网，2011-05-10.

[9] 李欣，王郁萍. 二噁英物质的结构性质分析[J]. 哈尔滨工业大学学报，2004（36）：513-514，519.

[10] 石碧清，赵育，闾振华. 环境污染与人体健康[M]. 北京：中国环境科学出版社，2007.

第二章　持久性有机污染物的基本性质

POPs 的污染已经引起了全世界的广泛关注，并日益成为一个新的全球性问题。这类有机污染物在环境中的化学反应、生物累积以及危害，不但与环境要素（如土壤有机质、水分含量、光照和温度）等密切相关，而且还与 POPs 的性质有关。目前，全世界 POPs 有数千种之多，它们通常是具有某些特殊化学结构的同系物或异构体，本章主要讨论公约中首批控制的 12 种 POPs 和其后分步实施控制的 11 种 POPs 的基本性质。主要分为农药类、工业生产类、非故意生产类 3 类加以介绍。

第一节　持久性有机污染物的基本性质概述

人们为了定量地描述 POPs 在环境中的行为，常用 $t_{1/2}$、p_s、K_H、BCF、K_{OC} 和 K_{OW} 等参数描述这些物质在环境中的迁移转化规律，这些参数是人们了解和掌握 POPs 迁移转化规律的重要指标，也是监测其污染程度的重要依据，表 2-1 列出了 POPs 的一些特征性质参数，未标明温度均为 25℃。

表 2-1　多种 POPs 的特征性质参数

特性名称	环境持久性 $t_{1/2}$	半挥发性 p_s（液相）/Pa	K_H /（Pa·m³/mol）	生物富集性 lgBCF	lgK_{OC}	lgK_{OW}
艾氏剂	20～100 d（土壤），35 min（空气）	$1.87×10^{-2}$	91.23 50.26	5.40	2.61～4.69	5.17～7.40
狄氏剂	5 a(土壤)，4 个月（水）	$0.72×10^{-3}$	5.27	3.30～4.50	4.08～4.55	3.69～6.20
异狄氏剂	14 a（土壤），4 a（水），5～9 d（大气）	$0.27×10^{-4}$	0.64	3.82	3.23	3.21～5.60
DDT	100 d（从土壤表面挥发），>150 a（水），2 d（空气）	$0.21×10^{-4}$（20℃）	0.84 1.31（23℃）	3.70	5.15～6.26	4.89～6.91
氯丹	～la（土壤）	$1.33×10^{-3}$	4.86	5.56	4.58～5.57	6.00
七氯	2 a（土壤），ld（水），36 min（空气）	$4.0×10^{-2}$	$2.33×10^2$	4.59	4.38	4.40～5.50
灭蚁灵	10.7 h（水）	$1.07×10^{-4}$	82.17	6.20	7.38	5.28～6.89
毒杀芬	1～14 a（土壤），6h（水），4～5 d（大气）	26.7～53.3	$6.38×10^3$	3.59	3.18（计算值）	3.23～5.50

特性 名称	环境持久性 $t_{1/2}$	半挥发性 p_s（液相）/Pa	K_H/（Pa·m³/mol）	生物富集性 lgBCF	lgK_{OC}	lgK_{OW}
α-六氯环己烷	54.4～56.1 d（土壤），26～63 a（水），3～4 a（空气）	$0.4×10^{-2}$（20℃）	—	1.78～4.08	—	3.80
β-六氯环己烷	—	22.7（40℃）		2.40～3.18		
林丹	36.9～68.6 d（土壤），8.94～2310 d（水），2.3～13 d（空气）	$1.25×10^{-6}$（20℃）		3.00		1.11～3.50
十氯酮	1～2 a（土壤）	$1.33×10^{-3}$	$5.45×10^{-3}$	0.91～4.78	3.38～3.415	4.50～5.41
硫丹	6～11 月（土壤），4 d（水）	$1.33×10^{-6}$		2～4.04	3.48～4.30	2.02
HCB	~4 a（土壤），8h（水），2 a（大气）	$1.45×10^{-3}$（20℃）	$7.2×10^2$（20℃）	6.40	2.56～4.54	3.03～6.42
PCBs	>6 a（土壤），21 d～2 a（空气）（一氯和二氯联苯除外）	$2.1～4.0×10^{-7}$（20℃）	$1.01×10^3$～$1.01×10^4$	4.00～5.00	5.49	4.30～8.26
六溴联苯	—	—	—	—	—	—
PCDDs	2 周～6 a（土壤），8 周～6 a（底泥），2 d～8 周（水），2～21 d（空气）	$1×10^{-10}$～$1.7×10^{-2}$	0.13～3.34	4.47	4.36～7.81	4.30～8.20
PCDFs	8 周～6 a（土壤），2 周～6 a（底泥），3～8 周（水），1～3 周（空气）	$5.0～3.9×10^{-4}$	0.42～1.50	3.00～4.00	3.92～7.61	5.40～8.00
五氯苯	194～345 d（土壤），194～1 250 d（水），45～467 d（空气）	$1.1×10^{-1}$（20℃）	—	2.92～5.60	—	4.88～6.12
PBDEs	150 d（土壤），6.4～150 d（水），30.4～11 d（空气）	—	—	0.04～4.04	—	5.87～6.57
PFOS	>41 a（水），110 d（空气）	$3.31×10^{-4}$	—	1.75～2.28	—	4.13
六溴环十二烷		$6.3×10^{-5}$	0.75			5.62

POPs 除了具有独有的特征性质之外，还具有和其他有机污染物类似的基本性质。这类性质主要包括有机污染物的鉴别信息、物理性质和化学性质等。

一、POPs 的鉴别信息

POPs 的鉴别信息是指 POPs 的生产、使用、法规限制以及在环境中扩散的通用信息，主要包括 POPs 的名称、美国化学文摘（Chemical Abstracts Service，CAS）登记号、化学物质毒性作用登记号（Registry of Toxic Effects of Chemical Substances，RTECS）、联合国有害物质登记号（UN 编号）和威斯韦塞线性标记号（Wiswesser Line Notation，WLN）等，通过对这些基本信息的描述，使人们能够较深入地了解它们基本的使用情况和有害效应。

1. 美国化学文摘登记号（CAS 登记号）

CAS 登记号是由美国化学会（American Chemical Society，ACS）的化学文摘登记处（Chemical Abstracts Service，CAS）制定的数字号码。这些号码涵盖了从 1957 年到现在文摘中涉及的有机化合物、无机化合物、金属、合金、矿物等物质，并可以追溯到 20 世纪初使用的一些含氟和含硅的化合物。CAS 登记号是联系化学物质信息库的桥梁，每串号码独一无二地对应一种物质，它们是用来判定检索有多个名称的化学物质信息的重要工具。CAS 登记号没有明确的化学意义，最右边的数字为校验数字，主要用于计算机检验整个数字符串的正确性和唯一性。其通用的形式如下所示：

$$N...N \quad N\text{-}N \quad N\text{-}R$$
$$I \quad 4 \quad 3 \quad 2 \quad 1$$

式中：N ——基本数字；

　　　R ——校验数字。

校验数字的计算方法为：将 CAS 的基本数字自右向左顺序编号，然后将这些数字与编号相乘并累加起来，所得数的个位即为校验数字。

例：CAS 登记号：107-07-3

$$(5×1) + (4×0) + (3×7) + (2×0) + (1×7) =33$$

得到　　　　　　　　　　　R=3

2. 化学物质毒性作用登记号（RTECS）

RTECS 和 CAS 登记号不同，它是由美国 MDL 信息系统公司制作的一个包含药品、农用化学品等重要商用化学品的毒性数据的数据库。这些化学物质的基本信息和毒性数据由美国国家职业安全与健康研究所（The National Institute for Occupational Safety and Health，NIOSH）收集。该数据库自 1971 年以来至今已收录了 15 万多条记录。这些记录包括物质的名称、分类标识、定义、结构图、CAS 登记号、病理学数据、致突变数据、生殖毒性数据、致癌数据、毒性数据、复合剂量数据、综述、NIOSH 推荐的人体暴露极限标准规则、美国国家环保局、NIOSH、美国国家毒物学计划（National Toxicology Program，NTP）、美国职业安全和健康管理局（Occupational Safety and Health Administration，OSHA）以及美国国家职业调查资料等。收集的数据来源于期刊、政府报告和未出版的美国国家环保局测试呈递书（The Toxic Substance Control Act Test Submission，TSCATS），该编号可用来查找某种化学物质的毒理学数据。

3. 联合国有害物质登记号（UN 编号）

联合国有害物质登记号也称为 UN 编号，UN 是联合国（United Nationgs）的英文缩写，UN 编号是联合国危险货物运输专家委员会对危险物质制定的编号。该编号登录在联合国《关于危险货物运输的建议书》（Recommendations on the Transport of Dangerous Goods）中。

4. 威斯韦塞线性标记号（WLN）

威斯韦塞线性标记号（Wiswesser Line Notation，WLN）是用于化学品标记的线性公式符号。它能简明地描述化学物质的结构，是一种对三维结构的线性表示方法。这种标记方法利用数字来表示烷基链的长度和环的大小，然后从分子的一端向另一端依次得出这些符号并连在一起。化学物质经过 WLN 方法进行编码，便于计算机的存储和调用，目前已经被全世界的大型化学品和医药公司广泛应用于管理各自的化学品结构档案及二次索引等。

除了上述鉴别信息之外，POPs 还有 Eneinecs（EC）号、NIOSH 编号等。

二、POPs 的物理性质

POPs 的物理性质主要包括相对密度（比重）、密度（ρ）、熔点（MP）、沸点（BP）、溶解度（S）以及外观描述等。

1. 相对密度和密度

相对密度是指物体在空气中的质量与 4℃时同体积水的质量比。密度（ρ）是单位体积物质的质量，这个参数已被用于估算物质的表面张力、黏度和各种相分配系数等。

2. 熔点和沸点

MP 和 BP 是描述物质物性的基本参数。MP 指固体物质在 1 个大气压下与液体状态处于相平衡时的温度；BP 是指物质在 1 个大气压下达到沸腾时的温度。

3. 溶解度

S 是物质在介质中达到平衡时的浓度，它是反映物质在介质中溶解能力大小的一个非常重要的参数，S 通常以摩尔溶解度（mol/L）、质量溶解度（g/L）或质量比（g/kg）表示。根据物质溶解能力的大小，一般可分为无限可溶解、可溶解（$>0.1\,mol/L$）、中度溶解（$0.01\sim 0.1\,mol/L$）、不溶解（$<0.01\,mol/L$）和极不溶解。通常，POPs 在水中的溶解度（S_w）较低，在有机溶剂中的溶解度较高，因此，POPs 容易在脂肪中富集。溶解度在很大程度上决定

着污染物在空气、水体、土壤和生物体中的分布和累积，除此之外，它还对污染物在环境中的迁移速率和降解速率有重要的影响，因而，S 是表征污染物环境行为的非常重要的参数。

三、POPs 的化学性质

POPs 的化学性质主要包括易燃性、反应性和稳定性。

1. 易燃性

化学物质的易燃性按闪点可以分为以下几类：

（1）极易燃。闪点＜0℃和沸点≤35℃的液体和液化易燃气体。

（2）高度易燃。闪点＜21℃，但不是极易燃的物质，也适用于在空气中自身易燃的固体或者与火源短暂接触后，易着火并在移去火源后能继续燃烧的物质。

（3）易燃。21℃≤闪点≤55℃的液体和固体，以及移去火源后继续燃烧，但不容易着火的固体。

（4）可燃。闪点＞55℃的液体和固体以及虽然在通常空气中难以引燃，但如果移至高温下，能支持燃烧，通常认为是可燃的固体。

（5）在特定条件下可燃。无闪点，但在升高温度下形成可燃蒸气/空气混合物的液体，常给出爆炸极限。此外，还指只有经受到高能量火源时，才能燃烧的固体物质。

（6）不可燃。指不能（或只有在极端情况下）被氧化的物质。

（7）不可燃。但可增进其他物质燃烧。指容易放出氧气，但不可燃的物质。

2. 反应性

当物质具有以下特性之一就认为该物质具有反应性。

（1）不稳定，在无爆震时就很容易发生剧烈变化；

（2）和水剧烈反应；

（3）能和水形成爆炸性混合物；

（4）和水混合会产生毒性气体、蒸气或烟雾；

（5）在有引发源或加热时能爆震或爆炸；

（6）在常温、常压下易发生爆炸和爆炸性反应；

（7）根据其他法规所定义的爆炸品。

3. 稳定性

化学物质的稳定性主要包括物理、化学和生物学三个方面的性质。物理稳定性是指物质与温度、湿度、光等物理因素作用所表现抵抗颗粒结块、结晶生长，乳剂的分层破裂，交替的老化等物理性质变化的能力；化学稳定性通常是指物质抵抗水、酸、碱、盐、气体等化学试剂侵蚀的能力；生物稳定性是指物质受微生物污染引起变质、腐败等性质。POPs的稳定性主要取决于污染物自身的化学组成、结构特征等。掌握POPs的稳定性对于研究这些物质的控制和消除方法具有指导意义。

公约中规定的23种POPs按其不同的用途可以分为3类，分别是14种农药、4种工业化学品[1种精细化工产品（PCBs）、多溴联苯醚类（PBDEs）、全氟辛烷磺酸及其盐类（PFOS）和六溴环十二烷（HCBDD）]、3种非故意产生的副产品或二次污染物（PCDDs、PCDFs和五氯苯）。以下分别详细叙述它们的基本性质。

第二节 农药类POPs的基本性质

一、物质概述

农药可以用来杀灭昆虫、真菌和其他危害作物生长的有害生物。最早使用的农药有DDT、六六六等，它们能大量消灭害虫。但它们毒性很大，稳定性又好，能在环境中长期存在，并在动、植物及人体中不断积累，因此被淘汰。农药类POPs是POPs中用于防治植物病、虫害的组成成分中含有有机氯元素的有机化合物，主要分为以苯为原料和以环戊二烯为原料的两大类。前者如使用最早、应用最广的杀虫剂DDT和六六六，后者如作为杀虫剂的氯丹、七氯、艾氏剂等。此外以松节油为原料的毒杀芬也属于有机氯农药。

常用有机氯农药具有系列特性：① 蒸气压低，挥发性小，使用后消失缓慢；② 脂溶性强，水中溶解度大多低于 1×10^{-6}；③ 氯苯架构稳定，不易为体内酶降解，在生物体内消失缓慢；④ 土壤微生物作用的产物，也像亲体一样存在着残留毒性，如DDT经还原生成DDD，经脱氯化氢后生成DDE；⑤ 有些有机氯农药，如DDT能悬浮于水面，可随水分子一起蒸发。环境中有机氯农药，通过生物富集和食物链作用，危害生物。

氯苯结构较稳定，生物体内酶难于降解，所以积存在动、植物体内的有机氯农药分子消失缓慢。由于这一特性，它通过生物富集和食物链的作用，环境中的残留农药会进一步得到富集和扩散。通过食物链进入人体的有机氯农药能在肝、肾、心脏等组织中蓄积，特别是由于这类农药脂溶性大，所以在体内脂肪中的蓄积更突出。蓄积的残留农药也能通过母乳排出，或转入卵、蛋等组织，影响后代。我国于20世纪60年代已开始禁止将DDT、六六六用于蔬菜、茶叶、烟草等作物上。

废弃库存农药在许多国家都是个严重的问题，数十年来各种废弃农药不断在发展中国家堆积起来。2004年9月，联合国粮农组织（FAO）曾警告称库存的老化杀虫剂和废弃杀虫剂产生的大量有毒化学废物正对东欧、非洲、亚洲、中东以及拉丁美洲人群及环境产生持久且不断恶化的威胁。据 FAO 估计，全球约有超过 20 万 t 的农药散布在数千个贮存点，其中大部分的 POPs 农药已被禁用或废弃。目前已发现在非洲等地的有些贮存点因容器锈蚀而导致的 POPs 渗漏，污染了当地土壤和地下水，成为危害居民健康和生态环境的一个重要环境问题。

废弃库存农药存在的原因有多种：因被禁用原因而积存下来的未售完农药；因未妥善贮存或保存过期而造成农药变质；原产品的用途已不再适用；因辅助成分化学变化而导致产品无法使用等。作为 20 世纪许多国家曾广泛使用的农药类别，DDT 等 POPs 农药的废弃库存现象较为普遍。

二、鉴别信息

表 2-2 列出了 14 种农药类 POPs 的鉴别信息。

表 2-2　14 种农药类 POPs 的鉴别信息

中文名称：艾氏剂 英文名称：Aldrin 中文化学命名：1,2,3,4,10,10-六氯-1,4,4a,5,8,8a-六氢-1,4,5,8-桥-挂-二甲撑萘 英文化学命名：1,2,3,4,10,10-hexachloro-1,4,4a,5,8,8a-hexahydro-1,4-endo-5,8-dimethano-naphthalene CAS 登记号：309-00-2 UN 编号：2761 RTECS：IO2100000 WLN：L D5 C55 A D-EU JUTJ AG BG IG KG 商品名：Aldrec，Aldrex，Aldrex 30，Aldrite，Aldrosol，Altox，Compound 118，Drinox，ENT 15949，HHDN，Octalene，OMS 194，Seedrin	中文名称：狄氏剂 英文名称：Dieldrin 中文化学命名：1,2,3,4,10,10-六氯-6,7-环氧-1,4,4a,5,6,7,8,8a-八氢-1,4-桥-5-8-挂-二甲撑萘 英文化学命名：1,2,3,4,10,10-hexachloro-6,7-epoxy-1,4,4a,5,6,7,8,8a-octahydro-1,4-endo-exo-5,8-dimethano-naphthalene CAS 登记号：60-57-1 UN 编号：2761 RTECS：IO1750000 WLN：T E3 D5 C555 A D-FO KUTJ AG AG BG JG KG LG 商品名：Aldrin epoxide，Alvit，Dieldrex，Dieldrite，Dieldrix，ENT 16, 255，HEOD，Illoxol，Insecticide no.497，Octalox，Panoram D-31，Quintox
中文名称：异狄氏剂 英文名称：Endrin 中文化学命名：1,2,3,4,10,10-六氯-6,7-环氧-1,4,4a,5,6,7,8,8a-八氢-1,4-挂-5,8-挂-二甲撑萘 英文化学命名：1,2,3,4,10,10-hexachloro-6,7-epoxy-1,4,4a,5,6,7,8,8a-octahydro-1,4-endo-endo-5,8-dimethano-naphthalene CAS 登记号：72-20-8 UN 编号：2761 RTECS：IO1575000 WLN：T E3 D5 C555 A D-FO KUTJ AG AG BG JG KG LG 商品名：Compound 269，Endrex，Endricol，Hexadrin，Isodrin Epoxide，Mendrin，Nendrin，Oms 197	中文名称：七氯 英文名称：Heptachlor 中文化学命名：1,4,5,6,7,8,8-七氯-3a,4,7,7a-四氢-4,7-甲撑-1H-茚 英文化学命名：1,4,5,6,7,8,8-heptachlor-3a,4,7,7a-tetrahydro-4,7-methano-1H-indene CAS 登记号：76-44-8 UN 编号：2761 RTECS：PC0700000 WLN：L C555 A DU IUTJ AG AG BG FG HG IG JG 商品名：Aahepta，Agroceres，Baskalor，Drinox，GPKh，Heptachlorane，Heptagran，Heptagranox，Heptamak，Heptamul，Heptasol，Heptox，Soleptax，Rhodiachlor，Tetrahydro，Veliscol 104

中文名称：氯丹
英文名称：Chlordane
中文化学命名：1,2,4,5,6,7,8,8-八氯-2,3,3a,4,7,7a-六氢-4,7-亚甲桥茚
英文化学命名：1,2,4,5,6,7,8,8-octachloro-2,3,3a,4,7,7a-hexahydro-4,7-methano-indene
CAS 登记号：57-74-9；5103-74-2（顺式）；5103-71-9（反式）
UN 编号：2762
RTECS：PB9800000
WLN：L C555 A IUTJ AG AG BG DG EG HG IG JG
商品名：Aspon，Belt，CD 68，Chloriandin，Chlordan，Chlorindan，Compound K，Compound K（FDA），Corodan，Cortilan-neu，Dowchlor，ENT 25552-x，ENT 9932，HCS 3260，Kilex lindane，Kypchlor，M410，Niran，Octachlor，Octachlorohexahydromethanoindene，Octaterr，Oktaterr，Oms 1437，Ortho-Klor，Sd 5532，Shell sd5532，Syndane，Synklor，Tatchlor 4，Topichlor，Toxichlor，Veliscol-1068

中文名称：滴滴涕
英文名称：DDT
中文化学命名：2,2-双（对氯苯基）-1,1,1-三氯乙烷
英文化学命名：2,2-Bis（*p*-chlorophenyl）-1,1,1-trichloroethane
CAS 登记号：50-29-3
UN 编号：2761
RTECS：KJ3325000
WLN：GXGGYR DG & R DG
商品名：Agritan，Anofex，Arkotine，Azotox，Bosan Supra，Bovidermol，Clofenotane，Chlorphenothan，Chloropenothane，Chlorophenotoxum，Citox，Clofenotane，Dedelo，Deoval，Detox，Detoxan，Dibovan，Dichlorodiphenyltrichloroethane，Dicophane，Didigam，Didimac，DNSBP，Dodat，Dykol，Estonate，Genitox，Gesafid，Gesapon，Gesarex，Gesarol，Guesapon，Gyron，Havero-extra，Ivotan，Ixodex，Kopsol，Mutoxin，Neocid，Parachlorocidum，PEB1，Pentachlorin，Pentech，Ppzeidan，R50，Rudseam，Santobane，Zeidane，Zerdane

中文名称：灭蚁灵
英文名称：Mirex
中文化学命名：十二氯代八氢-1,3,4-次甲撑-1H-环丁并[cd]双茂
英文化学命名：l,3,4-Metheno-1H-Cyclobuta（cd）Pentalene,1,la,2,2,3,3a,4,5,5,5a,5b,6-Dodecachlorooctahydro
CAS 登记号：2385-85-5
UN 编号：2761
RTECS：PC8225000
WLN：L545 B4 C5 D 4ABCE JTJ-/G 1 2
商品名：Dechlortane，Ferriamicide，GC 1283，Hexachlorocyclopentadiene dimmer，HRS 1276，Perchlorodihomocubane，Perchloropentacyclodecane

中文名称：毒杀芬
英文名称：Toxaphene
中文化学命名：多氯茨烯
英文化学命名：Chlorinated Camphene
CAS 登记号：8001-35-2
UN 编号：2761
RTECS：XW5250000
WLN：L55 A CYTJ CUI D1 D1 XG XG XG
商品名：Alltex，Alltox，Attac 4-2，Attac 4-4，Attac 6，Attac 6-3，Attac 8，Camphechlor，Camphochlor，Camphoclor，Chemphene M5055，Chlorinated camphene，Chloro-carnphene，Clorchem T-590，Compound 3956，Huilex，Kamfochlor，Melipax，Motox，Octachlorocamphene，Penphene，Phenacide，Phenatox，Phenphane，Polychlorocamphene，Strobane-T，Strobane T -90，Texadust，Toxakil，Toxon 63，Toxyphen，Vertac 90 %

中文名称：六氯苯
英文名称：Hexachlorobenzene
中文化学命名：全氯苯
英文化学命名：Hexachlorobenzene
CAS 登记号：118-74-l
UN 编号：2729
RTECS：DA2975000
WLN：GR BG CG DG EG FG
商品名：Amaticin，Amatin，Anticarie，Bunt-cure，Bunt-no-more，Ceku C. B，Co-op hexa，Granox，Hexa c. b. ，Julin's carbon chloride，No bunt，No bunt 40，No bunt 80，Sanocide，Smut-go，Sniecotox

中文名称：α-六氯环己烷
英文名称：α-Hexachlorocyclohexane
中文化学命名：α-1,2,3,4,5,6-六氯环己烷
英文化学命名：α-1,2,3,4,5,6-Hexachlorocyclohexane
CAS 登记号：319-84-6
UN 编号：2761
RTECS：GV3500000

中文名称：β-六氯环己烷 英文名称：β-Hexachlorocyclohexane 中文化学命名：β-1,2,3,4,5,6-六氯环己烷 英文化学命名：β-1,2,3,4,5,6-Hexachlorocyclohexane 或 Cyclohexane,1,2,3,4,5,6 -hexachloro-, （1a,2b,3a,4b,5a,6b） CAS 登记号：319-85-7 UN 编号：2761 RTECS：GV3500000	中文名称：林丹（γ-六六六） 英文名称：Lindane 或 hexachlorocyclohexane gamma-isomer 中文化学命名：γ-1,2,3,4,5,6-六氯环己烷 英文化学命名：γ-1,2,3,4,5,6-Hexachlorocyclohexane CAS 登记号：58-89-9 UN 编号：2761 RTECS：GV4900000
中文名称：十氯酮 英文名称：Kepone；Chlordecone 中文化学命名：十氯代八氢-亚甲基-环丁异[cd]戊搭烯-2-酮 英文化学命名：1,1a,3,3a,4,5,5,5a,5b,6-decachloro-octahydro-1,3,4-metheno-2H-cyclobuta[cd] pentalen-2-one CAS 登记号：143-50-0 UN 编号：2761 RTECS：PC8575000	中文名称：硫丹 英文名称：Thiosulfan 或 endosulfan 中文化学命名：1,2,3,4,7,7-六氯双环[2.2.1]庚-2-烯-5,6-双羟甲基亚硫酸酯 英文化学命名：6,7,8,9,10,10-hexachloro-1,5,5a,6,9,9a-hexahydro-6,9-methano-2,4,3- benzodioxathiepin-3-oxide CAS 登记号：115-29-7,959-98-8,33213-65-9 UN 编号：2521 RTECS：RB9275000 商品名：Thiodan®、Thionex、Endosan、Farmoz、Nufarm、Endosulfan

三、物理性质

有机氯农药（organo-chlodne pesticides，OCPs），常用的有机氯农药有下列物理性质：蒸汽压低，挥发性小，所以使用后消失缓慢；在水中的溶解度较低，有些有机氯农药，例如 DDT 在水中能悬浮水层表面；在汽水界面上 DDT 可随水分子一起蒸发，在世界上没有使用过 DDT 的区域也能检测出 DDT 分子便同这种蒸发有关；一般是疏水性的脂溶性化合物，在水中溶解度大多低于 1×10^{-6}，个别像丙体六六六，水溶性虽较大，但也小于 10×10^{-6}，这种性质使有机氯农药在土壤中不可能大量地向地下层渗漏流失，而能较多地被吸附于土壤颗粒，尤其是在有机质含量丰富的土壤中，因此有机氯农药在土壤中的滞留期均可长达数年。

有机氯农药（OCPs）类 POPs 的物理性质如表 2-3 所示。

表 2-3 有机氯农药类 POPs 的主要物理性质

名称	分子式	M_r	相对密度	$\rho/(\mathrm{g/cm^3})$	MP	BP	$S_w/(\mathrm{mg/ml})$	外观描述	备注
艾氏剂	$C_{12}H_8Cl_6$	364.93	1.60 (20℃)	1.70	104℃, 工业品混合物的熔点为49~60℃	132~150℃ (133.3Pa); 45℃ (266.6Pa)	<1 (24℃)	棕色或白色固态晶体, 无味	工业品, 熔点为49~60℃, 并且颜色会变黑, 用作杀虫剂
狄氏剂	$C_{12}H_8Cl_6O$	380.93	1.62 (20℃)	1.75	176~177℃, 工业品的熔点为150℃	385℃	<1 (24℃)	纯品为白色晶体, 工业品为淡棕褐色片状, 带有淡淡的化学味	嗅觉阈值: 0.041 mg/kg, 用作杀虫剂
异狄氏剂	$C_{12}H_8Cl_6O$	380.91	1.70 (20℃)	1.70	200℃	245℃	0.25 (25℃)	白色固态晶体, 无味	工业品为浅棕色粉末, 具有温值, 阈值: 和有的化学气味: 1.8×10^{-5}~4.1×10^{-5} g/kg, 在水中下沉用作农用杀虫剂
DDT	$C_{14}H_9Cl_5$	354.49	0.98~0.99 (15.5℃)	1.56 (15℃)	109℃	260℃, 在1atm条件下会发生分解	<1 (21℃)	无色晶体或白色粉末, 无味或带有轻微的芳香气味	阈值: 水中 3.5×10^{-4} g/kg, 空气中 5.0725 mg/m³, 用作杀虫剂
氯丹	$C_{10}H_6Cl_8$	409.75	1.57~1.63 (15.5℃)	1.59~1.63 (25℃)	106~107℃ (顺式氯丹); 104~105℃ (反式氯丹)	在88Pa下118℃ (工业品)	<1 (23℃)	白色固态粉末 (纯丹); 无色至琥珀式固体或黄棕色黏稠液体 (不纯的混合物), 具有和氯相似的芳香的、辛辣气味; 针叶松树味	液体表面张力 (估计): 0.025 N/m (20℃), 燃烧热 (估计): ~2 200 cal/g, 用作残留性杀虫剂
七氯	$C_{10}H_5Cl_7$	373.32	1.57~1.59	1.57~1.59	95~96℃ (纯品); 46~74℃ (工业品)	135~145℃ (133.3~200.0Pa)	0.18 (25℃)	浅黑色蜡状固体, 樟脑似的气味	工业品为白色蜡状固体, 用作杀虫剂

名称	分子式	M_r	相对密度	ρ/(g/cm³)	MP	BP	S_w/(mg/ml)	外观描述	备注
灭蚁灵	$C_{10}Cl_{12}$	545.55	—	—	485℃（分解）	240℃以上升华	<1（24℃）	白色针状晶体	无味，正己烷中在219.5 nm处有强紫外吸收带（lg ε=2.0），用作杀蚁剂
毒杀芬	$C_{10}H_{10}Cl_8$	413.80	1.63	1.65（25℃）	65~90℃	分解温度为155℃	<1（19℃）	黄色或者琥珀色的蜡状固体，有轻微的松木臭味	热值：0.58 kcal/g（41℃），用作杀虫剂
HCB	$C_6H_6Cl_6$	284.76	2.04（24℃）	2.44	227~230℃	323~326℃（升华）	<1（20℃）	纯品为无色细针状或小片状晶体，工业品为淡黄色或淡棕色晶体	易升华，用作防治麦类黑穗病，种子和土壤消毒
α-六氯环己烷	$C_6H_6Cl_6$	290.83	1.9	1.59	158℃（156~161℃）	287.999℃（760 mmHg）	不溶于水	白褐色晶状固体。纯品无味，工业品有酸霉味	能随水蒸气挥发。溶于苯、溶于氯仿，不溶于水
β-六氯环己烷	$C_6H_6Cl_6$	290.83	1.9	1.59	312℃（314~315℃）	熔融后升华	不溶于水	白色结晶。无气味结晶固体	该物质对环境可能有危害，对水体应给予特别注意
林丹	$C_6H_6Cl_6$	290.83	1.891（19℃）	1.87（25℃）	113~115℃	288℃	7.3 mg/L（25℃）	白色至浅黄色结晶或粉末。微有霉烂气味	用于防治水稻、小麦、大豆、蔬菜、果树、烟草、森林、粮色等害虫
十氯酮	$C_{10}Cl_{10}O$	490.68	—	1.59~1.63（25℃）	350℃	350℃（开始升华）	微溶于水0.5	黄褐色或白色晶体	一种毒性较高的杀虫剂和杀真菌剂
硫丹	$C_9H_6Cl_6O_3S$	406.93	1.745（20℃）	1.94	70~100℃	449.7℃（760 mmHg）	<1（23℃）	茶色或白色晶体，两种异构体的混合物，是棕色结晶	用于防治棉花、果树、大豆、蔬菜、茶及烟草等各种作物害虫

四、化学性质

常用的有机氯农药有下列化学性质：氯苯结构较为稳定，不易为生物体内酶系降解，所以积存在动、植物体内的有机氯农药分子消失缓慢；对人的急性毒性主要是刺激神经中枢，慢性中毒表现为食欲不振，体重减轻，有时也可产生小脑失调、造血器官障碍等。文献报道，有的有机氯农药对实验动物有致癌性。环境中有机氯农药，通过生物富集和食物链作用，危害生物。有机氯农药的使用，会大量残留在土壤中，并通过食物链进入人体和动物体，能在心脏、肝、肾等组织中蓄积，由于这类农药脂溶性大，所以在脂肪中蓄积最多。蓄积的残留农药也能通过母乳排出，禽类可转入卵、蛋等组织，影响子代。土壤微生物对这些农药的作用大多是把它们还原或氧化为类似的衍生物，这些产物也像其亲体一样存在着残留毒性问题，例如 DDT 的还原产物 DDD，环戊二烯类的环氧衍生物，DDT 的脱氧化氢产物 DDE 等，个别的如丙体六六六由于微生物的降解作用和其他因素的作用，它在环境中的持久性比 DDT、环戊二烯类、乙体六六六等异构体都短。

有机氯农药由于具有这些特性，通过生物富集和食物链作用，造成农药公害。

有机氯农药（OCPs）类 POPs 的化学性质如表 2-4 所示。

表 2-4　农药类 POPs 的化学性质

名称	易燃性	反应性	稳定性
艾氏剂	不易燃	能在有氧化剂存在的条件下与浓酸和酚发生反应，能够腐蚀金属，与酸催化剂、酸氧化剂及活泼金属能发生反应	对于热和不同 pH 具有很好的稳定性
狄氏剂	不易燃，但遇明火可燃	能与无机酸、酸性催化剂、酸性氧化剂、活泼金属、苯酚反应	通常在实验室条件下很稳定
异狄氏	不易燃	能与强酸发生反应，也能够与一些金属盐类和催化剂载体反应	不易发生生物降解和水解；对于酸碱稳定，对热非常敏感（大于 200℃发生分解），在光照下发生异构化的产物为异狄氏剂酮，并有少量异狄氏剂醛产生
DDT	易燃，闪点为 162～171℃	可与铁、铝、铁盐、铝盐和碱金属发生反应。不能与氯化铁、氯化钙共存。滴滴涕也能和强氧化剂发生反应	在紫外光照射和高温下不稳定；但在实验室条件下，DDT 的水溶液、DMSO 煤油溶液、95%的乙醇溶液或丙酮溶液都能够保证 DDT 在 24h 内不会发生分解
氯丹	工业级氯丹会在 210℃时自燃	不能与强氧化剂相溶，对铁、锌和各种保护涂层有腐蚀作用，甚至能腐蚀某些塑料和橡胶	在实验室条件下可稳定存在
七氯	遇明火、高热可燃	与强氧化剂可发生反应	在实验室条件下十分稳定

名称	易燃性	反应性	稳定性
灭蚁灵	不可燃	可和强氧化剂反应，与硫酸、硝酸、盐酸不起反应	对太阳光敏感，实验室条件下，在水、DMSO、95%乙醇或丙酮溶液中通常可稳定存在 24 h
毒杀芬	不易燃	在有碱存在条件下会发生分解，它对铁具有腐蚀性，不能与强氧化剂共存	在光照和加热的条件下会发生分解
HCB	可燃，闪点为242℃	HCB 和强氧化剂能发生猛烈反应	对湿度敏感，实验室条件下，在水、DMSO、95%乙醇或丙酮溶液中通常可稳定存在 24 h
α-六氯环己烷	可燃，闪点为157.5℃	遇明火、高热可燃。其粉体与空气可形成爆炸性混合物，当达到一定浓度时，遇火星会发生爆炸	遇高热分解释出高毒、腐蚀性、刺激性烟气
β-六氯环己烷	可燃，闪点为160~176℃	遇明火、高热可燃。其粉体与空气可形成爆炸性混合物，当达到一定浓度时，遇火星会发生爆炸	遇高热分解释出高毒、腐蚀性、刺激性烟气
林丹	可燃	遇明火、高热可燃。其粉体与空气可形成爆炸性混合物，当达到一定浓度时，遇火星会发生爆炸	遇高热分解释出高毒、腐蚀性、刺激性烟气
十氯酮	不可燃	强无机酸分解	于 350℃分解
硫丹	可燃，闪点为-26℃	遇明火、高热可燃。其粉体与空气可形成爆炸性混合物，当达到一定浓度时，遇火星会发生爆炸	受高热分解放出有毒的气体。受热放出有毒氯化物、氧化硫气体；遇酸、碱、潮气分解有毒氧化硫气体

第三节 工业化学品 POPs 的基本性质

工业化学品 POPs 包括多氯联苯（PCBs）、六氯苯（HCB）、多溴联苯醚类（PBDEs）、全氟辛烷磺酸盐类（PFOS）和六溴环十二烷（HCBDD）。

一、多氯联苯类 POPs 的基本性质

1. 物质概述

多氯联苯（polychlorinated biphenyl，PCBs）又称氯化联苯，多氯联二苯，是许多含氯数不同的联苯含氯化合物的统称，是一类人工合成有机物，是联苯苯环上的氢原子为氯所取代而形成的一类氯化物。PCB 同系物的结构式见第一章图 1-16，其分子式为 $C_{12}H_{10-x-y}Cl_{x+y}$（$x+y<10$）。根据氯原子取代数目和取代位置的不同，PCBs 共有 209 种同系物。PCBs 的联苯分子上被 2~10 个氯原子所取代，考虑到性质上的相似性，通常也将

一氯联苯作为 PCBs。表 2-5 列出了部分 PCBs 的中文名称及对应的英文缩写。

表 2-5 部分 PCBs 的中文名称及对应的英文缩写

物质名称	英文缩写	物质名称	英文缩写
一氯联苯	MCB	六氯联苯	HexaCB
二氯联苯	DiCB	七氯联苯	HeptaCB
三氯联苯	TriCB	八氯联苯	OctaCB
四氯联苯	TetraCB	九氯联苯	NonaCB
五氯联苯	PentaCB	十氯联苯	DecaCB

　　PCBs 的主要污染来源是生产和使用多氯联苯的工厂向环境中排放含 PCBs 的废水和倾倒含 PCBs 的废物。根据国外研究，美国的 PCBs 年产量中只有 20%是在使用中消耗，其余 80%进入环境。PCBs 可被鱼类和水生生物摄入，通过食物链发生生物富集作用。其中海藻类的富集能力为 1000 倍左右，虾、蟹类为 4 000～6 000 倍，鱼类可高达数万倍甚至十余万倍。

　　PCBs 的商业性生产始于 1930 年。据 WHO 报道，至 1980 年世界各国生产 PCBs 总计近 100 万 t，1977 年后各国陆续停产。我国于 1965 年开始生产多氯联苯，大多数厂于 1974年底停产，到 20 世纪 80 年代初国内基本已停止生产 PCBs，估计历年累计产量近万吨。20 世纪 50 年代至 70 年代，在未被告知的情况下，曾由一些发达国家进口部分含有多氯联苯的电力电容器、动力变压器等。目前 PCBs 已逐渐被世界各国禁用，因此通常只有在较老的设备和材料中能发现它们的踪迹。

2. 鉴别信息

　　PCBs 与 POPs 中的有机氯农药不同，它们是 PCB 同系物的混合体系，PCBs 不但有统一的 CAS 登记号和 RTECS，而且单体的异构体和混合物也具有各自的 CAS 登记号和RTECS。PCB 同系物一般是采用 BZ 代码（或称 IUPAC 代码）来表示，这是根据 IUPAC关于联苯取代基的相关规则而制定的。PCBs 混合体系通常按照其混合物中含氯百分数来命名，以 Aroclor12××来表示，最后两位数字代表含氯的百分数。例如，Aroclor1221 表示PCBs 混合体系中约含有 21%的氯元素。一般的 PCBs 产品常用 Aroclor 来命名，它们都有各自的 CAS 登记号。部分 PCBs 混合物的鉴别信息列于表 2-6 中。

　　PCBs 的鉴别信息如下所示：

中文名称：多氯联苯

英文名称：PCBs

中文化学命名：多氯联苯

英文化学命名：Polychlorobiphenyls

CAS 登记号：1336-36-3

UN 编号：2315

RTECS：TQ1350000

商品名：Apirolio，Aroclor，Chlorinated biphenyl，Chlorinated diphenyl，Chlorobiphenyl，Chlorobiphenyls，Clophen，Elaol，Fenchlor，Kanechlor，Phenochlor，Polychlorinated biphenyls（PCBs），Pyralene，Pyranol，Pyroclor，Santotherm，Sovol

表 2-6　部分 PCBs 的鉴别信息

多氯联苯	CAS	RTECS
Aroclor 1016	12674-11-2	TQ1351000
Aroclor 1221	11104-28-2	TQ1352000
Aroclor 1232	11141-16-5	TQ1354000
Aroclor 1242	53469-21-9	TQ1356000
Aroclor 1248	12672-29-6	TQ1358000
Aroclor 1254	11097-69-1	TQ1360000
Aroclor 1260	11096-82-5	TQ1362000

3. 物理性质

根据氯原子取代数目的不同，PCBs 的存在状态从流动的油状液体至白色结晶固体或非结晶性树脂，并具有有机氯的气味。PCBs 的分子量（M_r）为 188.7～498.7，相对密度为 1.4～1.5（30℃），密度 1.44 g/cm^3（30℃），熔点 143～144.5℃，沸点 340～375℃。PCBs 易溶解于非极性的有机溶剂和生物油脂，相比之下，PCBs 在水中的溶解度极小，25℃下的水中溶解度（S_w）为 0.01～0.000 1 μg/L，且 S_w 值随着氯化程度的增加而减小。PCBs 具有良好的化学惰性、抗热性、不可燃性、低蒸气压和高介电常数等优点，因此曾被作为热交换剂、润滑剂、变压器和电容器内的绝缘介质、增塑剂、石蜡扩充剂、黏合剂、有机稀释剂、除尘剂、杀虫剂、切割油、压敏复写纸以及阻燃剂等重要的化工产品，并广泛应用于电力工业、塑料加工业、化工和印刷等领域。

表 2-7 和表 2-8 分别列出了 PCBs 混合物和部分 PCB 同系物的基本物理性质。

表 2-7　多氯联苯的基本物理性质

多氯联苯	相对密度	MP/℃	BP/℃	M_r	S_w/（g/L）（25℃）	lgK_{OW}	lgK_{OC}	p_s/Pa	K_H	BCF
Aroclor 1016	1.37	—	385	258	4.2×10^{-7}	2.60	2.28	5.3×10^{-2}	3.3×10^{-4}	4.4×10^5
Aroclor 1221	1.18	1	275～320	201	40.0	2.10	2.78	0.89	1.7×10^{-4}	1.99×10^4
Aroclor 1232	1.26	—	290～325	232	4.07×10^2	2.22	2.89	0.54	1.13×10^{-5}	3.3×10^3

多氯联苯	相对密度	MP/℃	BP/℃	M_r	S_w/(g/L)(25℃)	lgK_{OW}	lgK_{OC}	p_s/Pa	K_H	BCF
Aroclor 1242	1.38	−19	325～366	267	0.23	2.13	2.85	0.17	$1.98×10^{-3}$	$2.1×10^4$
Aroclor 1248	1.41	—	340～375	210	$5.4×10^{-2}$	2.78	2.46	0.066	$3.6×10^{-3}$	$6.5×10^5$
Aroclor 1254	1.54	10	365～390	328	$3.1×10^{-2}$	2.07	2.75	0.010	$2.6×10^{-3}$	$1.2×10^6$
Aroclor 1260	1.62	10	385～420	376	$2.7×10^{-3}$	2.18	2.85	$5.4×10^{-3}$	0.74	$1.1×10^7$

表 2-8　PCB 同系物的基本物理性质

PCBs	M_r	MP/℃	BP/℃	p_s（固相）/Pa	p_s（液相）/Pa	S_w/(g/m³)	lgK_{OA}	lgK_{OW}
MCB	188.7	34～77.9	274～291	0.27～2.04	0.9～2.5	1.21～5.5	5.85～6.27	4.3～4.6
DiCB	223.1	24.4～149	315～322	$4.8×10^{-3}$～0.27	$8.0×10^{-3}$～0.60	0.06～2.0	6.52～7.46	4.9～5.3
TriCB	257.5	28～102	—	$1.4×10^{-2}$～0.14	$3.0×10^{-3}$～0.22	0.015～0.4	7.61～8.86	5.5～5.9
TetraCB	292.0	47～198	360	$5.88×10^{-5}$～$5.4×10^{-2}$	$2.0×10^{-3}$	$4.3×10^{-3}$～$1.0×10^{-2}$	7.65～9.66	5.6～6.5
PentaCB	326.4	76.5～124	—	$3.04×10^{-4}$～$9.27×10^{-3}$	$2.3×10^{-3}$～$5.1×10^{-2}$	$4.0×10^{-3}$～$2.0×10^{-2}$	7.41～8.5	6.2～6.5
HexaCB	360.9	80～202	—	$1.98×10^{-5}$～$4.8×10^{-4}$	$7.0×10^{-4}$～$1.2×10^{-2}$	$4.0×10^{-4}$～$7.0×10^{-4}$	8.46～9.32	6.7～7.3
HeptaCB	395.3	110～149	—	$2.73×10^{-5}$	$2.5×10^{-4}$	$4.5×10^{-5}$～$1.0×10^{-4}$	9.36	6.7～7
OctaCB	429.8	159	—	—	$6.0×10^{-4}$	$2.0×10^{-4}$～$3.0×10^{-4}$	—	7.1
NonaCB	464.2	162～206	—	$1.96×10^{-7}$～$2.66×10^{-5}$	$1.8×10^{-4}$～$1.2×10^{-3}$	—	8.68～8.91	7.2～8.16
DecaCB	498.7	305.9	—	$5.02×10^{-8}$	$3.0×10^{-5}$	$1.0×10^{-6}$～$1.0×10^{-4}$	10.34	8.26

4. 化学性质

PCBs 的基本化学性质如下：

（1）易燃性。遇明火、高热可燃；闪点：195℃；受高热分解放出有毒的烟气。

（2）反应性。PCBs 的化学性质稳定，但遇到紫外光会发生反应；能与强氧化剂反应，Aroclor 1254 被认为不能与强氧化剂共存，它能够与一些塑料、橡胶以及涂料等发生反应。

（3）稳定性。总体而言化学性质稳定，它们具有耐热、抗氧化的性质以及耐强酸强碱等特点；但在高温下 PCBs 可能分解为更具毒性的物质，包括 PCDD/Fs；但部分稳定性一般，如 Aroclor 1254 对于热比较敏感。Aroclor 1254 在水、DMSO、95%乙醇或丙酮溶液中，在实验室条件下仅能稳定存在 24h。

二、多溴联苯醚类 POPs 的基本性质

1. 物质概述

多溴联苯醚（PBDEs）是一类环境中广泛存在的全球性有机污染物。2009 年 5 月，联合国环境规划署正式将四溴二苯醚和五溴二苯醚、六溴二苯醚和七溴二苯醚列入公约。

PBDEs（化学通式为 $C_{12}H_{(0\sim9)}Br_{(1\sim10)}O$。依据苯环上溴原子取代数目和位置的不同，共有 209 种同系物）是一类持久性的有机污染物，在环境中非常稳定，难于降解并具高亲脂性，水溶性低，在水中的含量低，易于在沉积物中积累，有生物积累性并沿着食物链富集，大气、水体和土壤中痕量的 PBDEs 可通过食物链最终进入人体，可能对人类和高级生物的健康造成危害，也可广域迁移，导致全球污染。PBDEs 会干扰甲状腺激素，妨碍人类和动物脑部与中枢神经系统的正常发育。目前除了大量的有关身体负荷的基本数据（血液、母乳和脂肪组织 PBDEs 水平等）外，几乎没有研究证明 PBDEs 对人体暴露产生有害的健康影响，但大量实验室证据已经显示，PBDEs 对实验动物具有肝肾毒性、生殖毒性、胚胎毒性、神经毒性和致癌性等，能干扰内分泌，改变动物的本能行为，对人类特别是儿童可能具有潜在的发育神经毒性。

高溴代联苯醚由于具有低挥发性、低水溶解度而极易吸附于泥土和颗粒上，在环境中比较稳定，但是有可能在阳光下降解为低溴代联苯醚。高溴代联苯醚大部分都沉积在距污染源较近河流底泥和空气中的悬浮颗粒中，而在海洋生物和人体较少检测到。低溴代联苯醚具有相对较高挥发性、水溶解度和生物富集性，更易被生物体吸收和富集，因此在底泥、水生生物、水和空气中都有低溴代联苯醚的存在。

多溴联苯醚 PBDEs 可在高温状态下释放自由基，阻断燃烧反应，所以其最大用途是作为阻燃剂，在产品制造过程中添加到复合材料中去，尤其是在电器制造（电视机、计算机线路板和外壳）、建筑材料、泡沫、室内装潢、汽车内层、装饰物纤维等，以提高产品的防火性能。其中十溴联苯醚（PBDE-209）是多溴联苯醚家族中含溴原子数最多的一种化合物，由于它价格低廉，性能优越，急性毒性在所有溴联苯醚中最低，所以在全球范围内使用最广，如用于各种电子电器和自动控制设备、建材、纺织品、家具等产品中。据统计，目前十溴联苯醚占阻燃剂总量的 75%以上。

商业用 PBDEs 是溴化的联苯醚同系物混合物，主要含有五溴二苯醚（PeBDE），八溴二苯醚（OcBDE）和十溴二苯醚（DeBDE），也包括其他的 PBDEs。PeBDE 主要被加入聚氨基甲酸酯泡沫用于制造家具、地毯和汽车座椅等。OcBDE 主要用于纺织品和塑料中，

如各种电器产品的机架，特别是用于电视和电脑产品。DeBDE是全球使用最广泛的PBDEs，占全部PBDEs产品80%以上，而PeBDE和OcBDE产品分别占PBDEs总量的12%和6%左右。在产品的使用过程中，PBDEs可通过蒸发和渗漏等进入环境，焚化和报废含有PBDEs的废弃物也是PBDEs进入环境的主要途径。除此之外，阻燃剂生产厂也直接排放一些PBDEs。进入大气中的PBDEs会通过大气干、湿沉降作用向水体和土壤转移。特别是在一些电子垃圾拆解处理集散地，如我国广东贵屿地区，由于原始的和不规范的电子垃圾处理方式，造成大量的有毒物质释放，污染环境并危害人体健康，这些地区PBDEs污染尤为显著。

由于其优异的阻燃性能，已经越来越广泛地应用于各种消费产品当中。由于溴系阻燃剂性能良好以及寻找代用品比较困难，溴系阻燃剂不仅会使用相当长的时间，而其还将保持相当的增长速度。但是近年随着在环境样品中不断报道PBDEs的检出，该类化合物所造成的环境问题也越来越受到大家特别是环境科学的关注。国外对溴代阻燃剂在环境中的污染及对动物、人体影响的研究始于20世纪70年代末，从90年代初以后，欧洲各国、北美和日本都相继开展了PBDEs的各种研究工作。而我国有关环境中持久性有机污染物的研究工作，大部分集中于POPs公约中的化合物，而对PBDEs的研究则刚刚起步，研究结果只有零星报道。已有的研究资料主要集中在PBDEs的环境行为研究方面，而关于这类化合物在淡水生态系统中水生生物体内生物积累的研究资料有限，且通过食物链传递产生生物放大效应的研究结果并不一致。光化学降解是环境中多溴联苯醚的重要归趋之一。

2. 鉴别信息

PBDEs没有统一的CAS登记号和RTECS，但具体的PBDEs化合物具有CAS登记号和RTECS。表2-9列出了部分PBDEs的中文名称、对应的英文名称及CAS登记号。

表2-9　部分PBDEs的中文名称、对应的英文名称及CAS登记号

物质名称	英文名称	CAS登记号
四溴二苯醚	Tetrabromodiphenyl Ether	40088-47-9
五溴二苯醚	Pentabromodiphenyl Ether	32534-81-9
2,2',4,4',5,5'-六溴二苯醚	2,2',4,4',5,5'-Hexabromodiphenyl Ether（BDE-153）	68631-49-2
2,2',4,4',5,6'-六溴二苯醚	2,2',4,4',5,6'-Hexabromodiphenyl Ether（BDE-154）	207122-15-4
2,2',3,3',4,5',6-七溴二苯醚	2,2',3,3',4,5',6-Heptabromodiphenyl Ether（BDE-175）	446255-22-7
2,2',3,4,4',5',6-七溴二苯醚	2,2',3,4,4',5',6-Heptabromodiphenyl Ether（BDE-183）	207122-16-5
六溴联苯	Hexabromobiphenyl	36355-01-8

任何一个多溴联苯醚品种都不是单一的多溴联苯醚品种，而是几个多溴联苯醚混合物，以一个多溴联苯醚为主要含量，并含有少量的其他多溴联苯醚品种，各类多溴联苯醚

的具体组成如下：

五溴二苯醚为液体，主要成分为四溴二苯醚、五溴二苯醚和六溴二苯醚三种。

商用五溴二苯醚（C-PentaBDE）指的是各种溴化二苯醚同源物的混合物，其主要成分是 2,2',4,4'-四溴二苯醚（BDE-47，CAS 登记号 40088-47-9）和 2,2',4,4',5-五溴二苯醚（BDE-99，CAS 登记号 32534-81-9），如果以重量计算，与混合物中的其他成分相比，五溴二苯醚的浓度最高。

商用五溴二苯醚混合物被用作各类消费品中的一种阻燃添加剂。该商用混合物中包含了各种溴化联苯醚——分子中含有三至七个溴元素，不过，大多数含有四至五个溴元素。在世界不同地区，各种五溴二苯醚商用混合物中多溴联苯醚同源物的比例各异。五溴二苯醚是在此类商品和含有五溴二苯醚的产品的制造过程中、使用过程中以及被当做废物遗弃之后释放到环境中去的。虽然世界各国已经淘汰了或者正在淘汰商用五溴二苯醚的生产，但是，在未来几年里，仍会使用各种含有此类物质的产品，这样一来，这类物质会继续向环境中释放。这些产品会在变成废物时结束其寿命，但这时也有继续释放的可能。

八溴二苯醚为固体，主要成分为六溴二苯醚、七溴二苯醚、八溴二苯醚、九溴二苯醚和十溴二苯醚五种。七溴二苯醚和八溴二苯醚占 70%，十溴二苯醚占 1%～6%。

十溴二苯醚为固体状态，主要成分为十溴二苯醚，并含有 3%以下的低溴二苯醚，主要为九溴二苯醚。

一般习惯上将十溴联苯醚以下低溴含量的各类多溴联苯醚称为未完全溴化多溴联苯醚或低溴联苯醚，只有十溴联苯醚是一个完全溴化的多溴联苯醚品种。多溴联苯醚有一个显著的化学特征，溴化度越高，燃烧时生成二噁英的概率越小，所以十溴联苯醚的毒性最低。就多溴联苯醚的毒性而言，十溴联苯醚为完全溴代产品，而四～九溴联苯醚都为不完全溴代产品，其中四溴二苯醚的毒性最大。

3. 物理性质

多溴联苯醚（Polybrominated diphenyl ethers，PBDEs）作为一种溴系阻燃剂的一大类阻燃物质。表 2-10 列出了几种典型 PBDEs 的主要物理参数。

表 2-10　几种典型 PBDEs 的主要物理参数

名称	分子式	分子量	ρ（25℃）/（g/cm³）	室温形态	对水的溶解特性
三溴二苯醚	$C_{12}H_7Br_3O$	406.4	1.40	液态	
五溴二苯醚	$C_{12}H_5Br_5O$	564.7	1.89	液态	均不溶于水
八溴联苯醚	$C_{12}H_2Br_8O$	801.2	2.20	白色粉末	
十溴联苯醚	$C_{12}Br_{10}O$	959.2	3.25	白色粉末	

4．化学性质

大量研究表明，PBDEs 在环境中稳定存在，并沿着食物链富集，最终通过食物、母乳、大气和室尘等蓄积在人体内。资料显示，发达国家 80%的电子垃圾进入中国、印度和巴基斯坦等国，其中中国又占了 90%。在我国一些地区形成了电子垃圾拆解集散地，原始的拆解手段（露天焚烧、烘烤和酸洗等）使 PBDEs 等持久性有毒污染物不断向周围释放，严重污染了当地环境，危害人体健康。关注 PBDEs 造成的环境污染，同时加强其对人体健康危害的研究，是目前需要迫切解决的课题。

PBDEs 类物质对环境有危害，吸入、摄入或经皮肤吸收后对身体有害。如果遇明火、高热可燃，受高热分解放出有毒的气体，其粉体与空气可形成爆炸性混合物，当达到一定浓度时，遇火星会发生爆炸。

三、全氟辛烷磺酸及其盐类 POPs 的基本性质

1．物质概述

全氟辛烷磺酸类 POPs 主要指全氟辛烷磺酸及其盐类（PFOS）和全氟辛基磺酰氟（PFOSF）。

全氟辛烷磺酸在环境中的出现是人为生产和使用的结果，因为全氟辛烷磺酸并不是自然存在的物质。全氟辛烷磺酸和与全氟辛烷磺酸有关的物质可能在它们的整个生命周期都在不断排放。它们可以是在生产时排放，在它们聚合成为一种商业产品里时，在销售时以及在工业和消费者使用时，还有在产品使用后废渣填埋处和污水处理厂都可以排放。生产过程构成了当地环境中全氟辛烷磺酸的主要来源。在这些过程中与全氟辛烷磺酸有关的挥发性物质可能会排放到大气中。全氟辛烷磺酸和与全氟辛烷磺酸有关的物质也有可能通过污水流出而排放。消防训练区也被发现是全氟辛烷磺酸的排放源，原因是灭火泡沫中含有全氟辛烷磺酸。

PFOS 同时具备疏油、疏水等特性，作为一类全氟表面活性剂，PFOS 的用途极其广泛，被用于生产纺织品、皮革制品、家具和地毯等表面防污处理剂；可作为灭火剂助剂、感光材料表面处理剂、航空航天工业惰性液体、纸张表面处理助剂、工业和日用清洁剂助剂、农药助剂、采矿浮洗助剂、玻璃制造助剂等，广泛应用于工农业生产和日常生活中。

由于其化学性质非常稳定，也是其他许多全氟化合物的重要前体，被作为中间体用于生产涂料、泡沫灭火剂、地板上光剂、农药和灭白蚁药剂等。此外，还被使用于油漆添加剂、黏合剂、医药产品、阻燃剂、石油及矿业产品、杀虫剂等，用于生产合成洗涤剂、义齿洗涤剂、洗发香波、计算机、移动电话及电子零件生产领域的特殊洗涤剂中，包括与人们生活接触密切的纸制食品包装材料和不黏锅等近千种产品。在日常生活中，不黏锅、食

品包装袋的内表面、部分洗发香波、沐浴露、肥皂、洗涤剂中均含有 PFOS 或相关物质。

PFOS 因具有很好的性能,得到了广泛应用。调查显示,2010 年我国 PFOA/PFOS 产量仍有 100 余万 t,使用量约 80 万 t。主要在电镀、消防、半导体、杀虫剂等领域应用。

2. 鉴别信息

全氟辛烷磺酸,作为一种阴离子,并没有单独的 CAS 登记号,但其原体磺酸却有明确的 CAS 登记号(1763-23-1)。与之相关的一些具有重要商业用途的盐类实例如下:钾盐(2795-39-3)、二乙醇胺盐(70225-14-8)、铵盐(29081-56-9)、锂盐(29457-72-5)。

全氟辛烷磺酸盐(Perfluorooctane Sulphonate,PFOS),由全氟化酸性硫酸基酸中完全氟化的阴离子组成。术语 Perfluorinated 常常用于描述物质中碳原子里所有氢离子都被转变成氟。目前,PFOS 已成为全氟化酸性硫酸基酸(perfluorooctane sulphonic acid)各种类型派生物及含有这些派生物的聚合体的代名词。当 PFOS 被外界所发现时,是以经过降解的 PFOS 形态存在的。那些可分解成 PFOS 的物质则被称作 PFOS 有关物质。在美国化学文摘登记目录中,有 96 种不同氟化有机物可在环境中通过降解释放出 PFOS,这些物质被称作 PFOS 有关物质。

3. 物理性质

全氟辛烷磺酸(PFOS),分子式 $C_8F_{17}SO_3$,全氟辛烷磺酸盐[$CF_3(CF_2)_7SO_3^-$]是由 17 个氟原子和 8 个碳原子组成的烃链,烃链末端碳原子上连接一个磺酰基。

PFOS 为白色粉末,相对分子质量 528,挥发性较弱,蒸汽压力 p_s 为 3.31×10^{-4} 帕,熔点>400℃,S_w 为 519 mg/L(20±0.5℃)和 680 mg/L(24~25℃),亨利常数 K_H 为 3.09×10^{-4},空气-水分配系数 $K_{ow}<2\times10^{-6}$。具有表面活性,主要在大气中迁移,具有强抗降解性,其大气半衰期超过 2 d,而光解半衰期超过 3.7 年。本身不会大量挥发,由于 PFOS 具有表面活性,而不是气态,因此推定其在大气中主要附着于颗粒上进行迁移。

4. 化学性质

PFOS 的持久性极强,它在任何环境条件测试中都没有出现水解、光解或生物降解。唯一已知的可使全氟辛烷磺酸降解的条件是高温焚化。低温焚化的潜在降解性目前还不清楚。据有关研究,在各种温度和酸碱度下,对 PFOS 进行水解作用,均没有发现有明显的降解;PFOS 在有氧和无氧环境都具有很好的稳定性,采用各种微生物条件进行的大量研究表明,PFOS 没有发生任何降解的迹象。PFOS 物质没有发生降解,PFOS 钾盐在 25℃温度条件的半衰期为>41 年。25℃时 PFOS 的间接光解半衰期估计超过 3.7 年。PFOS 钾盐经过 49 d(50℃)的水解,测试 pH 值范围 1.5~11。

没有任何研究显示有生物降解的现象。目前在主要肉食动物如北极熊、海豹、秃鹰和水貂体内已发现较高含量的 PFOS,肉食动物体内浓度显著升高,计算假设生物放大系数为 22～160，鱼类生物浓缩系数为 2 796～3 100。据推断，人体血清内所含 PFOS 大部分是通过饮水摄入的，并能通过胎盘传递给胎儿，影响其生长发育。PFOS 大部分与血浆蛋白结合存在于血液中，其余一部分则蓄积在动物的肝脏组织和肌肉组织中，具有胚胎毒性和潜在的神经毒性。

PFOS 具有远距离环境传输的能力，污染范围十分广泛。据有关资料表明，全世界范围内被调查的地下水、地表水和海水，甚至连人迹罕至的北极地区，生态环境样品、野生动物和人体内无一例外的存在 PFOS 的污染踪迹。

四、六溴联苯 POPs 的基本性质

1. 物质概述

六溴联苯，又名六溴二苯或六溴代二苯（Hexabromobiphenyl，简称 Hexa-BB）。六溴联苯是一种工业化学品，应用始于 20 世纪 70 年代，主要被用作阻燃剂。根据现有资料，六溴联苯在大多数国家已不再生产或使用。

多溴联苯和多溴联苯醚都属于溴化阻燃剂（brominated flame retandants，BFRs），溴化阻燃剂是普遍使用的工业化学制剂，被广泛用于印刷电路板、塑料、涂层、电线电缆及树脂类电子元件中。多溴联苯也属于持久性有机污染物（POPs）的一种，它在环境中的残留周期长，难分解，不易挥发，易在生物以及人体脂肪中蓄积，对人体的主要危害为影响免疫系统、致癌、损害大脑及神经组织等，光化学降解是环境中多溴联苯的重要归趋之一。

由于全球经济不断好转，人们生活水平不断提高，电子电器产品生产量和使用量均很大，多溴联苯类阻燃剂的产生量也不断增长。随着电子电器产品的淘汰和废弃，多溴联苯和多溴联苯醚等阻燃剂的污染严重，尽管目前人类对多溴联苯醚的研究远多于对多溴联苯的研究，但相信全球范围内空气、水、土壤等环境介质中都存在多溴联苯的污染踪迹。

2. 鉴别信息

六溴联苯的鉴别信息如下：
中文名称：六溴联苯
英文名称：Hexabromobiphenyl
中文化学命名：六溴联苯；2,2′,4,4′,5,5′-六溴联苯
英文化学命名：Hexabromobiphenyl；Polybrominated biphenyl；nci-c53634；HEXABROMOBIPHENYL；polybromobiphenyl；hexabromo-bipheny；hexabromo-1′-biphenyl；hexabromo-1,1'-biphenyl；Polybrominated biphenyl；1,1-Biphenyl,hexabromo-；hexabromobiphenyl；2,2′,4,4′,5,5′- hexabromobiphenyl
CAS 登记号：36355-01-8

RTECS：DV5330000

EINECS：252-994-2

商品名：FireMaster（R）BP-6；FireMaster（R）FF-1

3．物理性质

六溴联苯属于多溴联苯组，这是由替代氢与联苯中的溴的溴化碳氢化合物。六溴联苯分子式为 $C_{12}H_4Br_6$，密度为 2.492 g/m^3，分子量 627.62，常态下，是一种鳞片状物。闪点为 237.8℃，沸点为 484.7℃。．

4．化学性质

六溴联苯具有高度环境持久性，高度生物蓄积性，并具有很强的远距离环境迁移的可能性。稳定，不易燃烧。受高热分解，放出有毒的溴烟雾。

具有高毒性，LD_{50} 为 21 500 mg/kg（大鼠经口）。大气、水体、土壤中痕量的六溴联苯可通过食物链最终进入人类的食物，或者附着在大气颗粒物上，特别是 PM_{10} 和 $PM_{2.5}$，随着呼吸进入人体内。所以，多数人接触六溴联苯的方式是通过食物获得，吸入、摄入或经皮肤吸收后对身体有害。

五、六溴环十二烷 POPs 的基本性质

1．物质概述

六溴环十二烷（Hexabromocyclododecane，简称 HBCDD 或 HBCD），具有多个同分异构体。HBCDD 是一种添加型的溴化阻燃剂，主要应用于建筑材料中的发泡聚苯乙烯（EPS）和挤塑聚苯乙烯（XPS）隔热层中。由于具有添加量低、阻燃效率高、无须辅助阻燃剂和对聚合物性能影响小等优点，HBCDD 也广泛用在电子电气、包装材料、纺织品、家具、黏合剂、涂料等产品中。由于 HBCDD 是一种添加型阻燃剂，不会与产品中的其他组分发生反应，因此在使用过程当中会从产品中析出。

目前有许多相关企业都自愿采取减少排放的措施以减少溴化阻燃剂对环境的影响，原定于 2008 年 1 月 1 日生效的挪威 PoHS（《消费性产品中禁用特定有害物质》）则明确限制了 HBCDD 在消费品中的使用。另一方面，不少国家正在拟定对含卤阻燃剂的禁用措施和法规，许多著名电子产品生产企业已经开始全面采用不含卤素尤其是溴化阻燃剂的电子部件。国内电子电气设备行业应密切关注相关法规进展及客户要求，以免因信息不畅带来不必要的损失。

目前，联合国《关于持久性有机污染物的斯德哥尔摩公约》（POPs）投票一致通过一项禁令：在全球范围内禁止生产和使用六溴环十二烷（HBCD）。这标志着六溴环十二烷成

为继四溴二苯醚和五溴二苯醚之后，又一个列入《公约》禁用化学制品黑名单的溴系阻燃剂。但在 2019 年前，六溴环十二烷仍可用在建筑用聚苯乙烯领域。

2. 鉴别信息

HBCDD 的鉴别信息如下：
中文名称：六溴环十二烷
英文名称：HBCDD，HBCD
中文化学命名：六溴环十二烷、1,2,5,6,9,10-六溴环十二烷
英文化学命名：Hexabromocyclododecane、1,2,5,6,9,10-Hexabromocyclododecane
CAS 登记号：25637-99-4；3194-55-6
EINECS 号（欧共体编号）：247-148-4；221-695-9
商品名：Cyclododecane（十二烷），Hexabromo（六溴环）；HBCD；Bromkal73-6CD；Nikkafainon CG 1；Pyroguard SR 103；Pyroguard SR 103A；Pyrovatcx 3887；Great Lakes CD-75P^{TM}；Great Lakes CD-75；Great Lakes CD75XF；Great Lakes CD75PC（压缩）；死海溴品有限公司 Ground FR 1206 I-LM；死海溴品有限公司 FR 1206 I-LM；死海溴品有限公司 Compacted FR 1206 I-CM

3. 物理性质

HBCDD 分子式为 $C_{12}H_{18}Br_6$，密度为 2.38 g/m³ 或 2.24 g/m³，分子量 632，常态下，是一种白色结晶无臭粉末。溴含量 74.7%，熔点范围为 172～184℃到 201～205℃。在水中的溶解度较低，易溶于甲醇、乙醇、丙酮、醋酸戊酯等有机试剂中。

4. 化学性质

对热和紫外光的稳定性好。在 170℃以上开始脱溴化氢，在温度＞190℃时分解。在 190℃下脱溴化氢变得剧烈。是一种阻燃剂，故不具有闪点、可燃性、爆炸性、氧化性等性质。

HBCDD 具有较高的生物累积性和远距离传输能力，鸟类、哺乳动物、鱼和其他水生生物以及土壤中，甚至是高山湖泊中的鱼和北极熊体内都能找到它的存在。经证实对水生生物有毒，LD_{50} 为 40 000 mg/kg。破坏实验室动物的甲状腺激素，并容易在环境中聚集。目前的研究普遍认为 HBCDD 对水生生物的危害较大，对陆生生物的危害较小。HBCDD 在燃烧不完全的情况下会产生多溴代二苯并二噁英（PBDD）及多溴代二苯并呋喃（PBDF）等有毒物质。

第四节　非故意生产的副产品类 POPs 的基本性质

一、二噁英和呋喃类 POPs 的基本性质

1. 物质概述

PCDDs 和 PCDFs 无技术上的用途，也没有生产，属于非故意生产的副产品。环境中的污染源主要是含有这些有毒杂质的工业和农业方面的化学物质，其来源主要有：

（1）不完全燃烧与热解，包括城市垃圾、医院废弃物、木材及废家具的焚烧，汽车尾气，有色金属生产、铸造和炼焦、发电、水泥、石灰、砖、陶瓷、玻璃等工业及释放 PCBs 的事故。例如，城市生活垃圾焚烧，含铅汽油、煤炭、塑料、木材和泥炭的燃烧，化工生产、金属冶炼、粉末冶金、铸造等过程均能产生 PCDD/Fs。存在于垃圾中的某些含氯有机物，如聚氯乙烯类塑料废物在焚烧过程中可能产生酚类化合物和强反应性的氯、氯化氢等，从而成为进一步生产二噁英类化合物的前驱物。

（2）含氯化合物的使用，如氯酚类、PCBs、氯代苯醚类农药和菌螨酚。氯酚类（2,4,5-三氯苯酚；1,2,4,5-四氯苯酚；五氯苯酚）、多氯联苯类化学品及某些农药（如 2,4,5-T）生产过程中，PCDDs 和 PCDFs 是属于混在产品之中的无利用价值的副产品。所以在这些化工产品的生产厂及以这些产品为主要原料或药剂的木材加工厂、纸浆厂、制革厂等废水、污泥、废渣中也可能出现污染物，并随排污而转移到水体或土壤环境。

（3）氯碱工业。

（4）纸浆漂白。例如，造纸过程中的氯气漂白。

（5）食品污染，食物链的生物富集、纸包装材料的迁移和意外事故引起食品污染。由于这类物质化学性质稳定，亲脂性强，因此它们容易在食物链中发生生物累积，从而对人类和环境构成威胁。

森林火灾则是 PCDD/Fs 的主要天然来源；在自然条件下，辣梗过氧化物酶（Horse-Redish Peroxidase，HRP）可以将氯酚转化为 PCDD/Fs；五氯酚（PCP）在紫外光的照射下，也可以生成 PCDDs。

2. 鉴别信息

PCDD/Fs 没有统一的 CAS 登记号和 RTECS，但具体的 PCDD/Fs 化合物具有 CAS 登记号和 RTECS。表 2-11 列出了部分 PCDD/Fs 的中文名称及对应的英文缩写。

表 2-11　部分 PCDD/Fs 的中文名称及对应的英文缩写

物质名称	英文缩写	物质名称	英文缩写
二苯并-对-二噁英	DD	二苯并呋喃	DF
一氯二苯并-对-二噁英	MCDD	一氯二苯并呋喃	MCDF
二氯二苯并-对-二噁英	DCDD	二氯二苯并呋喃	DCDF
三氯二苯并-对-二噁英	TrCDD	三氯二苯并呋喃	TrCDF
四氯二苯并-对-二噁英	TCDD	四氯二苯并呋喃	TCDF
五氯二苯并-对-二噁英	PeCDD	五氯二苯并呋喃	PeCDF
六氯二苯并-对-二噁英	HxCDD	六氯二苯并呋喃	HxCDF
七氯二苯并-对-二噁英	HpCDD	七氯二苯并呋喃	HpCDF
八氯二苯并-对-二噁英	OCDD	八氯二苯并呋喃	OCDF

在 PCDD/F 同系物中，由于 2，3，7，8 位置上取代的 PCDD/Fs 的毒性最强，因此，以下以 2,3,7,8-TCDD 和 2,3,7,8-TCDF 为例，列出了它们的鉴别信息。

2,3,7,8-TCDD 的鉴别信息
英文名称：2,3,7,8-TCDD
中文化学命名：2,3,7,8-四氯二苯并-对-二噁英
英文化学命名：2,3,7,8-tetrachlorodibenzo-*p*-dioxin
CAS 登记号：1746-01-6
RTECS：HP3500000
WLN：TC 6663 BO JOJ EG FG LG MG

2,3,7,8-TCDF 的鉴别信息
英文名称：2,3,7,8-TCDF
中文化学命名：2,3,7,8-四氯二苯并呋喃
英文化学命名：2,3,7,8-tetrachlorodibenzofuran
CAS 登记号：51207-31-9
RTECS：HP5295200

3. 物理性质

PCDDs 为无色或白色晶体，它的分子式为 $C_{12}H_{8-y}Cl_{x+y}O_2$，相对分子质量 184～460，密度 1.83 g/cm^3（25℃），熔点 89～322℃，沸点 284～510℃，S_w 为 $7.4×10^{-5}$～417 g/cm^3。PCDFs 在常温下为固体，它的分子式为 $C_{12}H_{8-y}Cl_{x+y}O$，相对分子质量 168.2～443.8，熔点 184～258℃，沸点 375～537℃，S_w 为 $1.16×10^{-3}$～14.5 g/cm^3。表 2-12 列出了部分 PCDD/Fs

的基本物理性质。

表 2-12　部分 PCDD/Fs 的基本物理性质

物质	M_r	MP/℃	BP/℃	p_s（固相）/Pa	S_w/（g/m^3）（25℃）	lgK_{OC}	lgK_{OW}	lgK_{OA}
DD	184	123	283.5	5.50×10^{-2}	865	3.91	4.30	6.63
1-MCDD	218.5	105.5	315.5	1.20×10^{-2}	417	4.36	4.75	7.35
2-DCDD	218.5	89	316	1.70×10^{-2}	295	4.61	5.00	7.29
2,3-DCDD	253	164	358	3.90×10^{-4}	14.9	5.21	5.60	8.17
2,7-DCDD	253	210	373.5	1.20×10^{-4}	3.75	5.36	5.75	8.24
2,8-DCDD	253	151		1.40×10^{-4}	16.7	5.21	5.60	8.67
1,2,4-TCDD	287.5	129	375	1.00×10^{-4}	8.41	5.96	6.35	9.21
1,2,3,4-TCDD	322	190	419	6.40×10^{-6}	0.55	6.21	6.60	9.42
L,2,3,7-TCDD	322	172	438.3	1.00×10^{-6}	0.42	6.51	6.90	10.41
1,3,6,8-TCDD	322	219	438.3	7.00×10^{-7}	0.32	6.71	7.10	10.65
2,3,7,8-TCDD	322	305	446.5	2.51×10^{-7}	0.02	6.41	6.80	9.67
L,2,3,4,7-PeCDD	356.4	195	464.7	8.80×10^{-8}	0.12	7.01	7.40	11.37
L,2,3,4,7,8-HxCDD	391	273	487.7	5.10×10^{-9}	4.42×10^{-3}	7.41	7.80	11.16
L,2,3,4,6,7,8-HpCDD	425.2	265	507.2	7.50×10^{-10}	2.40×10^{-3}	7.61	8.37	11.29
OCDD	460	322	510	1.10×10^{-10}	7.40×10^{-5}	7.81	8.20	11.76
DF	168.2	86.5	287	0.30	4.75×10^{3}	3.92	4.31	6.68
2,8-DCDF	237.1	184	375	3.90×10^{-4}	14.5	5.05	5.44	8.03
2,3,7,8-TCDF	306	227	438.3	2.00×10^{-6}	0.42	0.71	6.10	9.33
2,3,4,7,8-PeCDF	340.4	196	464.7	3.50×10^{-7}	0.24	6.11	6.50	10.19
1,2,3,4,7,8-HxCDF	374.9	225.5	487.7	3.20×10^{-8}	8.25×10^{-3}	6.61	7.00	10.23
1,2,3,6,7,8-HxCDF	374.9	232	487.7	3.50×10^{-8}	1.77×10^{-2}			
L,2,3,4,6,7,8-HpCDF	409.31	236	507.2	4.70×10^{-9}	1.35×10^{-3}	7.01	7.40	10.64
1,2,3,4,7,8,9-HpCDF	409.31	221	507.2	6.20×10^{-9}			6.90	
OCDF	443.8	258	537	5.00×10^{-10}	1.16×10^{-3}	7.61	8.00	12.11

4. 化学性质

PCDD/Fs 对热、酸、碱、氧化剂都相当稳定，生物降解也比较困难，因此它们在环境中能长期存在，且具有显著的毒性和内分泌干扰作用。太阳光照射下，环境中的 PCDD/Fs 能发生光化学反应，光化学降解也是环境中 PCDD/Fs 降解的重要途径。以下给出了 2,3,7,8-TCDD 和 2,3,7,8-TCDF 的基本化学性质。

燃烧特性：不可燃。

反应特性：2,3,7,8-TCDD 和 2,3,7,8-TCDF 通常是不反应的化合物，但是在异辛烷或者正辛烷溶液中且受到紫外光照射时会发生化学反应。

稳定性：2,3,7,8-TCDD 或 2,3,7,8-TCDF 在热、酸和碱溶液中非常稳定，但环境中的二噁英类 POPs 能发生较缓慢的光化学降解和生物降解，在超过 500℃或者是在紫外光照射的条件下会发生光化学降解；但水溶液中的光分解是可以忽略的。2,3,7,8-TCDD 或 2,3,7,8-TCDF 的水溶液、DMSO 溶液、95%的乙醇溶液或丙酮溶液在避光条件下能稳定存在 24 h。

二、五氯苯的基本性质

1. 物质概述

以往五氯苯都是作为多氯联苯产品的成分、染色载体、杀真菌剂、阻燃剂以及生产五氯硝基苯的化学中间体使用的。五氯苯同时也是一些农药的低水平降解产物。现在五氯苯通过各种来源进入环境，其中五氯苯作为不完全燃烧的副产品，属于目前最大的来源。但是，关于五氯苯通过各种来源的释放，存在相当多的不确定性，而可用资料只限于美国和加拿大。可用资料有限，难以对全球的五氯苯数量和趋势做出准确估算。

2. 鉴别信息

五氯苯的鉴别信息如下：

中文名称：五氯苯

英文名称：Pentachlorobenzene

中文化学命名：五氯苯、1,2,3,4,5-五氯苯

英文化学命名：Pentachlorobenzene；1,2,3,4,5-pentachlorobenzene；PeCB；QCB；quintochlorobenzene；Hexabromocyclododecane、1,2,5,6,9,10-Hexabromocyclododecane

CAS 登记号：608-93-5

MDL 号：MFCD00000539

EINECS 号（欧共体编号）：210-172-0

RTECS：DA6640000

BRN 号：1911550

PubChem 号：24862032

3. 物理性质

五氯苯属氯苯类，以一个苯环为特征。氯苯是中性、热稳定的化合物，随着氯替代数量的增加而稳定性增强，熔点和沸点升高。

五氯苯，英文名为 pentachlorobenzene，为无色针状晶体，分子式是 C_6HCl_5，分子量为 250.3371，CAS 登记号为 608-93-5，密度为 1.625 g/cm^3（85℃），1.609 g/cm^3（100℃），

熔点为 85℃，沸点为 276℃，溶解性：不溶于水。五氯苯的饱和蒸气压在 20℃时的推荐值为 0.11 Pa，而在 25℃时水溶性在 0.135～3.46 mg/L 不等。

4. 化学性质

性质稳定，常温常压下，或不分解产物。五氯苯具有环境持久性，主要通过与羟基的作用，在空气中发生光氧化，在空气中的半衰期估计为 45～467 d，在地表水中的半衰期估计为 194～1 250 d，在深层水中厌氧生物降解的估计半衰期则为 776～1 380 d。研究表明，五氯苯具有远距离迁移能力，对水生生物极其有毒，在水生环境下可产生长期不良影响。

依照现有资料，五氯苯具有较高的生物累积率可能性。$\lg K_{ow}$ 对数值从 4.88～6.12 不等，而推荐值则是 5.17～5.18。鱼类的生物浓缩因子值从 1 085～23 000 L/kg 不等，软体动物从 833～4 300 L/kg 不等，而甲壳类动物则从 577～2 258 L/kg 不等，如在贝类中的生物积累系数是810，在虹鳟鱼中是 2 万，在蚯蚓中是 40.1 万。事实上，五氯苯的生物转化微不足道，而且该物质非常疏水，所以该化合物可能也具备较高的生物放大作用。

五氯苯对人类具有中度毒性，因此不能归类为致癌物质。欧洲联盟把五氯苯视为一种对水生生物极其有毒的物质（鱼类、水蚤或藻类的致死浓度≤1 mg/L）。关于陆栖生态毒性的现有资料有限，同时也缺少对鸟类毒性的资料。

思考题

1. 简述各类 POPs 的鉴别信息及物理、化学性质。
2. 对比分析各类 POPs 的主要区别。

参考文献

[1] 刘济宁, 吴冠群, 石利利, 等. 林丹环境安全性评价研究[J]. 《农业环境科学学报》, 2011(9): 1842-1846.

[2] 持久性有机污染物审查委员会. α-六氯环己烷提案摘要[C]. 关于持久性有机污染物的斯德哥尔摩公约第二次会议, 临时议程项目 6 (d), 2006.

[3] 持久性有机污染物审查委员会. 第 POPRC-1/6 号决定：林丹[C]. 关于持久性有机污染物的斯德哥尔摩公约第二次会议, 2006.

[4] 持久性有机污染物审查委员会. 持久性有机污染物审查委员会第三次会议工作报告[C]. 关于持久性有机污染物的斯德哥尔摩公约第三次会议, 2007.

[5] 持久性有机污染物审查委员会. 审议风险简介草案：五氯苯[C]. 关于持久性有机污染物的斯德哥尔

摩公约第三次会议，临时议程项目 9（b），2007.

[6] 持久性有机污染物审查委员会. 关于硫丹的提案[C]. 关于持久性有机污染物的斯德哥尔摩公约第三次会议，临时议程项目 10，2007.

[7] 持久性有机污染物审查委员会，持久性有机污染物审查委员会第三次会议工作报告，增编：经订正的十氯酮风险简介[C]. 关于持久性有机污染物的斯德哥尔摩公约第三次会议，2007.

[8] 持久性有机污染物审查委员会. 审议风险简介草案：六溴环十二烷[C]. 持久性有机污染物审查委员会第六次会议工作报告，临时议程项目 5（a），2010.

[9] 持久性有机污染物审查委员会. 持久性有机污染物审查委员会第二次会议工作报告，增编：关于全氟辛烷磺酸（PFOS）的风险简介[C]. 关于持久性有机污染物的斯德哥尔摩公约第二次会议，2006.

[10]持久性有机污染物审查委员会. 持久性有机污染物审查委员会第二次会议工作报告，增编：商用五溴二苯醚风险简介[C]. 关于持久性有机污染物的斯德哥尔摩公约第二次会议，2006.

[11] 硫丹（115-29-7）[DB]. ChemicalBook.

[12] 持久性有机污染物审查委员会. 把硫丹列入《关于持久性有机污染物的斯德哥尔摩公约》的提案[C]. 关于持久性有机污染物的斯德哥尔摩公约持久性有机污染物审查委员会第三次会议，2007.

[13] 硫丹. CAS 数据库列表[DB]. http：//www. chemicalbook. com/ChemicalProductProperty_CN_CB6153380. htm.

[14] 黄业茹，田洪海，郑明辉，等. 持久性有机污染物调查监控与预警技术[J]. 北京：中国环境科学出版社，2009.

[15] Lohmann R，Harner T，Thomas G O et al. Measurements of octanol-air partition coefficients for PCDD/F's: A tool in assessing air-soil equilibrium status[J]. Environ. Sci. Technol.，2000，34: 4943-4951.

第三章　持久性有机污染物的环境分布及其危害

虽然现在许多发达国家已不断减少具有持久性和生物富集性化学品的使用，但在许多发展中国家，尤其是热带地区的国家，还在大量使用 OCPs 类 POPs 控制疾病的传播。除此之外，工业生产过程中也会产生一些 POPs，这些物质中有些是作为工业产品在生产和使用过程中释放到环境中的，有些则是由于不恰当的处置、事故或老化的设备泄漏等非故意释放而进入到环境中的。由于 POPs 具有特殊的性质，且对于自然环境下的生物代谢、光化学降解和化学分解等具有很强的抵抗能力，这些物质一旦排放到环境中就很难发生降解，并且可以在水体、土壤和底泥等环境介质中存留数年、数十年甚至更长的时间。另一方面，由于 POPs 还具有半挥发性的性质，它们能够从水体或土壤中以蒸气的形式进入大气，并能通过大气进行远距离的迁移，最终导致在全球范围内，包括陆地、沙漠、海洋和南北极地区都有可能检测出 POPs 的存在。

POPs 之所以成为当前全球环境问题的热点，正是由于其能够对生态环境和人体健康造成的严重危害，POPs 对生物体不仅具有较高的毒性，且已被证实是人类以及动、植物很多疾病与灾害的祸首。近年来实验室研究和流行病学调查都表明，POPs 能够导致生物体内分泌紊乱、生殖及免疫机能失调、神经行为和发育紊乱以及癌症等严重疾病，环境中的 POPs 已对生态环境和人体健康构成了严重的威胁。

第一节　持久性有机污染物的环境分布

第二次世界大战期间，DDT 被广泛用来保护士兵和平民免受疟疾、斑疹伤寒和其他由昆虫传播的疾病的危害。战争结束后，DDT 被继续用来控制疾病，并喷洒在各种农作物上，尤其是棉花。许多国家在 20 世纪 70 年代禁止 DDT 的使用，中国在 1983 年禁止生产和使用作为农药的 DDT，之后主要用作三氯杀螨醇的生产原料，目前每年淘汰约 2 800 tDDT 的生产和使用。DDT 的稳定性、持久性（高达 50%可残留在土壤中 10～15 年）以及它的广泛使用，意味着 DDT 的残留物在世界各地都可能被发现，甚至在北极都检测到残留的 DDT。

PCBs 类化合物在工业上作为热交换流体用于电力变压器和电容器中，也可作为添加剂用在涂料、无碳复写纸和塑料中。PCBs 的生产始于 1930 年，全世界 PCBs 的产量在 20 世纪 60 年代中期达到高峰，1977 年后各国陆续停产。全球累计生产的商业 PCBs 产品总量大约为 1.3×10^6 t，几乎 97%的 PCBs 使用发生在北半球。我国于 1965 年开始生产 PCBs，大多数企业于 1974 年底停产，至 20 世纪 80 年代初，国内基本已停止生产 PCBs，估计历年累计产量近万吨。从 20 世纪 50 年代至 70 年代，在未知情的情况下，我国也曾由一些发达国家进口部分含有 PCBs 的电力电容器和动力变压器等。环境中的 PCBs 污染主要来自受到 PCBs 污染的废弃物的废弃、漏出、焚烧炉的排放及废弃物处理场的挥发等。它们在环境中的持久性与其氯化程度有关，半衰期从 10 天到一年半不等。

　　PCDD 这类化学物质是由于不完全燃烧、生产杀虫剂和其他氯化物时产生的。它们主要是在燃烧医用垃圾、城市垃圾、有毒废物、汽车尾气、泥炭、煤、木头时排放的。呋喃类化合物是在生产二噁英及多氯联苯时产生的，在垃圾焚烧和机动车排放的尾气中亦会检测到。

一、水环境中的持久性有机污染物

　　水环境包括水相、悬浮颗粒物相和沉积物相三部分。水环境中的 POPs 具有种类多、分布广、危害严重、治理困难等特点。通常，POPs 的溶解度较低，属于憎水性物质。进入水环境后，POPs 可与水体中的悬浮颗粒物、沉积物中的有机质、矿物质等发生一系列的物理化学反应，如分配作用、物理吸附和化学吸附等，进而转移到固相中，导致水中 POPs 的浓度降低。然而，在一定条件下，吸附到水中悬浮物和沉积物中的 POPs 又会发生各种迁移和转化，重新进入到水相中，POPs 在水环境中的不断迁移和转化导致了它们在水环境中的广泛分布。以下分别对水相、悬浮颗粒物相和沉积物相中 POPs 的进行阐述。

1. 水相中的 POPs

（1）农药类 POPs

　　全球许多海水、淡水体系都受到了农药类、PCBs 类 POPs 的污染，在北极等偏远地区海水水域也检测到 POPs 的存在，即使这些地区未使用过 POPs。除少数情况外，淡水中的 OCPs 的含量一般较低，淡水中检出的 OCPs 含量最高的地区，通常是在发展中国家或发达国家农药厂泄漏处。

　　林丹在光线、高温、空气、二氧化碳和强酸中性能稳定，但比其他氯化有机化学品更具有水溶性和挥发性，因而可见诸于所有环境介质（水/雪、空气、土壤/沉淀物），其在水中的半衰期为 2.3～13 d，在沉积物中为 50 d，在空气中为 30～300 d，在土壤中为 2 a。在北极的海水、淡水中一直可以监测到林丹。

　　硫丹可以用作植保产品，此用途是造成硫丹排放的最主要原因。至 2010 年 12 月，至少 60 个国家已禁止或正逐步淘汰硫丹的使用，大多数国家已经根除含有硫丹的农药，或只残留少量含有过期硫丹的农药库存。在水/沉积物系统中，硫丹的消散半衰期被证明大于120 d。

我国大部分水体存在 OCPs 的污染，检测到的 OCPs 类 POPs 有 DDT 及其代谢产物、HCB、艾氏剂、狄氏剂、乙醛异狄氏剂和环氧七氯等。在同一水体中，OCPs 残留浓度的空间差异比大气中的差异大，但比非流动相的土壤的差异要小得多。此外，水体中 OCPs 的含量通常随季节发生变化，如钱塘江表层水中的 OCPs 浓度在夏季和秋季较高，枯水期时水体中 OCPs 的浓度通常明显高于丰水期。

（2）工业化学品类 POPs

通常城市工业区附近水体中检出的 PCBs 浓度较高，淡水中严重的 PCBs 污染通常是泄漏或事故所造成的。一般来说，我国水体中的 PCBs 浓度远低于欧洲主要河流中 PCBs 的污染水平。然而，在我国部分地区的水体中也存在 PCBs 的严重污染，如闽江河口、太湖水中的 PCBs 浓度分别达到 985.2 ng/g、631 ng/g，超过了美国国家环保局规定的水质标准（50 ng/g）；另一方面，在我国某些地区采取了一些控制 PCBs 污染的措施，降低了水体中 PCBs 浓度。

作为全世界用量最大的溴系阻燃剂，多溴联苯醚（PBDEs）大量地用于建材、纺织、化工、电子电器等行业。由于其为添加型阻燃剂，在使用过程中可以通过挥发、渗出等方式释放到外界环境中，从而造成水、大气、土壤及生物圈的环境污染。

全氟辛烷磺酸在环境中的扩散是通过地表水或海洋洋流迁移、空气迁移（易挥发的、与全氟辛烷磺酸有关的物质）、粒子吸附（水中、沉积物或空气）和有机生物实现的。全氟辛烷磺酸的持久性极强，在水中不会发生明显的水解作用和生物降解作用，其半衰期超过 41 年。

六溴代二苯具有高度的持久性，在水（DT_{50}>2 个月）、土壤和沉积物（DT_{50}>6 个月）中的降解作用很小或没有。

六溴环十二烷（HBCD）用作聚苯乙烯和纺织品中的阻燃添加剂，其寿命周期内的所有不同阶段都会向环境释放，被发现广泛分布于全球环境中。估计最大的释放量来自隔热板生产向水中的释放以及纺织涂层向水、空气的释放，在隔热板和纺织品的寿命周期内还有扩散释放。HBCD 在水中的半衰期超过 60 d。

（3）非故意生产的副产品类 POPs

通常来说，海水中的 PCDD/Fs 浓度比内陆河中的浓度低一个数量级左右，地下水中的 PCDD/Fs 浓度比河水、湖水和沿海水域中的浓度低。2006 年，日本分别对 1 870 个地点的公共用水、878 个地点的地下水中的 PCDD/Fs 浓度进行了监测，其结果分别为 0.014～3.2 pg TEQ/L（平均值 0.21 pg TEQ/L）、0.013～2.2 pg TEQ/L（平均值 0.056 pg TEQ/L），其中超过日本环境基准（1.0 pg TEQ/L 以下）的地点数分别为 39 个（占总数的 2.1%）、1 个（占总数的 0.1%）。

2．沉积物中的 POPs

沉积物是 POPs 的主要环境归宿之一，沉积物中存在着多种自然胶体，如黏土矿物、有机质、铁、锰、铝的水合氧化物以及二氧化硅胶体等。这些胶体在有毒有机污染物的迁移转化中起着极为重要的作用，并导致了 POPs 在沉积物中大量的富集，其中的表层沉积物在一定程度上也反映了当地的 POPs 污染状况。

（1）农药类 POPs

沉积物中积累的 OCPs 浓度相对于土壤、水和大气而言是最高的，在没有陆地排放源的情况下，一些水体的沉积物成了排入水和大气中污染物的排放源，尤其是内陆湖泊水体。世界海洋近岸沉积物中 DDT 的含量范围多数在＜0.1～44 ng/g 干重，而在严重污染的海区，沉积物中 DDT 的浓度可高达 1 893 ng/g 干重。此外，DDT 在偏远地区（如北极）的沉积物中也有检出，这些污染物主要是由热带或工业区的污染物通过大气扩散迁移和沉降输入的。

随着 20 世纪 80 年代我国农业禁止使用有机氯杀虫剂以来，我国环境中 OCPs 残留量的总体水平逐年下降，但沉积物作为其环境迁移和转化的一个主要环境归宿，积累的残留浓度最高。如 2009 年对天津滨海地区大沽排污河表层沉积物中 22 种 OCPs 进行监测，其总含量为 3 103.36 ng/g，其中六氯苯含量为 1 994.99 ng/g，α-六六六和β-六六六含量分别为 337.27 ng/g 和 557.26 ng/g。通常，河口、海湾沉积物中的 OCPs 残留比河流中沉积物的残留高，但比海洋、海峡中沉积物的浓度低。

（2）工业化学品类 POPs

通过不同途径进入水体的 PCBs 极易被颗粒物所吸附，并使 PCBs 大量存在于沉积物中，沉积物中的 PCBs 是食物链污染的主要来源。若沉积物中 PCBs 总量在 10 ng/g 以上时，可以认为存在污染。其中海洋沉积物风险评价的低值（ERL）为 22.7 ng/g，当 PCBs 浓度在 50 ng/g 以上时，认为达到中度到重度污染。

世界海洋近岸沉积物中 PCBs 的浓度多数在 0.2～400 ng/g 干重，而严重污染的海区含量可高达 3 200 ng/g 干重，甚至更高。淡水沉积物中也存在一定程度的 PCBs 污染。自 20 世纪 70 年代后期美国和欧洲一些国家禁止生产和使用 PCBs 以来，这些国家沉积物中 PCBs 的浓度一般呈现明显的下降趋势，但有少数地区沉积物中 PCBs 浓度没有呈现这种下降的趋势。

我国沉积物中存在不同程度 PCBs 的污染。如 20 世纪 90 年代初，我国东部 11 条主要河流的城市区段（珠江广州段、北江韶关段、闽江福州段、钱塘江杭州段、长江武汉段和南京段、汉水汉阳段、淮河蚌埠段、黄河郑州段、松花江哈尔滨段、齐齐哈尔段和黑龙江漠河段）沉积物样品中的 PCBs 含量范围为 10.5～25.5 ng/g。

在我国，底泥中的多溴联苯醚总量，整体呈现南方经济发达地区比北方含量高的趋势。相对于欧美地区，多溴联苯醚总量要低于或与这些国家的浓度水平相当，但在一些典型区域（如珠三角或电子垃圾拆解地），其含量处于一个较高的水平。

六溴环十二烷（HBCD）具有很强的疏水性和吸附性，水体中的 HBCD 极易被水中的悬浮物、底泥或生物体所吸附，因而可以呈现较高的浓度。

（3）非故意生产的副产品类 POPs

在不同类型沉积物中，PCDD/Fs 的浓度不尽相同。一般来说，河口或工业区排污口附近海岸沉积物中 PCDD/Fs 浓度较高。2006 年，日本对 1 548 个地点的公共用水底质中的 PCDD/Fs 浓度进行了监测，其结果为 0.056～750 pg TEQ/g（平均值 6.7 pg TEQ/g），其中超过日本环境基准（150 pg TEQ/g 以下）的地点数为 4 个（占总数的 0.3%）。

二、大气环境中的持久性有机污染物

大气中的 POPs 除了来源于农药喷洒、烟气排放外，还可能来自于被污染的水体或土壤与大气界面之间的交换。POPs 在大气中主要以气态和吸附态两种形式存在，气态和颗粒态束缚的 POPs 都可以通过干沉降和湿沉降等过程到达地球表面。由于 POPs 具有持久性和半挥发性等特征，因而进入环境中的 POPs 可以通过大气进行长距离输送和全球扩散，进而成为偏远地区（如北极、南极、沙漠、珠峰等）POPs 污染的来源。由于大气具有较强的流动性，因此大气中 POPs 的地区差异相对水体、土壤、生物体等介质而言较小。随着气温的升高，半挥发性有机污染物的挥发速率增大，因而大气中 POPs 的浓度还存在一定的季节差异。

1. 气相中的 POPs

当前我国大气 POPs 的研究现状是大气 POPs 基础数据依然较少、对大气 POPs 的研究主要集中在某些典型污染地区及部分经济较发达地区、对全国范围内的污染状况的了解依然存在不足；对局部或区域大气污染的监测往往局限于某一时间或某一时间段，缺乏长期、连续、动态的数据积累。

（1）农药类 POPs

大气中 OCPs 污染最严重的地区是热带、亚热带地区，如印度、亚洲和非洲地区，而极地大气中 OCPs 污染水平相对较低。据报道，印度空气中艾氏剂的浓度范围为 1.0～240 μg/m^3；2008 年在非洲肯尼亚农药垃圾场空气中监测到 DDT 的最大浓度为 8 969.9 ng/m^3。

进入空气中的林丹可能发生在这种农药的农业应用或空中喷洒之时，以及在其制造或处置过程中。另外，林丹还可通过应用后的挥发排入空气。由于林丹的水溶性相对较高，其从水中蒸发到空气之中的数量亦不可忽视。林丹是一种挥发性化合物，可以经过汽化和凝结循环，进行远距离迁移，存在于北极等并不使用这种物质的边远地区，估计北极的每年林丹加载量为 13 000 kg。

开蓬在大气中不容易直接发生光解，在空气中的半衰期可长达 50 年。硫丹是大气中最广泛存在的氯代杀虫剂之一，在一些高山地区、极地地区环境介质中都发现了硫丹及硫丹硫酸盐的存在。除大气传输外，当地土壤中的挥发也是大气中硫丹的一个重要来源。

总的来说，我国大气中的 OCPs 浓度相对比较均匀，空间差异小。自 20 世纪 80 年代我国在农业上禁止使用 OCPs 以来，大气中 OCPs 的浓度呈现显著下降的趋势，但也有个别地区浓度偏高，尤其是 DDT，表明可能有新的污染源存在。如 2007—2008 年对我国 11 个省的空气进行采样，监测结果表明，在检出限为 1 pg/m^3 的条件下，艾氏剂、狄氏剂、异狄氏剂、七氯未检测出；顺式氯丹、反式氯丹浓度的最大值分别为 0.81 pg/m^3、4.1 pg/m^3；2,4'-DDE、4,4'-DDE、4,4'-DDD、2,4'-DDT、4,4'-DDT 浓度的最大值分别为 3.79 pg/m^3、9.45 pg/m^3、0.29 pg/m^3、0.21 pg/m^3、0.46 pg/m^3，而 2,4'-DDD 检出限为 0.01 pg/m^3 的条件下，在所有样本中未检测出。

（2）工业化学品类 POPs

大气中的 PCBs 类 POPs 主要是在使用和处理过程中通过挥发而进入大气的。PCBs 污染最初是在赤道至中纬度地区，然而，目前在北极和其他遥远地区也都发现了 PCBs 的"足迹"，其中大气传输的作用不可轻视。

尽管有些国家已经禁止生产和使用 PCBs，但是一些工业生产过程仍然会产生 PCBs。当碳源和氯原子一起燃烧（如城市垃圾和危险废物燃烧过程），就可能生成 PCBs。PCB 异构体的分布随燃烧条件的不同差异很大。有些燃烧条件易生成低氯取代异构体，而其他条件则容易生成九、十氯取代异构体。此外，季节的不同对大气环境中的 PCBs 浓度也有较大的影响。室内空气中 PCBs 浓度通常比室外高，这可能是由于某些电器设备（如荧光灯）、建筑材料（塑料密封剂）等也会释放出 PCBs，从而导致室内空气中 PCBs 的浓度远高于户外大气。

释放到空气中的五溴二苯醚，主要是产品使用过程中、通过五溴二苯醚的挥发以及携带五溴二苯醚的灰尘排放出来的。在再循环和拆卸活动（如拆卸汽车）、建筑物（如电子废物回收厂和破碎工厂）和建筑的过程中，也会排放五溴二苯醚。五溴二苯醚在空气中具有高度持久性，它主要是通过大气进行远距离迁移。

六溴环十二烷（HBCD）的低挥发性使其大量吸附到大气微粒上，然后通过干沉积和湿沉积发生潜在迁移。一般认为 HBCD 的迁移潜力取决于发生吸附的大气微粒的远距离迁移特性。在北极空气中发现了 HBCD，并发现其广泛分布于北极环境中，其半衰期估计为 2～3 d。

（3）非故意生产的副产品类 POPs

自 20 世纪 90 年代初，各国开始制定了大气中 PCDD/Fs 的排放标准（如日本的环境基准为 0.6 pg-TEQ/m^3 以下），这在一定程度上降低了大气中 PCDD/Fs 的浓度。如英国伦敦、曼彻斯特、米德尔斯堡城区空气中的 PCDD/Fs 浓度从 0.200～0.300 pg TEQ/m^3（1992—1993 年）下降为 0.010～0.100 pg TEQ/m^3（2004—2005 年），其半衰期为 6.3 年（范围为 3.2～11.1 年）。国内外部分地区大气中 PCDD/Fs 的浓度如表 3-1 所示。非洲地区大气中 PCDD/Fs 的浓度偏高，主要来源于工业活动和露天焚烧过程，其中埃及空气采样点的 PCDD/Fs 浓度特别高，这可能是采样点受到工业活动，特别是燃烧和露天焚烧频率的影响。通常来说，偏远地区和乡村大气中 PCDD/Fs 的污染水平低于城市大气中的污染水平，大气中 PCDD/Fs 可能主要来源于城市垃圾和化工用品的使用与排放。在巴西空气中 PCDD/Fs 浓度的最大值出现在受工业活动和燃用乙醇汽油、柴油、乙醇的重型车辆的交通影响的地方。

表 3-1 国内外部分地区大气中 PCDD/Fs 的浓度

地点	时间	PCDDs 总量/ (pg/filter)	PCDFs 总量/ (pg/filter)	毒性当量/ (pg I-TEQ/filter)	文献
刚果	2008	246.4～267.8	335.1～523.7	6.2～9.8	UNEP 2009
埃及		5 700.0～6 550.0	30 600.0～38 300.0	505.5～616.7	
埃塞俄比亚		80.0～102.2	205.1～286.3	1.4～4.0	
加纳		373.2～1070.0	808.1～2 149.9	11.9～33.8	
尼日利亚		39.3～286.0	553.8～1 200.0	2.0～9.3	
南非		23.1～31.2	22.0～23.4	0.1～1.5	
塞内加尔		2 220.0～3 430.0	4 260.0～7 310.0	59.2～79.4	
苏丹		629.6～1 130.0	923.4～1 290.0	28.5～29.2	
多哥		46.3～209.9	103.3～258.9	1.3～2.7	
突尼斯		369.7～917.4	440.4～1 200.0	6.7～19.0	
中国	2007—2008	—	—	0.008～0.019	UNEP 2009
中国香港	1998—2007	—	—	0.05～0.12	
日本	1997—2006	—	—	0.55～0.051	
澳大利亚	2002—2003	—	—	0.000 1～0.122	UNEP 2009
英国城区	2004—2005	—	—	0.010～0.100	

2. 颗粒物中的 POPs

（1）农药类 POPs

我国对大气中 OCPs 残留的研究一般集中在大气气溶胶和总悬浮颗粒物上。检测结果表明，OCPs 在不同粒径颗粒物上的浓度有所不同，不同的季节对大气中 OCPs 的含量也有一定的影响。在美国发现有开蓬颗粒在大气中迁移的情形。

（2）工业化学品类 POPs

2008 年对北京市大气 $PM_{2.5}$ 中的 PCBs 进行监测，结果表明处于较低污染水平，PCBs 最高浓度出现在工业区，化石燃料的不完全燃烧是 PCBs 的主要来源。全氟辛烷磺酸具有表面活性，不是气态，本身不会大量挥发，可以在主要限于粒子的大气中远距离迁移，其间接光解半衰期估计超过 3.7 年。

（3）非故意生产的副产品类 POPs

PCDD/Fs 经不同的途径进入大气后会吸附到大气中的颗粒物上，且通常难以降解，能通过大气进行远距离的传输，导致 PCDD/Fs 在全球范围内的污染。吸附有 PCDD/Fs 的大气颗粒物也可能通过呼吸道等途径进入人体，进而威胁人体健康。因此，对大气颗粒物中 PCDD/Fs 的监测对于了解 PCDD/Fs 在环境中的归宿和风险评价都具有重要的意义。

三、土壤环境中的持久性有机污染物

土壤中含有腐殖质、富里酸、富非酸等有机成分，这些有机质可以吸附 POPs，是环境中 POPs 的天然汇。除了意外泄漏之外，土壤中 POPs 的来源还包括大气沉降、化学品施用、污泥农用等多种途径。污染物被土壤中的有机质吸附之后，很难发生迁移，造成 POPs 污染水平差异很大，土壤中 POPs 水平能反映出该地区长期受 POPs 污染的状况。

1. 农药类 POPs

土壤是 OCPs 残留的最重要的环境介质之一，如农药喷洒过程中约 40%～50% 的农药落在土壤表层，黏附于植物表面的 10%～20% 的农药随着挥发和雨水淋洗，也会进入大气和土壤。若采用浸种或直接施用于土壤，则绝大部分农药都进入了土壤。加上 OCPs 在土壤中的降解反应缓慢，使得土壤成为 OCPs 最主要的环境储库，并通过农作物等食用植物进入人体，对人类健康造成严重的威胁。

开蓬在土壤中的半衰期估计为 1～2 年，在土壤或沉积物中的主要降解方式是厌氧生物降解。

自许多国家禁用 OCPs 以来，土壤中 OCPs 的残留浓度在逐年下降，但在局部地区，如污灌的农田、菜地土壤等还存在比较严重的污染超标现象，这同时也再次说明了土壤中农药残留空间分布的不均匀。当前对于农业土壤中的 OCPs 监测较多，关于 OCPs 的生产和储存场地污染浓度的研究较少，而局部污染场地的土壤监测结果更有实际意义，这将有助于人体暴露的预防和污染土地的修复等。

2. 工业化学品类 POPs

全球范围内 PCBs 的土壤背景值为 0.026～97 $\mu g/g$ 干重，这主要取决于土壤中的有机质含量。全球生产的 PCBs 有 86% 存在于气候温和的北半球工业地区的土壤中。在 PCBs

使用较多或放置不当的地区，土壤中 PCBs 的检出量较高；污泥农用也可能导致土壤中 PCBs 的污染较为严重。

五溴二苯醚被释放到空气、水域和土壤中，但大部分以土壤为归宿。环境中的五溴二苯醚大多附着在颗粒表面，只有少量以气态或溶于水中的方式迁移，但这种长期的迁移过程可能会造成五溴二苯醚在环境中广泛扩散，尤其是进入北极地区。土壤和沉积物中的五溴二苯醚可以被生物摄取，由此进入食物链。

由于非受控填埋或堆肥、空纸包装的回收、流向未知目的地的物质以及包装的无保护贮存，包装废物成为可能向土壤中释放六溴环十二烷（HBCD）的主要污染源。HBCD 易被有机碳吸附，采自生产区附近的土壤中 HBCD 浓度可达 111～23 200 ng/g 干重。

3. 非故意生产的副产品类 POPs

通常，土壤中检测出的高氯代 PCDD/Fs 浓度比低氯代 PCDD/Fs 的浓度高，城市土壤样品中 PCDD/Fs 的含量一般比乡村地区高，而工业区土壤中 PCDD/Fs 的浓度最高。2006 年，日本对 1 505 个地点的土壤中 PCDD/Fs 浓度进行了监测，其结果为 0～330 pg TEQ/g（平均值 2.6 pg TEQ/g），均满足日本环境基准（1 000 pg TEQ/g 以下）的要求。

四、生物体内的持久性有机污染物

POPs 性质稳定、不易分解、脂溶性较强、与蛋白质或者酶有较高的亲和力，对生物的影响力比较明显，被摄入生物体内后，易溶于脂肪中，特别是水溶性小于 0.5 mg/kg 的 POPs 很容易被生物富集，很难被分解排泄。而且随着摄入量的增加，这些物质在生物体内的含量会逐渐增大，随着营养级的提高，含量也逐步增大，其结果使食物链上高营养级生物机体中 POPs 的含量显著地超过环境中的含量。如在水生生态系统中，生物积累与生物放大明显，有机氯化合物从水到顶级捕食者的生物放大会从 10^5 数量级到 10^9 数量级。由于生物放大作用，进入环境中的污染物，即使是微量的，也会使生物尤其是处于高位营养级的生物受到毒害，甚至威胁人类健康。因此，对生物体内的 POPs 含量研究对于生态环境和人体健康风险评价都有着重要的意义。

某些生物种类（或类群）对环境中的 POPs 较为敏感，可以作为环境污染的指示生物，利用指示生物可以进行环境质量的生物监测与评价，为生态环境的风险评估提供理论依据。如鲑科鱼类对环境中增加的 POPs 较为敏感，高海拔地区的淡水鱼是评价偏远地区 POPs 生态毒理的有效指示生物；海星由于分布广泛，在食物链中起着重要作用，是一种很有价值的指示生物；鳗鱼、鳟鱼、触须白鱼、肉食性鸟类（如鸬鹚、鹰）和海雀科的鸟可以用来监测环境中有机氯化合物，特别是鳗鱼，由于底栖，含大量脂肪，容易积累 POPs，是理想的指示种类。

1. 水生生物体内的 POPs

多数 POPs 具有很高的 K_{ow} 值，它们一旦通过各种途径进入水生生物体内，很难发生生物代谢，但易溶于生物的脂肪组织中，并且能通过不断的积累，形成生物富集作用，造成对生物体的极大危害。由于 POPs 从低纬度向高纬度地区飘移与沉积，在北极的高级肉食动物海豹、鲸类和北极熊体内脂肪中有较高的 POPs 浓度。因此，研究水生生物体内 POPs 的污染有助于进一步了解人体通过水生食物链摄入的 POPs 的量。

（1）农药类 POPs

在环境中和水生生物体内仍然可以检出 OCPs 类污染物的存在，而且水生生物体内的含量远高于环境中的含量，这说明 OCPs 的生物富集作用已经达到了很高的水平，并且有可能对水生生物体产生危害。自我国禁用 OCPs 类农药以来，海洋生物体内 OCPs 的残留浓度逐年降低。

林丹的脂溶性高从而可能很容易在食物链里产生生物累积性，但生物转化和消除也比较迅速。在北极和世界上其他地区的海鸟、鱼类和哺乳动物体内都可以检测到林丹的存在。

开蓬在水生生物链中具有很高的生物蓄积性和生物放大作用。据发现，大西洋内的银汉鱼（一种出海口地区的鱼种）体内的生物富集值超过 60 000。实验数据表明，硫丹在鱼类、水生无脊椎动物、藻类中的生物浓缩系数分别为：1 000～3 000、12～600、3 278。此外，在北极、南极动物的脂肪组织和血液中检测出了硫丹，在小须鲸的鲸脂以及暴雪鹱的肝脏中也发现了硫丹。

（2）工业化学品类 POPs

PCBs 极难溶于水，不易分解，但易溶于有机溶剂和脂肪，具有高的 K_{ow} 值，它们能强烈地分配到沉积物的有机质和生物脂肪中，因此，即使它在水中浓度很低时，水生生物体内和沉积物中的浓度仍然可以很高。水生植物对 PCBs 的富集系数为 10 000～100 000。通过食物链的传递，鱼体中 PCBs 的含量约在 1 000～7 000 ng/g 湿重。我国有些地区的水体由于受到了 PCBs 的污染，导致这些水体中水生生物体内 PCBs 的含量较高。

对全世界不同地区鲣鱼肌肉中的多溴联苯醚（PBDEs）进行调查，发现其总量在 0.1～53 ng/g（脂肪含量），并且在东亚所采集的样品中含量要高于其他地区，其原因可能是在该地区存在大量的电子垃圾拆解企业。

全氟辛烷磺酸既具有疏水性，又具有疏脂性，因而不会在生物脂肪组织中累积，其依附于血液和肝脏中的蛋白质。如全氟辛烷磺酸在虹鳟鱼肝脏和血浆中的生物浓缩系数分别被估计为 2 900 和 3 100。在鱼类、植物、哺乳动物、鸟类、人类的血液、肝脏、肌肉组织等广泛地检测出六溴环十二烷（HBCD），总体来说，西欧地区的含量要高些。

（3）非故意生产的副产品类 POPs

日本从 1998 年开始监测无鳍海豚中的 PCDD/Fs 含量，监测结果如图 3-1 所示，从图中可以看出 PCDD/Fs 的含量低于 Co-PCBs 的含量。

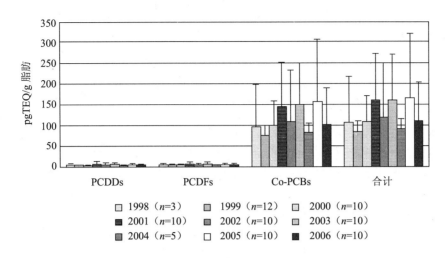

图 3-1　无鳍海豚中的 PCDD/Fs 含量（pg TEQ/g 脂肪）

2. 陆生生物体内的 POPs

陆生生物是自然界的主要组成部分，是大气中有机污染物的重要归宿。陆生植物对大气具有良好的净化作用，陆生植物吸附 POPs 的途径与污染物的理化性质、植物种属和环境条件有关。POPs 在陆地生态系统的迁移是通过空气—草地—食草动物—奶—肉—人类的食物链传递完成的，这样致使 POPs 在人体和其他一些哺乳动物等高营养级生物体内得以大量累积。POPs 在陆地食物链的积累程度不仅与它们的物化性质有关，还相当程度上依赖于生理学、时间、食物链的特征以及在每个营养转化中食肉动物—被食者之间的相互作用，共同作用的结果使得 POPs 的污染水平随着生物营养级的递增而以指数递增。

（1）农药类 POPs

松树是一种分布广泛的陆生植物，松针表面含有多种疏水性有机物，可以作为一种天然的"被动采样器"，能富集大气中的有机污染物，用于指示 POPs 在空气中长期的、综合的污染水平。通常在工业区和城市的松针样品中，OCPs 的含量一般比山区的浓度高。胡萝卜、蒜苗和菠菜对有机氯农药具有较强的富集能力，蚯蚓对土壤中有机氯农药具有生物富集的功能。

对动物样品中 OCPs 含量的分析可以反映出一段时间内污染物的分布情况，如对加拿大、挪威、斯瓦尔巴特群岛和瑞典地区各种野生动物的分析发现，北美产驯鹿体内 OCPs 的含量可以较好地反映出北极地区 OCPs 污染的空间分布；加拿大驯鹿体内 HCB、HCH 异构体是主要的 OCPs，且由西向东，污染物的含量呈现增加趋势。

（2）工业化学品类 POPs

PCBs 的大量使用导致了它在全球范围内的广泛分布，在自然界的许多植物样品中都能检测到 PCBs 的存在。除了植物样品中检测到了 PCBs 外，在各种各样的动物体内也检测出 PCBs 的存在。其中，同一种动物的不同组织器官中 PCBs 的含量有所差异，而不同种类的动物、动物的生活习性也影响它们对 PCBs 的富集。

全氟辛烷磺酸在主要食肉动物中的含量很高，具有很高的生物累积和生物放大的特性，如北极熊肝脏里全氟辛烷磺酸的浓度超过了所有其他已知的各种有机卤素的浓度。

（3）非故意生产的副产品类 POPs

植物表面的角质层中含有许多疏水性有机物，如饱和脂肪化合物、长链酯、聚酯和石蜡等物质，因此，植物能吸附大气中的 PCDD/Fs。PCDD/Fs 还可以通过多种途径在动物体内富集，很多动物体内已经存在一定量的 PCDD/Fs 污染。

3．人体内的持久性有机污染物

人类是杂食性动物，位于陆生食物链和水生食物链的顶端。因此，人体有可能通过食用高脂动物性食品包括海洋生物和陆生生物等，而在体内富集高浓度的 POPs。POPs 被摄入人体后，就会迅速和脂肪发生螯合作用，并根据体内各部位的脂肪比在脂肪组织、血清和母乳中进行分配。

（1）农药类 POPs

OCPs 类 POPs 具有雌激素特性，被认为是内分泌干扰物和可能的致癌物。OCPs 在人体脂肪组织中的半衰期可长达数十年，能抑制人体免疫系统，干扰多种酶的生成，从而诱发癌症。人体各部位脂肪组织中，OCPs 的富集量存在一定的差异。肝脏是人体的代谢器官，检出 OCPs 的浓度最高。人体血清中 OCPs 的含量与饮食结构和当地农药使用方式关系密切。母乳中的 OCPs 会通过乳汁传递给下一代，20 世纪 80 年代以来，母乳中艾氏剂、狄氏剂和异狄氏剂的含量呈下降趋势，我国自 1983 年停用 DDT、HCH 以后，许多地区的妇女母乳中 OCPs 的含量呈现明显下降的趋势。

人类接触林丹最常见的途径是食物摄入，特别是鱼类、肉类和奶制品以及海洋哺乳动物与人体脂肪和人乳中的林丹之间有直接的关联性。

（2）工业化学品类 POPs

PCBs 具有很高的毒性，部分 PCBs 还是类二噁英化合物，这些物质可以通过饮食、呼吸和皮肤接触等途径进入人体。PCBs 进入人体后，可引起皮肤溃疡、痤疮、囊肿及肝损伤、白细胞增加等病症；除了具有致癌效应外，它还可以通过母体转移给胎儿，进而对胎儿产生致畸效应。所以当母体受到亲脂性毒物 PCBs 污染时，其婴儿比母体遭受的危害更大。除了职业暴露和急性中毒的情况外，人体内 PCBs 的含量与饮食习惯有一定的关系。

人体内的多溴联苯醚（PBDEs）主要来自于饮食、呼吸以及皮肤吸收等途径。对于婴儿来说，母乳是一个主要的摄入途径。我国人体血液中 PBDEs 的含量还处于一个相对较低的水平，但是相关职业（如电子垃圾拆解地及 PBDEs 生产企业）暴露人群体内 PBDEs 的浓度显著高于对照人群。

人类对六溴环十二烷（HBCD）的暴露可能是皮肤暴露或经口暴露，也可能是由于吸入蒸汽和微粒引起的暴露。研究发现，在含 HBCD 的发泡聚苯乙烯制造厂的产业工人血液中，检出 HBCD 的浓度水平升高（即 6～856 ng/g 活体重血清）。欧洲和美国的调查显示，HBCD 饮食暴露量在 0.01～5 ng/g（重量/重量）。

（3）非故意生产的副产品类 POPs

人体内 PCDD/Fs 的污染，先天可通过母婴传递，后天则主要通过食物，特别是鱼、肉、蛋、奶的摄入，包括母乳在内。通过食物进入人体的 PCDD/Fs 约占人体总暴露量的 90%以上，此外，PCDD/Fs 还可通过呼吸道和皮肤进入人体，由于 PCDD/Fs 具有高脂溶性和难降解性的特点，由食物等途径摄入的二噁英主要累积在脂肪组织和肝脏中，母乳、血液也常被污染。2008 年末，爱尔兰在猪肉抽样检查中检测出二噁英含量超出安全指标的 200 倍，召回了大量猪肉和猪肉产品，风险评估表明没有造成公共健康威胁，其污染起因来自于污染的饲料。2006 年，荷兰动物饲料中被发现二噁英含量增加，其原因是生产饲料过程使用了被污染的脂肪。

1987 年以来，世界卫生组织对母乳中二噁英的含量进行定期研究（主要在欧洲国家），其他国家亦对人体母乳、血液、脂肪组织中 PCDD/Fs 的含量进行了调查研究，如 2007—2008 年对我国 12 个省和 6 个大城市的人群母乳进行抽样，监测发现，城市、乡村母乳样品内 PCDD/Fs 的含量分别为 1.70～6.56、1.65～6.67（pgWHO-TEQ/g 脂肪）；2001—2002 年香港人群母乳内 PCDD/Fs 的平均含量为 4.67（pgWHO-TEQ/g 脂肪）；2002 年巴西人群母乳内 PCDD/Fs 的含量范围为 2.73～5.34（pgWHO-TEQ/g 脂肪）。研究数据表明，多个国家采取的控制二噁英排放的措施已经大量降低了对这种物质的接触。

联合国粮食及农业组织和世界卫生组织食物添加剂联合专家委员会认为，PCDD/Fs 的半衰期很长，其容许摄入量的评估期应至少一个月，因而将 PCDD/Fs 每月容许摄入量确定为 70 pg/kg，这种剂量是在对健康无可察觉的影响下终身可摄入的。

第二节 持久性有机污染物对生态系统的危害

POPs 之所以成为当前全球环境保护的热点问题，在于其具有一系列很强的生态毒性，通过各种途径进入环境后，就会对生态系统造成严重的不可逆转的危害。水体动物如鱼可以通过鳃或皮肤从水体中富集 POPs，而一些食肉的鸟类如鹰、鹗等捕食了被 POPs 污染的鱼后，鱼体内所携带的 POPs（如 DDT）就会转移到鸟的体内，鸟类只能靠改变它正常的代谢方式以便代谢体内积蓄的大量 DDT。而某些化合物参与代谢 DDT 时，就不再参与产卵过程，结果造成鸟蛋的蛋壳厚度变薄，使得幼鸟成活率急剧下降。由于这个原因已使得美国一些地方的鹰和鹗几乎完全灭绝。本节分别介绍 POPs 对动物和微生物的毒性及对植物的危害。

一、POPs 对动物和微生物的急性毒性

POPs 对动物和微生物的急性毒性一般是通过急性毒性试验来测定。急性毒性试验是指一次或 24 h 内多次染毒的试验，是毒性研究的第一步。急性试验主要是测定半数致死剂量、急性阈剂量，观察急性中毒表现，经皮肤吸收能力以及对皮肤、黏膜和眼睛有无局部刺激作用等，以提供受试毒物的急性毒性资料，确定毒性作用方式、中毒反应，并为亚慢性毒性实验的观察指标和剂量分组提出参考。

半数致死剂量（LD_{50}），指使实验动物一次染毒后，在 14 d 内有半数实验动物死亡所使用的毒物剂量。例如 $LD_{50}=0.1$ mg/kg 表示在一次性摄入 0.1 mg×体重（kg）剂量的毒性物质后，14 d 内导致一半被测动物死亡。常见 POPs 的半数致死剂量 LD_{50} 如表 3-2 所示。急性阈剂量，是指在一定时间内，一种毒物按一定方式或途径与机体接触，能使某项灵敏的观察指标开始出现异常变化或使机体开始出现损害作用所需的最低剂量。

急性毒性试验一般包括哺乳动物毒性试验和水生动物毒性试验。例如小白鼠、家兔、鱼类等都可以作为试验动物。研究表明，POPs 中的有机氯农药的急性中毒主要是对中枢神经系统的作用，症状表现为肌肉震颤、阵发性及强直性抽搐，最后可由于全身麻痹而死亡。急性中毒死亡的动物可见有肝脏肿大、肝细胞脂肪性病变及坏死，并可有肌肉、胃肠道黏膜坏死等病变。

表 3-2 POPs 的半数致死剂量 LD_{50}

名称	LD_{50}/（mg/kg）	
	经口	经皮
DDT	100～300（小鼠，油溶液）	300（家兔）
	113～450（大鼠，油溶液）	1 931（大鼠）
	300～1 600（小鼠，水悬液或粉剂）	
	500～300（大鼠，水悬液或粉剂）	
毒杀芬	45（小鼠）	780（大鼠，雌）
	80（大鼠，雌）	1 075（大鼠，雄）
	90（大鼠，雄）	>4 000（家兔）
氯丹	20～40（家兔）	530（大鼠，雌）
	150～225（大鼠）	
	430（小鼠）	
狄氏剂	38（小鼠）	10（大鼠）
	45（兔）	250（家兔）
	46（大鼠）	
异狄氏剂	7（家兔）	60（家兔）
	3（大鼠）	12（大鼠）
	1.37（小鼠）	

名称	LD$_{50}$/（mg/kg）		
艾氏剂	44（小鼠）		98（大鼠）
	54.2～67（大鼠）		<150（家兔）
	50～80（家兔）		
七氯	68（小鼠）		119（大鼠）
	40（大鼠）		
HCB	4（小鼠）		
	1 000（大鼠）		
	2 600（家兔）		
灭蚁灵	235（大鼠）		800（家兔）
PCBs	2 000（小鼠）		
	4 000～11 300（大鼠）		
	3 000～11 300（家兔）		
2,3,7,8-TCDD	114×10^{-3}（大鼠）		80×10^{-3}（小鼠）
	20×10^{-3}（大鼠）		275×10^{-3}（家兔）

注：资料来源于化学物质毒性数据库。

急性毒性实验表明，TCDD 能够耗竭动物体内脂类组织，引起动物消瘦，并导致动物在几天或几周内死亡。PCBs 中毒时，轻则眼皮发肿、手掌出汗、全身起红疙瘩，重则恶心、呕吐、肝功能下降、四肢水肿、咳嗽不止、胃肠道功能紊乱，甚至导致死亡。

二、POPs 对动物和微生物的亚慢性和慢性毒性

亚慢性毒性是指机体在较长时间内，连续或反复多次接触外源化学物而产生的中毒效应。如对于啮齿类动物一般为 1～6 个月。慢性毒性是指机体长期（甚至终生）连续或反复多次接触低剂量的外源化学物而产生的中毒效应。

POPs 的亚慢性和慢性毒性包括对动物和微生物长期（甚至终生）连续或反复多次接触低剂量的单一 POPs 或许多混合 POPs 而产生的中毒效应。包括对其生殖和发育影响，对其内分泌的危害，致癌、致畸、致突变，对其免疫系统的影响等。但是由于 POPs 的同系物众多和生物反应的复杂性，难以判定这种毒性是某种化学品的单独作用还是几种同系物的共同作用，或者是生物自身的新陈代谢所致。事实上，在环境中，生物体是暴露在许多化学污染物之中的，所产生的毒性效应是这些物质相互作用产生的，而不单是由某种单独物质产生的，许多 POPs 混合在一起并不只是简单的相加作用，有时还会产生拮抗或协同作用等联合毒性。下面分别介绍 POPs 对动物和微生物的生殖系统、内分泌系统的影响，致癌、致畸、致突变，及其对免疫系统的影响。

1. POPs 对生殖系统的影响

生物体暴露于 POPs 会产生生殖障碍、畸形、器官增大、机体死亡等现象。如鸟类暴

露于 POPs，会引起产卵率降低，进而使鸟的种群数目不断减少；对鸡的 POPs 毒性实验显示，多氯联苯可诱发鸡胚胎的死亡和不同程度的水肿，使种蛋的死亡率明显升高。另外 POPs 对哺乳动物的生殖系统也有一定影响，研究发现，生活在荷兰西部瓦登海地区的海豹生殖能力下降的主要原因是由于这些海豹措食的鱼受到了多氯联苯的污染，进而影响了生殖系统的功能。实验中，当把动物的子宫和乳腺暴露于二噁英中时，能减轻动物性器官的质量、抑制精子的产生，甚至会使雌性个体雄性化。显然，干扰或阻碍某种物种繁殖的污染物，在对这种物种成体的数量没有任何明显影响的情况下，也可能使该物种完全灭绝。例如，20 世纪 60～70 年代，DDT 的代谢产物 DDE 被认为是造成一种食鱼鸟不能繁殖的原因。设计特定毒理实验以检测 DDE 对不同鸟类繁殖的影响，实验结果表明，当给食鱼鸟的饲料中含有高水平的 DDE 时，能降低鸟体内的雌激素水平，并阻碍足够的钙进入形成蛋的输卵管的内部，妨碍输卵管膜对钙的吸收造成它们所产蛋的蛋壳变薄。

事实上，在某一地区种类繁多的 POPs 同时存在并在生物群落中累积，对生态系统造成的危害和影响很难说清是由哪一种或哪一类化学物质的影响造成的。POPs 及其代谢物或几类化学物质对动物及人类生殖能力的影响往往具有协同作用。

2. POPs 对内分泌系统的危害

POPs 由于具有干扰动物内分泌系统的作用，亦被称为环境内分泌干扰化学物质或环境雌激素。研究发现，多氯联苯、二噁英、DDT、狄氏剂、艾氏剂等 POPs 具有很高的雌激素活性，能够扰乱生物体内分泌系统，进而对人体健康和生态环境产生有害影响。据报道，POPs 的影响已扩大到高级食肉动物的免疫系统，进一步证明了其对人类的致病可疑性和对动物行为模式的影响。

3. POPs 的致癌、致畸、致突变

化学致癌作用是指化学物质（包括有机、无机、天然和合成的化学物质）引起肿瘤的过程。化学致癌物指能诱发肿瘤的化学物质。实验表明一些 POPs 会促进肿瘤的生长。例如对在沉积物中多氯联苯含量较高地区的大头鱼进行研究发现，大头鱼皮肤损害，肿瘤和多发性乳头瘤等病的发病率明显升高。具有雌激素样作用的多氯联苯对鱼胚胎有很高的毒性，鱼类孵化率随体内多氯联苯的浓度升高而降低。多氯联苯不仅有致癌性，还是已知的致畸引发剂，对动物受精卵及幼虫会产生一定的毒性。另外，对小鼠、大鼠、仓鼠、田鼠进行 19 次 TCDD（二噁英里最毒的一种）的染毒试验，致癌性均为阳性。对小鼠施用高剂量的 TCDD 时，可以观察到致畸效应，特别是形成裂腭。

胚胎在发育过程中，由于受到某种因素的影响，使胚胎的细胞分化和器官的形成不能正常进行，而造成器官组织上的缺陷，并出现肉眼可见的形态结构异常者称为畸形。常见的有畸形的胚胎或胎仔称为畸胎。广义的畸胎还应包括生化、生理功能及行为的发育缺陷。凡能引起胚胎发育障碍而导致胎儿发生畸形的物质称为致畸物或畸原。目前已知有 1 000

多种环境因子可引起动物及人的畸胎。致畸物通过母体作用于胚胎而引起胎儿畸形的现象称为致畸作用。

POPs 产生致畸作用可分为两种情况：一种是通过妊娠中的母体干扰正常胚胎发育过程，使胚胎发育异常而出现先天畸形，这种畸形不具有遗传性；另一种则是直接作用于生殖细胞，影响生殖机能及妊娠结局，如发生不孕、流产、死胎、畸胎或者其他类型的出生缺陷，后一种畸形具有遗传性，能将突变基因遗传给子代细胞。

生物体的遗传物质发生了基因结构的变化称为突变。某些物质引起生物体的遗传物质发生基因结构改变的作用，称为致突变作用。具有引起生物体的遗传物质发生基因结构变化的化合物称为致突变物。大多数 POPs 对人和动物都具有致突变效应。例如，氯丹虽不能导致细菌产生诱变，但对于中国仓鼠的肠 V79 细胞和老鼠淋巴瘤 L5178Y 细胞都能产生诱变作用；氯丹对于酵母菌、人体的纤维细胞和鱼也具有基因毒性。此外，在另一项研究中也观察到 DDT 能直接与 DNA 发生作用。

4. POPs 的其他毒性

除了以上所描述的毒性外，POPs 还能抑制生物体免疫系统的功能。POPs 对免疫系统的影响包括抑制免疫系统正常反应的发生，影响巨噬细胞的活性，降低生物体对病毒的抵抗能力。比如研究发现，海豹食用了被多氯联苯污染的鱼会导致维生素 A 和甲状腺激素的缺乏，从而使它们更易感染细菌。当鸟类吸收多氯联苯后可引起肾、肝的扩大和损坏，内部出血，脾脏衰弱等。

三、POPs 对植物的危害

POPs 对水生植物也有负面效应，甚至极低的浓度有时也会对水生植物产生负面效应。研究显示，当水中 PCBs 的浓度低至 $0.1\sim10$ μg/kg，它也能降低浮游植物的分裂率和光合作用速率。PCBs 对不同种类浮游植物产生的负面效应有显著差别，其中有些物种比其他物种更为敏感。当水中 PCBs 的浓度为 0.1 mg/kg 时，PCBs 的存在可能主要改变浮游植物群落种类的构成。在自然港湾沼泽地进行的研究显示，浮游植物暴露到浓度为 1.0 mg/kg 的 PCBs 中时，浮游植物的生长减慢且浮游植物群落的尺寸结构向更小的细胞转变。浮游植物细胞平均尺寸的转变能有效地提高主要生产者和具有经济价值的鱼之间的营养水平的数量，并使不同凝胶状的食肉动物如水母向产量增加转移。因此，位于食物链底部的毒素对生物体的亚致死效应能对整个食物链的结构产生深远影响，可能主要影响有经济效益的生物体系统的生产力。

例如硫丹作为世界范围内广泛使用的有机氯杀虫剂，广泛用于粮食、蔬菜、水果、烟草、茶叶等作物上防治多种害虫。硫丹在环境中具有很强的持久性，生物富蓄积性潜力较大，对生物毒性强，有人利用彗星试验研究了硫丹对蚯蚓和白三叶草细胞 DNA 的损伤作用，从分子水平探讨了其可能的基因毒性。将发芽后的种子培养 4 周后，选取大小、长势一致的幼苗转移至营养液中，并加入硫丹溶液使其终浓度为 0.1、1.0、10.0 mg/L，并设溶剂对照组（丙酮）。于药剂处理后第 7 天、第 14 天、第 21 天、第 28 天采集白三叶草叶片进行试验。用 CASP 软件分析所得随机图像，获得硫丹对白三叶草叶片 DNA 迁移尾长的影响，如图 3-2。由图 3-2 可以看出，硫丹处理后，各剂量组对白三叶草叶片细胞 DNA 均有损伤作用。各浓度处理与对照组相比，受损细胞 DNA 的彗星拖尾长度均出现显著性差异（$p < 0.01$）。1.0、10.0 mg/L 处理组与 0.1 mg/L 相比，也出现显著性差异（$p < 0.05$）。随着浓度的增加，彗星尾长值随之增加，这说明 DNA 损伤程度随硫丹剂量的增加而增加。

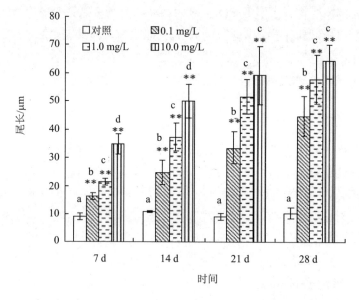

（**：与对照组比较，$p < 0.01$；a/b/c/d：组间进行比较，$p < 0.05$）

图 3-2 硫丹对白三叶草叶片细胞（DNA）损伤程度（尾长）的影响

摘自：刘伟等. 硫丹对赤子爱胜蚓和白三叶草细胞 DNA 损伤的研究，持久性有机污染物论坛 2009 暨第四届持久性有机污染物全国学术研讨会论文集[C]. 北京：2009.

为了探讨二噁英对植物细胞的毒性机制，有人试验采用烟草悬浮细胞与不同浓度的二噁英相互作用，在不同的时间检测植物体内 POD 和 GR 抗氧化酶的活性的变化。通常情况下，植物在外界胁迫时，细胞内产生过量的自由基——超氧阴离子、羟基自由基、单线态氧和过氧化氢等活性氧类，这些有害分子会引发或加剧膜脂过氧化而造成生物膜系统的损伤，严重时会导致细胞死亡。在正常的生理条件下，活性氧在植物体内不断生成，同时又不断地被清除，其中植物体内的抗氧化酶系在清除活性氧的过程中起到很大的作用。二噁英能诱导激活烟草体内的 POD 酶和 GR 酶的活性，由此可以推断出二噁英能引发植物体内的环境发生改变，产生活性氧，植物体内酶活性的增加可以有效地缓解氧化胁迫作用，使细胞体内的环境保持相对稳定。

第三节 持久性有机污染物对人体健康的危害

人类在暴露于大量 POPs 后出现多种多样的反应，比如暴露于 TCDD 的人在生物化学和生理学方面会产生一些微妙的变化。例如 POPs 中的有机氯农药（OCPs），能通过食物链进入人体和动物体内，由于这类物质的脂溶性大，因此能在人体的肝、肾、心脏等组织中蓄积。蓄积的残留农药也能通过母乳排出或转入卵黄等组织，进而对子代产生影响。OCPs 对人体健康的危害主要表现在对酶类（许多 OCPs 可以诱导肝细胞微粒体氧化酶类，从而改变体内某些生化过程。此外对其他一些酶类也有一定影响）、内分泌系统、免疫功能和生殖机能的影响，除此之外，OCPs 还具有致畸作用、致突变作用和致癌作用。

OCPs 也是一种神经刺激剂，OCPs 中毒时中枢神经的应激性可显著增加，主要作用部位在大脑运动区及小脑。在 PCDD/F 和 PCB 的多种异构体当中，2，3，7，8-TCDD 是目前已知最毒的物质，它的毒性约为氰化钾的 100 倍，约为砒霜的 900 倍。此外，这些物质还是非常稳定、难以降解的强致癌物质，具有生殖毒性、免疫毒性及内分泌毒性。二噁英类污染物对机体代谢的影响主要体现在：高脂血症（高甘油三酯和高胆固醇）、进行性衰竭、细胞葡萄糖摄取减少等症状。这些发现和从动物实验中所了解到的情况表明，暴露于 POPs 对人类的新陈代谢、发育和生殖功能等会产生潜在的有害影响。本节分别介绍对人的急性毒性和慢性毒性。

一、POPs 对人体的急性毒性

POPs 可以通过呼吸道、皮肤和消化道进入人体，皮肤是最常见和最危险的进入途径。此类农药被吸收后，主要分布和蓄积于脂肪组织、神经组织及肝、肾等中性脂肪内。通过环境、饮食和职业事故等途径，当 POPs 在较短时间内急剧增加并超过一定浓度作用于人体时，可引起感官和生理机能的不良反应，导致人群急性中毒甚至死亡。急性中毒一般多在吸收毒性物质后半小时发病，轻者头痛、头晕、视力模糊、恶心、呕吐、流涎、腹痛、四肢无力，重者可见大汗淋漓、共济失调、震颤、抽搐、昏迷等。

比如，发生的 OCPs 事故致使许多农业工作者死亡或者使他们罹患重病。人的 DDT 急性中毒特征表现为发烧、失去知觉、阵发性痉挛与抽搐、腱反应迟缓与肌肉紧张。据观察，当人体摄入的 DDT 含量达 10 mg/kg 体重时，即可出现中毒症状；达到 16 mg/kg 体重时可出现痉挛。对人体中毒事故的分析及狒狒的实验研究推测，DDT 对人的口服致死量约为 150 mg/kg 体重。七氯急性中毒症状的临床表现特点为：中枢神经系统先兴奋，后转为抑制，出现震颤和共济失调，这些症状随后加重，并出现痉挛性—强制性抽搐，导致动物由于呼吸停止而死亡。

PCBs 对人的危害最典型的例子是日本 1968 年米糠油中毒事件和 1978 年在我国台湾彰化发生的米糠油事件。

PCBs 污染事件案例

日本米糠油事件

1968 年 3 月，日本的九州、四国等地区的几十万只鸡突然死亡。经调查，发现是饲料中毒，但因当时没有弄清毒物的来源，事情并没有得到进一步的重视和追究。

1968 年 6 月，先后有 4 家 13 人因患原因不明的皮肤病而到九州大学附属医院就诊，患者初期症状为痤疮样皮疹，指甲发黑，皮肤色素沉着，眼结膜充血等。九州大学医学部、药学部和县卫生部组成研究组，分为临床、流行病学和分析组开展调研。临床组在 3 个多月内确诊了 325 名患者（112 家），平均每户 2.9 个患者，证实本病有明显家庭集中性。此后全国各地逐年增多（以福岗、长崎两县最多）。到 1978 年，日本有 28 个县正式承认 1 684 名患者（包括东京都、京都郡和大阪府）。

这一事件引起了日本卫生部门的重视。通过尸体解剖，在死者五脏和皮下脂肪中发现了多氯联苯（PCBs）。这是一种化学性质极为稳定的脂溶性化合物，被人畜食用后，多积蓄在肝脏等多脂肪的组织中，损害皮肤和肝脏，引起中毒。初期症状为眼皮肿胀，手掌出汗，全身起红疹，其后症状转为肝功能下降，全身肌肉疼痛，咳嗽不止，重者发生急性肝坏死、肝昏迷等，以致死亡。

专家从病症的家族多发性了解到食用油的使用情况，怀疑与米糠油有关。经过对患者共同食用的米糠油进行追踪调查，发现九州一个食用油厂在生产米糠油时，因管理不善，操作失误，致使米糠油中混入了在脱臭工艺中使用的热载体多氯联苯，造成食物油污染。后来的研究进一步证明，多氯联苯受热生成了毒性更强的多氯代二苯并呋喃（PCDFs），后者同样也属于持久性有机污染物。由于被污染了的米糠油中的黑油被用做了饲料，还造成数十万只家禽的死亡。这一事件的发生在当时震惊了世界。

日本米糠油事件是由多氯联苯所造成的典型污染事件，在当时造成了严重的生命和财产损失，造成了较大的社会恐慌。为了警示世人，避免重蹈覆辙，人们将其列为"世界重大环境公害事件"之一。

我国台湾米糠油事件

1979 年，我国台湾省彰化县鹿港、福兴、秀水、埔盐等乡镇附近的居民突然罹患前所未见的皮肤病，病症有眼皮肿、手脚指甲发黑、身上有黑色皮疹。由于患者的人数高达数千人，引起社会各界的广泛关注。据统计，这次事件共造成近 2 000 人中毒，53 人死亡。经过追踪调查，患者中毒的途径系来自日常食用的米糠油，证实这是与 1968 年日本米糠油事件时隔 11 年后的悲剧重演，被称为"台湾油症事件"。

据调查，彰化县溪湖镇一家名为"彰化油脂企业公司"的食用油厂在生产米糠油时，使用了日本的多氯联苯（PCBs）来对米糠油进行脱色和脱味。由于管理不善、管道渗漏，使 PCBs 渗入米糠油中，并受热后生成了多氯代二苯并呋喃（PCDFs）和其他氯化物，从而导致食用者中毒甚至死亡。检测表明，受污染米糠油中 PCBs 含量为 $53 \times 10^{-6} \sim 99 \times 10^{-6}$，该厂脱臭器下水道土壤中 PCBs 含量高达 1147.2×10^{-6}。

据当地卫生局保健课说，在此事件中的中毒人员的症状有：面部、颈部或是身体出现疙瘩，或类似青春痘的皮肤病，也会头晕目眩、手脚疼痛、四肢无力、水肿，或指甲、眼白、齿龈、嘴唇、皮肤等处的黑色素沉着。PCBs 甚至能够融入细胞 DNA 中，使遗传因子紊乱。美国新生儿缺陷基金会指出，PCBs 若由孕妇吸收，可透过胎盘，或乳汁导致早期流产、畸胎、婴儿中毒。一些受到影响的胎儿出生时，全身黏膜黑色素沉着，发育较慢，很像一瓶可口可乐，被民间俗称为"可乐儿"，这样的后遗症还包括婴儿体重过轻，眼球突出，肝脾肿大，脚跟突出，皮肤脱落，免疫功能低下等畸形表现。

二、POPs 对人体的亚慢性和慢性毒性

人类接触环境污染物时，接触的水平通常低于急性中毒剂量。为了得到更接近实际情况的毒性作用资料，常常需要进行亚慢性和慢性毒性实验。亚慢性毒性实验是在相当于动物生命的 1/30～1/20 时间内使动物每日反复多次接触受试物的毒性实验。慢性毒性实验是指以低剂量外来化学物质长期与试验动物接触，观察其对试验动物所产生的生物学效应的实验。通过慢性毒性试验，可确定最大无作用剂量，为制定人体每日允许摄入量提供毒理学依据。

环境中的 POPs 可通过胃肠道、呼吸道和皮肤吸收而进入机体，经肠道吸收后，一部分可随粪便和乳汁等排出体外。POPs 易溶于脂肪中，对脂肪和类脂质有较大的结合力，所以能蓄积在体内组织中，所造成的损害也逐渐累积，表现为慢性中毒。POPs 主要蓄积在脂肪组织和中枢神经系统中，其次可存于肝、肾、脾和脑组织中，在血液中的量较少。例如，DDT 在血液中的含量为 1 个浓度单位时，脑为 4 个浓度单位，肝为 30 个浓度单位，脂肪为 300 个浓度单位。当环境中的 POPs 浓度较低且长期反复作用于人体，可使机体抵抗力和一般健康状况低下，人群中慢性疾病的发病率和死亡率增加。慢性中毒症状的表现最常见的是神经衰弱综合征，如头痛、头晕、失眠、食欲减退、乏力、易激动、多汗、心悸等。

低量 POPs 对人类造成的伤害如癌症、破坏免疫系统、损坏神经系统损坏肝脏、记忆丧失、内分泌失调、产儿缺陷以及其他生殖问题，目前仍难以确定性地证实。在 POPs 中，PCBs 是人工合成的有机化合物，很难在自然条件下分解，在环境中有很高的残留性，能通过食物链在动植物的脂肪内富集。而 OCPs 曾是各国使用最广泛的一类杀虫剂，难降解、残留量高、慢性富集毒性大。OCPs 的慢性毒作用主要表现为食欲不振、上腹部和肋下疼痛、头晕、头痛、乏力、失眠、噩梦等。接触高毒性的氯丹和七氯等，会出现肝脏肿大，肝功能异常等征候。慢性和亚慢性喂养实验表明，TCDD 能够引起动物肝脏坏死、淋巴髓样变、表皮疣、胸腺萎缩、胸腺细胞活性下降、血浆甲状腺激素水平下降、体重减轻、胸腺相对重量减轻、肝脂丢失、细胞色素 P450 酶活性升高等。据此可知，POPs 的亚慢性和慢性毒性对人体的健康具有极大的影响，关于此方面的研究也成为了环境科学的研究热点之一。以下主要从 POPs 对人的神经系统、内分泌系统、免疫系统以及致癌、致畸、致突变等方面阐述这些物质对人体健康的危害。

二噁英污染案例

"橙剂"事件

越南胡志明市西北 12 km 的奇光寺,从 1995 年起到现在,共有 350 名畸形儿被遗弃在这里,寺院和香客合力收留了他们。这里被当地人称为"怪胎展览"——他们有长错位置和方向的脚掌,恐怖外凸的眼珠,怪异的头部和丢三落四的器官。即使病症最轻微的,也有智障、聋哑和行走困难等缺陷。

制造这些怪婴的"元凶"是潜伏在他们血液里一种叫"二噁英"的物质。它是"迄今为止人类所能生产出来的最毒的化工原料",只需往供水系统投下 80 g 就能让一个人口近千万级的大都市变成死城。研究者们相信,它们来源于越战期间美军曾大量使用的化学武器——"橙剂"。

"橙剂"是一种落叶剂,主要成分之一是毒性极大的二噁英,因装运容器上的橙色条纹得名。20 世纪六七十年代,美军在越南大面积使用"橙剂",以使丛林落叶,游击队无法藏身。使用过"橙剂"的水源和土壤至今仍未消除污染,当地人深受其害。

1975 年,美国撤军,但 6 700 万 L 橙剂永久留在越南 1/10 范围的国土上。它们通过食物链循环,制造了 50 多万"橙剂"婴儿并使 200 多万儿童遭受癌症和其他病痛的折磨。

然而,对国民生产总值刚超过 1 000 亿美元(尚不及中国深圳)的越南来说,独立解决"橙剂"问题无疑是一种奢侈。政府既没有钱让播撒区的人民迁移,也没有钱为土壤清毒。成千上万的农民依然在这里耕作捕鱼,并将被污染的食物送到更多同胞的嘴里。一项统计表明,共有 500 万越南人直接或间接受到"橙剂"危害,但由于国力悬殊,越南政府无法有效促使美国进行赔偿。

2004 年,100 个越南"橙剂"受害者联合状告 30 多家美国落叶剂生产企业,最终被美国联邦法院驳回。虽然战争结束后不断有当年播撒过橙剂的美国老兵重返越南进行忏悔和私人资助,但岘港(受"橙剂"影响危害最大的城市之一)"橙剂"受害者救助联合会主席阮氏秋贤认为:"美国在这方面做得还远远不够。"

1. POPs 对神经系统的危害

OCPs 类 POPs 的主要影响的器官是神经系统,OCPs 在体内积蓄会导致神经系统异常兴奋,最终痉挛直至死亡。一般情况下,有机氯分子易溶于脂质之中,具有能使神经细胞麻痹的作用,而且在体内易被分解。当氯与有机分子结合在一起时,便形成稳定而难分解的有机化合物。

动物实验表明,PCBs 和 PCDD/Fs 都对神经系统具有损伤作用,它们能导致多发性神经病、低末梢衰退、感觉损害、神经衰弱以及抑郁综合征;由于职业暴露或者是先天胎儿发育时受 PCBs 影响会出现神经行为出现异常和精神活动受到抑制等症状。高浓度的 PCBs 对人体中枢神经有麻痹作用,慢性接触则可使肝、肾、肺等内脏发生病理改变,即使在极低的浓度下,PCBs 也能对人体造成伤害。

2．POPs 对内分泌系统的危害

人类内分泌系统异常的突出表现是生殖异常，总的趋势是"阴盛阳衰"，男性精子密度减小，质量下降，不育比例上升，睾丸癌患者增加，女性乳腺癌，子宫内膜症增加，"阴阳人"现象日益严重，这些都与人类长期暴露于低水平的类激素物质有关。1992 年丹麦科学家通过对 20 多个国家 15 000 人作调查得出，从 1940—1990 年的 50 年间，人类精子质量不断下降，人类精子密度数下降了 30%，精液量减少了 25%，并提出人类生殖系统功能下降的原因是由于环境污染物质造成的，引起医学界的极大震动及争论。除精子数下降、精液量减少外，精子正常形态率、活动率都呈明显下降趋势。此后，法国、美国、英国、日本等国提出类似报告，在发达国家，平均每 6 对夫妻就有 1 对无生育能力。

由于 POPs 易于迁移到高纬度地区，POPs 对于生活在极地地区的人和生物具有较大的影响。例如，生活在极地地区的因纽特人由于日常食用鱼、鲸、海豹等海洋生物的肉，而这些肉中的 POPs 通过生物放大和生物积累已达到很高的浓度，所以因纽特人的脂肪组织中含有大量的 OCPs、PCBs 和 PCDDs。

POPs 中的很多化合物能与人体和野生动物的内分泌系统发生交互作用，干扰其雌激素、睾酮、甲状腺素等正常功能，其机制可以是多种多样的。某些 POPs 结构上与雌激素、雄激素或甲状腺激素相近，并与雌激素受体（ER）、雄激素受体（AR）、芳香烃受体（AhR）具有亲和力，可模拟激素的生理作用或干扰体内激素生理功能的某一环节。

POPs 可干扰生殖周期的各个不同的环节。它们可直接作用于生殖系统或孕体，也可直接作用于内分泌器官而起作用。据报道，POPs 能破坏人体内正常的内分泌，女性的乳腺癌和子宫内膜移位、男性的睾丸癌和前列腺病症、性发育异常和免疫系统功能减弱及垂体和甲状腺分泌失常均与人体内分泌系统受到的影响有关。例如，PCDD/Fs 类可经皮肤、黏膜、呼吸道、消化道进入体内，使人免疫力下降、内分泌紊乱等，损伤人的肝、肾，而且还会影响人的生殖机能。

3．POPs 对免疫系统的危害

外来化学物对免疫系统的影响主要表现在 3 个方面：① 免疫抑制；② 超敏性反应；③ 自身性免疫反应。

研究发现，人的免疫系统的失常与婴儿出生前和出生后暴露于 PCBs 和 PCDDs 的程度有关。此外，瑞典、加拿大及其他国家的研究指出，食用含有少量 PCBs 及其他 POPs 的食物，会造成免疫系统失常。在发展中国家，婴儿由于暴露在农药（杀虫剂）中，免疫反应受到抑制，削弱了其对传染病和癌症的免疫力，致使婴儿疾病发生率较发达国家增多。

在 1962—1971 年越南战争中，美国使用飞机、船舶、吉普车以及士兵身背的喷雾器，向越南喷洒了 6.434 万 t 落叶剂。其结果是造成大批越南人患肝癌、孕妇流产和新生婴儿畸形。这证明了这类有机氯化合物有严重的毒害作用。同时还发现，在这些美国退伍军人中，非何杰金氏肉瘤患者人数比普通美国人增加了 50%。30 多年后的今天，在美国喷过落叶剂的 10 多处重点地区，仍会看到成片的树林不长叶子。此后，加上其他若干方面的调查结果，美国和其他西方国家便陆续禁止在本国使用 OCPs。中国和其他国家也于 20 世纪 80 年代先后禁止了 DDT 等 OCPs 的生产和使用。环境激素不但对男性生殖能力造成危害，也带来了男女生殖系统病变，导致了男女生殖系统癌症发病率增高，生殖系统异常的新生儿增多。更令人担忧的是科学家还没有找到有效的解决办法。

4. POPs 的致癌、致畸、致突变作用

研究发现，POPs 的人体暴露与癌症发病率之间存在着一定的联系。例如，患恶性乳腺癌的女性乳腺组织中，PCBs 和 DDE 的浓度要比患良性乳腺肿瘤的女性乳腺组织中的浓度高。1983 年我国开始限制和禁止使用 OCPs，但由于这类物质化学性质稳定，在环境中降解十分缓慢，残留时间长，能造成环境和动、植物体内的大量积累，且可通过生物富集和食物链作用，蓄积于人体内。研究表明，大量食用受 OCPs 污染的富含脂肪的鱼类以及已氯化的水会增加乳腺癌的发病率，其中，乳腺脂肪组织及血浆中 DDT 浓度与乳腺癌有极强的相关性，PCBs 的多种同系物浓度与乳腺癌也具有明确的关系。

采用统计医学观点对不同人群初步调查结果表明，TCDD 染毒与由呼吸系统癌症所致死亡具有明显的相关性。在大量的动物实验及流行学调查基础上，世界卫生组织（WHO）的国际癌症研究中心（IARC）于 1997 年宣布 2,3,7,8-TCDD 为 I 级致癌物，PCBs、PCDFs 为 III 级致癌物，从而完全确定了它们对人类的致癌作用。POPs 致畸和致突变作用已在对动物的影响一节介绍过，这里不再叙述。

5. POPs 的其他毒性

除了具有以上描述的毒性外，POPs 还会引起其他一些器官组织的病变。如 TCDD 暴露可导致人的慢性阻塞性肺病的发病率升高；也可以引起肝脏纤维化以及肝功能的改变，出现黄疸、精氨酶升高、高血脂；还可引起消化功能障碍。

PCBs 进入人体后容易在脂肪组织中蓄积，进而能引起肝脏疾病、水肿、视力减退及手足麻木等症状。此外，多数 POPs 对皮肤也表现出一定的毒性，如表皮角化、色素沉着、多汗症和弹性组织病变等。POPs 中的一些物质还可能引起精神心理疾患症状，如焦虑、疲劳、易怒、忧郁等。

POPs 会影响人的生长发育，尤其会影响到孩子的智力发育。对 200 个孩子进行研究发现，其中有部分孩子的母亲在怀孕期间食用了受到有机氯污染的鱼，结果发现这些孩子出生时体重轻、脑袋小，在 7 个月时认知能力较一般孩子差，4 岁时，读写和记忆能力较差，在 11 岁时测得他们 IQ 值较低，读、写、算和理解能力都较差。另有研究证实，一些 POPs 对人类行为也有显著影响，在我国台湾地区的调查结果显示，受 PCBs 污染的妇女所生的子女行为迟钝，学习、认识能力明显下降。

　　由于 POPs 对动物及人体的影响是多方面的，这些物质对动物及人体的损害也是错综复杂的。已经证实，DDT 能够明显抑制 T 细胞的活性，造成免疫力下降，男子的肌肉张力、握力、爆发力及耐持力降低；PCBs 还会导致不正常性行为、骨密度下降及结构的改变。

思考题

1. 归纳总结 POPs 在环境中的分布情况。
2. 什么是 POPs 的急性毒性？什么是 POPs 的慢性毒性？
3. 什么是 POPs 的半数致死剂量？什么是急性 POPs 的阈剂量？
4. POPs 对动物和植物的急性毒性的症状表现在哪些方面？
5. POPs 对动物和植物的慢性毒性表现在哪些方面？
6. 分别解释致癌作用、致畸作用、致突变作用。

参考文献

[1] Bi X，Thomas G O，Jones K C，et al. Exposure of electronics dismantling workers to polybrominated diphenyl ethers，polychlorinated biphenyls，and organochlorine pesticides in South China[J]. Environmental Science & Technology，2007，41（16）：5647-5653.

[2] Breivik K，Sweetman A，Pacyna J M，et al. Towards a global historical emission inventory for selected PCB congeners——a mass balance approach：1. Global production and consumption[J]. Science of the Total Environment，2002，290（1）：181-198.

[3] Fisk A T，Hobson K A，Norstrom R J. Influence of chemical and biological factors on trophic transfer of persistent organic pollutants in the Northwater Polynya marine food web[J]. Environmental science & technology，2001，35（4）：732-738.

[4] Fowler S W. Critical review of selected heavy metal and chlorinated hydrocarbon concentrations in the marine environment[J]. Marine Environmental Research，1990，29（1）：1-64.

[5] Kallenborn R. Persistent organic pollutants（POPs） as environmental risk factors in remote high-altitude ecosystems[J]. Ecotoxicology and Environmental Safety，2006，63（1）：100-107.

[6] Ockenden W A，Breivik K，Meijer S N，et al. The global re-cycling of persistent organic pollutants is strongly retarded by soils[J]. Environmental Pollution，2003，121（1）：75-80.

[7] Petersen M，Hamm S，Schäfer A，et al. Comparative GC/MS and LC/MS detection of hexabromocyclododecane（HBCD） in soil and water samples[J]. Organohalogen compd，2004，66：

224-231.

[8] Roosens L，Abdallah M A E，Harrad S，et al. Exposure to hexabromocyclododecanes（HBCDs）via dust ingestion，but not diet，correlates with concentrations in human serum：preliminary results[J]. Environmental health perspectives，2009，117（11）：1707-1712.

[9] Thomsen C，Molander P，Daae H L，et al. Occupational exposure to hexabromocyclododecane at an industrial plant[J]. Environmental science & technology，2007，41（15）：5210-5216.

[10] UNEP. Global Monitoring Plan for Persistent Organic Pollutants：Asia-Pacific Region，2008.

[11] UNEP. Global Monitoring Plan for Persistent Organic Pollutants：Central and Eastern European Region，2008.

[12] UNEP. Global Monitoring Plan for Persistent Organic Pollutants：Western Europe and other States Group（WEOG）Region，2009.

[13] UNEP. Global Monitoring Plan for Persistent Organic Pollutants：Africa Region，2009.

[14] Wang Y，Jiang G，Lam P K S，et al. Polybrominated diphenyl ether in the East Asian environment：a critical review[J]. Environment international，2007，33（7）：963-973.

[15] Xing Y，Lu Y，Dawson R W，et al. A spatial temporal assessment of pollution from PCBs in China[J]. Chemosphere，2005，60（6）：731-739.

[16] Zhou R，Zhu L，Yang K，et al. Distribution of organochlorine pesticides in surface water and sediments from Qiantang River，East China[J]. Journal of hazardous materials，2006，137（1）：68-75.

[17] 郜红建，蒋新. 有机氯农药在南京市郊蔬菜中的生物富集与质量安全[J]. 环境科学学报，2005，25（1）：90-93.

[18] 黄俊，余刚，钱易. 我国的持久性有机污染物问题与研究对策[J]. 环境保护，2001，11：3-6.

[19] 李雪梅，张庆华，甘一萍，等. 持久性有机污染物在食物链中积累与放大研究进展[J]. 应用与环境生物学报，2007，13（6）：901-905.

[20] 卢晓霞，张姝，陈超琪，等. 天津滨海地区表层沉积物中持久性有机污染物的含量特征与生态风险[J]. 环境科学，2012，33（10）：3426-3433.

[21] 孙俊玲，刘大锰，张庆华，等. 北京市冬季大气 $PM_{2.5}$ 中多氯联苯的污染水平与分布[J]. 现代地质，2009，23（2）：378-384.

[22] 谢文明，韩大永，孟凡贵，等. 蚯蚓对土壤中有机氯农药的生物富集作用研究[J]. 吉林农业大学学报，2005，27（4）：420-423.

[23] 刘伟，朱鲁生，王军，等. 硫丹对赤子爱胜蚓和白三叶草细胞 DNA 损伤的研究//持久性有机污染物论坛 2009 暨第四届持久性有机污染物全国学术研讨会论文集[C]. 北京：2009.

[24] 张保琴，陈吉平，张海军. 二噁英诱导对烟草细胞过氧化物酶和谷胱甘肽还原酶活性的影响持久性有机污染物论坛 2010 暨第五届持久性有机污染物全国学术研讨会论文集[C]. 北京：2010.

第四章　持久性有机污染物的分析方法

研究 POPs 的环境存在、分布、迁移、转化、归宿、代谢和治理都离不开分析技术，分析技术是开展 POPs 研究必不可少的基础和手段。由于环境中的 POPs 具有分布广泛、残留浓度低、干扰物质多、组成复杂等特点，且像毒杀芬、多氯联苯、二噁英等 POPs 还包含多种同系物或异构体，因此，对环境中的 POPs 进行分析时，所采用的分析手段必须具有灵敏、准确、快速和自动化程度高等特点。此外，POPs 样品的采集和预处理技术也是样品分析的重要环节，只有采用科学合理的采样方法和高效准确的预处理技术才能保证 POPs 的分析数据准确可靠。本章从制定 POPs 的监测方案、POPs 样品的采样方法、预处理技术和分析方法等方面对环境样品中 POPs 的分析进行阐述。

第一节　环境中持久性污染物的监测方案

在进行 POPs 环境样品的分析时，首先应根据调研目的和所要考察的介质制订一个监测方案。POPs 的监测方案和环境中其他污染物质的监测方案基本一致，所以这里只介绍环境中污染物质监测方案制定的一般方法，POPs 的监测方案可参考此方案进行。另外，监测方案的实施还需要有足够的、配套的采样、制样、分析设备和一支技术过硬的监测队伍。此外我国的计量法规定，凡是对社会提供公正性数据的单位必须通过"计量认证"审查，也只有达到计量认证的要求，加盖 CMA 印章的监测数据才有法律效力。另外，实验室认可的单位也是为社会提供公正性数据的委托单位，虽然我国的计量法对实验室认可尚未做出强制性要求，但我国的实验室认可已与国际接轨，通过实验室认可的单位也可以实施监测方案。一般来说，各级环境监测站是实施环境监测方案的主力单位。下面分别介绍大气环境和废气、水环境和废水、土壤环境监测方案的制订。

一、大气环境和废气监测方案的制订

制订大气污染监测方案，首先要根据监测目的进行调查研究，收集必要的基础资料，然后经过综合分析，确定监测项目，设计布点网络，选定采样频率、采样方法和监测

技术等。

1. 大气环境监测方案

（1）基础资料的收集

① 污染源分布及排放情况。通过调查，将监测区域内的污染源类型、数量、位置、排放的主要污染物及排放量——弄清楚，同时还应了解所用原料、燃料及消耗量。注意将由高烟囱排放污染源与由低烟囱排放的污染源区别开来。另外，对于交通运输污染较重和有石油化工企业的地区，应区别一次污染物和由于光化学反应产生的二次污染物。因为二次污染物是在大气中形成的，其高浓度可能在远离污染源的地方，在布设监测点时应加以考虑。

② 气象资料。污染物在大气中的扩散、输送和一系列的物理、化学变化在很大程度上取决于当时当地的气象条件。因此，要收集监测区域的风向、风速、气温、气压、降水量、日照时间、相对湿度、温度的垂直梯度和逆温层底部高度等资料。

③ 地形资料。地形对当地的风向、风速和大气稳定情况等有影响，是设置监测网点应当考虑的重要因素。例如，工业区建在河谷地区时，出现逆温层的可能性大；位于丘陵地区的城市，市区内大气污染物的浓度梯度会相当大；位于海边的城市会受海陆风的影响；而位于山区的城市会受山谷风的影响等。为掌握污染物的实际分布状况，监测区域的地形越复杂，要求布设的监测点越多。

④ 土地利用和功能分区情况。监测区域内土地利用情况及功能区划分也是设置监测网点应考虑的重要因素之一。不同功能区的污染状况是不同的，如工业区、商业区、混合区、居民区等。还可以按照建筑物的密度、有无绿化地带等作进一步分类。

⑤ 人口分布及人群健康状况。环境保护的目的是维护自然环境的生态平衡，保护人群的健康。因此，掌握监测区域的人口分布、居民和动植物受大气污染危害情况及流行性疾病等资料，对制订监测方案、分析判断监测结果是有益的。

⑥ 监测区域以往的大气监测数据。

（2）监测项目的确定

存在于大气中的污染物质多种多样，应结合监测的目的，根据优先监测的原则，选择那些危害大、涉及范围广、已建立成熟的测定方法，并有标准可比的项目进行监测。

（3）采样点的布设

1）布设采样点的原则和要求

① 采样点应设在整个监测区域的高、中、低三种不同污染物浓度的地方。

② 在污染源比较集中，主导风向比较明显的情况下，应将污染源的下风向作为主要监测范围，布设较多的采样点；上风向布设少量点作为对照。

③ 工业较密集的城区和工矿区，人口密度及污染物超标地区，适当增设采样点；城郊和农村，人口密度小及污染物浓度低的地区，可少设点。

④ 采样点周围应开阔，采样口水平线与周围建筑物高度的夹角应不大于 30°，测点周围无局地污染源，并避开树木及吸附能力较强的建筑物。

⑤ 各采样点的设置条件应尽可能一致或标准化，使获得的监测数据具有可比性。

⑥ 采样高度根据监测目的而定。如研究大气污染对人体的危害，采样口高度为 1.5～2 m；如研究大气污染对植物或器物的影响，采样口高度应与植物或器物高度相近。连续采样例行监测采样口高度应距地面 3～15 m。

2）采样点数目

一般都是按城市人口多少设置城市大气监测点的数目。在实际应用中，应根据需要确定。

3）布点方法

在实际工作中，往往采用以一种布点方法为主，兼用其他方法的综合布点法。常用的布点方法有四种：功能区布点法、网格布点法、同心圆布点法和扇形布点法。

功能区布点法：这种方法多用于区域性常规监测。先将监测区域划分为工业区、商业区、居住区、工业和居住混合区、交通稠密区、清洁区等，再根据具体污染情况和人力、物力条件，在各功能区分别设置相应数量的采样点。

网格布点法：适用于污染源较分散的情况，如调查面源和线源。网格的大小视污染源强度、地区功能等因素而定。这种布点方法适用于有多个污染源，且污染源分布比较均匀的情况。一般 1～4 km² 布一个点，网格大小视污染强度、人口分布、人力物力条件定。若主导风向明显，下风向设点要多些，一般约占采样点总数的 60%。如图 4-1。

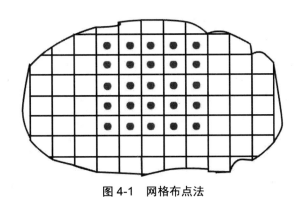

图 4-1　网格布点法

同心圆布点法：主要用于多个污染源构成的污染群，且重大污染源集中的地区。先找出污染源的中心，做同心圆，然后做放射线，将放射线与圆周的交点做采样点，圆周上的点不一定分布均匀，下风向可以多布点。如图 4-2。

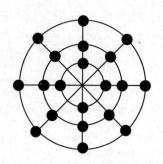

图 4-2 同心圆布点法

扇形布点法：此种方法适用于主导风向明显的地区或孤立的高架点源。扇形角度一般为 45°～90°。采样点设在距点源不同距离的若干弧线上，相邻两点与顶点连线的夹角一般取 10°～20°。如图 4-3。

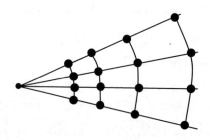

图 4-3 扇形布点法

（4）采样时间和采样频率

采样时间是指每次采样从开始到结束所经历的时间。采样频率是在一定时间范围内的采样次数。

采样时间和采样频率取决于监测目的、污染物分布特点及人力、物力等因素。另外结合我国监测技术规范和《环境空气质量标准》中对污染物监测数据统计有效性的规定进行。

2．废气污染源监测方案

① 收集相关的技术资料，了解产生废气的生产工艺过程及生产设施的性能、排放的主要污染物种类及排放浓度大致范围，以确定监测项目和监测方法。

② 调查污染源的污染治理设施的净化原理、工艺过程、主要技术指标等，以确定监测内容。

③ 调查生产设施的运行工况，污染物排放方式和排放规律，以确定监测频次和采样时间。

④ 现场勘察污染源所处位置和数目，废气输送管道的布置及断面的形状、尺寸，废气输送管道周围的环境状况，废气的去向及排气筒高度等，以确定采用位置和采样点数量。

⑤ 收集与污染源相关的其他技术资料。

⑥ 根据监测目的、现场勘察和调查资料，编制可行的监测方案。监测方案的内容应包括污染源概况，监测目的，评价标准，监测内容，监测项目，采样位置，采样时间及频次，采样方法及分析测试技术，监测报告要求及质量保证措施等。

二、水环境和废水监测方案的制订

制订水污染监测方案，首先应明确监测任务的目的和要求。一般而言，地表水和废水的监测可以分为常规监测、特定目的监测（如委托性监测）和研究性监测（为科学研究服务的监测）等不同类型的监测，其要求的内容、深度不同，制订方案时应充分考虑。这里综合介绍水环境监测和废水监测方案制定的一般步骤。

1. 现场踏勘及资料收集

（1）水环境监测基础资料的收集

制订方案前应对监测水体周围环境状况进行现场踏勘，包括监测水体的基本情况、周围污染源状况、水体排污口分布情况、水体的基本水文情况等。另外，还应收集监测水体周围相关的资料，主要是水环境功能区划等。通过现场踏勘及资料收集应对监测水体的基本情况有清晰的了解，为制订具体的监测方案打好基础。

（2）废水监测基础资料的收集

主要查清用水情况、废水或污水的类型；主要污染物及其排污去向和排放量；车间、工厂或地区排污口数量和位置；废水的处理情况；是否排入江河湖海流经地区是否有渗坑等。

2. 采样点位的布设

（1）水环境监测采样点位的布设

水环境监测采样点位的布设包括断面的位置、采样垂线的设置、具体的采样点的确定。监测断面的设置数量，应根据掌握水环境质量状况的实际需要，考虑对污染物时空分布和变化规律的了解、优化的基础上，以最少的断面、垂线和测点取得最有代表性的数据。例如对于河流来说在确定了监测断面后，在监测断面上根据河宽确定监测垂线，在垂线上根据河深确定监测点位。

（2）废水采样点位的布设

废水的监测要注意测定第一类污染物（汞、镉、砷、铅、六价铬、强致癌物质等），在车间或车间处理设备的废水排放口设置采样点。测定第二类污染物（悬浮物、硫化物、挥发酚、氰化物、有机磷化合物、石油类、铜、锌、氟、硝基苯类、苯胺类等），在工厂废水总排放口布设采样点。

3．监测项目的确定

包括具体的监测项目及建议采用的分析测试方法。

4．采样时间、周期和频率的确定

采样时间指采样的具体日期、采样周期指的是每周期采样的次数及每次采样的天数，采样频率指的是每天采样的次数。

5．采样方法及水样保存的要求

监测计划中应针对不同的监测项目，明确指出采样的方法、是否必须现场测定，如需送样回实验室分析必须指出样品保存的方法。农药类和除草剂类水样保存和容器的洗涤方法如表 4-1 所示。

表 4-1　水样保存和容器的洗涤

项目	采样容器	保存剂及用量	保存期	采样量/ml	容器洗涤
农药类**	G	加入抗坏血酸 0.01～0.02 g 除去残余氯	24 h	1 000	I
除草剂类**	G	同上	24 h	1 000	I

注：（1）**低温（0～4℃）避光保存；

（2）G 为硬质玻璃瓶；

（3）I：洗涤剂洗一次，自来水三次，蒸馏水一次。

6．监测方案实施的保证措施

监测方案实施的保证措施，具体应涵盖以下内容：

监测人员安排：确定完成监测工作必需的人员配备情况，包括需要多少人、每个人在监测工作中的分工、责任等。

监测物资保障：确定采样仪器设备的种类、数量、型号。分析仪器的种类、数量、型号；监测过程中用到的试剂药品种类及数量。

监测工作的交通保障：明确采样路线、交通工具的种类、数量。

监测工作的质量保障：为了获取准确可靠的监测数据，还需要涉及质量保证的问题，除了前面采样、分析方法方面的保障措施外，还包括数据统计处理方面的要求也应在监测方案中体现。

三、土壤环境的监测方案的制订

2004 年 12 月 9 日实施的《土壤环境监测技术规范》(HJ/T 166—2004) 对布点、采样、样品处理、样品测定、环境质量评价、质量保证等规范了具体的步骤和技术要求。采样前要进行采样准备工作。

1．资料收集

收集包括监测区域的交通图、土壤图、地质图、大比例尺地形图等资料，供制作采样工作图和标注采样点位用；监测区域土类、成土母质等土壤信息资料；工程建设或生产过程对土壤造成影响的环境研究资料；造成土壤污染事故的主要污染物的毒性、稳定性以及如何消除等资料；土壤历史资料和相应的法律（法规）；监测区域工农业生产及排污、污灌、化肥农药施用情况资料、气候资料（温度、降水量和蒸发量）、水文资料、遥感与土壤利用及其演变过程方面的资料等。

2．现场调查

现场踏勘，将调查得到的信息进行整理和利用，丰富采样工作图的内容。

3．采样器具准备

① 工具类：铁锹、铁铲、圆状取土钻、螺旋取土钻、竹片以及适合特殊采样要求的工具等。

② 器材类：GPS、罗盘、照相机、胶卷、卷尺、铝盒、样品袋、样品箱等。

③ 文具类：样品标签、采样记录表、铅笔、资料夹等。

④ 安全防护用品：工作服、工作鞋、安全帽、药品箱等。

⑤ 采样用车辆。

4．监测项目与频次

监测项目分常规项目、特定项目和选测项目，监测频次与其相应。

常规项目：原则上为《土壤环境质量标准》（GB 15618）中所要求控制的污染物。

特定项目：《土壤环境质量标准》（GB 15618）中未要求控制的污染物，但根据当地环境污染状况，确认在土壤中积累较多、对环境危害较大、影响范围广、毒性较强的污染物，或者污染事故对土壤环境造成严重不良影响的物质，具体项目由各地自行确定。

选测项目：一般包括新纳入的在土壤中积累较少的污染物、由于环境污染导致土壤性状发生改变的土壤性状指标以及生态环境指标等，由各地自行选择测定。

POPs 相关的土壤监测项目与监测频次如表 4-2 所示。

表 4-2　土壤监测项目与监测频次

项目类别	监测项目	监测频次
重点项目	六六六、滴滴涕	每 3 年一次 农田在夏收或秋收后采样
特定项目（污染事故）	特征项目	及时采样，根据污染物变化趋势决定监测频次
POPs 与高毒类农药	POPs 与高毒类农药苯、挥发性卤代烃、有机磷农药、PCB、PAH 等	每 3 年监测一次 农田在夏收或秋收后采样

5. 采样点的布设

（1）布点方法

① 简单随机。将监测单元分成网格，每个网格编上号码，决定采样点样品数后，随机抽取规定的样品数的样品，其样本号码对应的网格号，即为采样点。随机数的获得可以利用掷骰子、抽签、查随机数表的方法。关于随机数骰子的使用方法可见《利用随机数骰子进行随机抽样的办法》（GB 10111—1988）。简单随机布点是一种完全不带主观限制条件的布点方法。

② 分块随机。根据收集的资料，如果监测区域内的土壤有明显的几种类型，则可将区域分成几块，每块内污染物较均匀，块间的差异较明显。将每块作为一个监测单元，在每个监测单元内再随机布点。在正确分块的前提下，分块布点的代表性比简单随机布点好，如果分块不正确，分块布点的效果可能会适得其反。

③ 系统随机。将监测区域分成面积相等的几部分（网格划分），每网格内布设一采样点，这种布点称为系统随机布点。如果区域内土壤污染物含量变化较大，系统随机布点比简单随机布点所采样品的代表性要好。

（2）布点数量

土壤监测的布点数量要满足样本容量的基本要求，即上述由均方差和绝对偏差、变异系数和相对偏差计算的样品数是样品数的下限数值，实际工作中土壤布点数量还要根据调查目的、调查精度和调查区域环境状况等因素确定。一般要求每个监测单元最少设 3 个点。

区域土壤环境调查按调查的精度不同可从 2.5 km、5 km、10 km、20 km、40 km 中选择网距网格布点，区域内的网格结点数即为土壤采样点数量。

农田采集混合样时，根据调查目的、调查精度和调查区域环境状况等因素确定监测单元。部门的专项农业产品生产土壤环境监测布点按其专项监测要求进行。

大气污染型土壤监测单元和固体废物堆污染型土壤监测单元以污染源为中心放射状布点，在主导风向和地表水的径流方向适当增加采样点（离污染源的距离远于其他点）；灌溉水污染监测单元、农用固体废物污染型土壤监测单元和农用化学物质污染型土壤监测单元采用均匀布点；灌溉水污染监测单元采用按水流方向带状布点，采样点自纳污口起由密渐疏；综合污染型土壤监测单元布点采用综合放射状、均匀、带状布点法。

建设项目土壤环境评价监测采样，每 100 公顷占地不少于 5 个，且总数不少于 5 个采样点，其中，小型建设项目设 1 个柱状样采样点；大中型建设项目不少于 3 个柱状样采样点；特大型建设项目或对土壤环境影响敏感的建设项目不少于 5 个柱状样采样点。

城市土壤监测点以网距 2 km 的网格布设为主，功能区布点为辅，每个网格设一个采样点。对于专项研究和调查的采样点可适当加密。

污染事故监测土壤采样，如果是固体污染物抛撒污染型，待打扫后采集表层 5 cm 的土样，采样点数不少于 3 个；如果是液体倾覆污染型，污染物向低洼处流动，同时向深度方向渗透并向两侧横向方向扩散的，每个点分层采样，事故发生点样品点较密，采样深度较深，离事故发生点相对远处样品点较疏，采样深度较浅，采样点不少于 5 个；如果是爆炸污染型，以放射性同心圆方式布点，采样点不少于 5 个，爆炸中心采分层样，周围采表层土（0～20 cm）。事故土壤监测要设定 2～3 个背景对照点，各点（层）取 1 kg 土样装入样品袋，有腐蚀性或要测定挥发性化合物，改用广口瓶装样。含易分解有机物的待测定样品，采集后置于低温（冰箱）中，直至运送、移交到分析室。

第二节　持久性有机污染物样品的采样方法

采集的 POPs 环境样品主要包括大气样品、水样、固体（沉积物、土壤、动物、植物等）样品。以下将主要阐述这几类样品的采集方法。

一、大气样品的采集

1. 环境空气中 POPs 的采集

大气采样时间的安排很大程度上取决于调研目的，采集大气样品时，须保证采集的样品具有代表性，如应在稳定的气候条件下进行采样。样品采集的时间长短与被测化合物的浓度以及稳定性有关。采样点的选择必须避免受固定或者活动污染源的影响，此外，采样器需至少距离墙壁或者板面 1 m 以上。

一般情况下 POPs 物质在环境中存在的量比较少，所以对于环境空气中 POPs 采样一般采用大流量的 PUF 采样装置。采样装置应按图 4-4 所示采样流程进行设计，过滤材料支架尺寸应与滤膜匹配，吸附材料容器应能够容纳 2 块聚氨基甲酸乙酯泡沫，并保证系统的气密性。采集环境空气样品使用的吸附材料是聚氨基甲酸乙酯泡沫（PUF），使用的过滤材料是石英纤维滤膜。

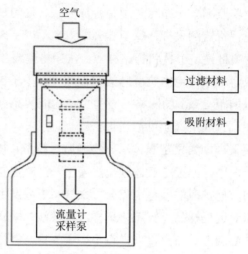

图 4-4　PUF 采样装置

来源：环境空气和废气　二噁英类的测定　同位素稀释高分辨气相色谱-高分辨质谱法（HJ 77.2—2008）。

大气样品采集的次数通常为一年两次，夏季和冬季各一次。但具体的采样时间、期限和频率主要是根据调研的需要，比如考察一年当中大气中 POPs 含量的变化时，则根据调研结果的波动设计采样的频率等。

在装卸采样器具时必须迅速，以免受空气污染，滤膜应放在干净的经灼烧过的铝箔袋子中，大气真空瓶和空气采样袋应避免日光照射而发生变形，同时关紧样品容器以免受外界影响。采集后的样品应尽快运回实验室进行分析，若不能立即分析时，应把它们储存在暗室中以免受外界空气的干扰，一旦可行即开始分析样品。

2. 废气中 POPs 的采集

（1）废气样品采集的一般要求：

① 采样之前进行必要的资料收集或现场调查，确认采样现场符合废气采样基本要求。

② 根据烟道断面大小，确定采样点数和位置。开始采样前，预先测定各采样点处的废气温度、水分含量、压力、气流速度等参数，结合所选采样嘴直径，根据《固定污染源排气中颗粒物测定与气态污染物采样方法》（GB/T 16157）计算出等速采样条件下各采样点所需的采样流量。

③ 根据样品采样量和等速采样流量，确定总采样时间及各点采样时间。由于废气采样的特殊性，采样需在一段较长的时间内进行以避免短时间的不稳定工况对采样结果造成影响，一般总采样时间应不少于 2 h。样品采样量还应同时满足方法检出限的要求。

④ 采样前加入采样内标。要求采样内标物质的回收率为 70%～130%，超过此范围要重新采样。

⑤ 连接废气采样装置，检查系统的气密性。

⑥ 将采样管插入烟道第一采样点处，封闭采样孔，使采样嘴对准气流方向（其与气流方向偏差不得大于10°），启动采样泵，迅速调节采样流量到第一采样点所需的等速流量值，采样流量与计算的等速流量之间的相对误差应在±10%的范围内。

⑦ 采样期间当压力、温度有较大变化时，需随时将有关参数输入计算器，重新计算等速采样流量，并调节流量计至所需的等速采样流量。若滤筒阻力增大到无法保持等速采样，则应更换滤筒后继续采样。采样过程中，气相吸附柱应注意避光，并保持在30℃以下。

⑧ 第一采样点采样后，立即将采样管移至第二采样点，迅速调整采样流量到第二采样点所需的等速流量值，继续进行采样。依此类推，顺序在各点采样。

⑨ 采样结束后，迅速抽出采样管，同时停止采样泵，记录起止时间、累计流量计读数等参数。

⑩ 拆卸采样装置时应尽量避免阳光直接照射。取出滤筒保存在专用容器中，用水冲洗采样管和连接管，冲洗液与冷凝水一并保存在棕色试剂瓶中。气相吸附柱两端密封后避光保存。样品应尽快送至实验室分析。

（2）废气采样装置

废气采样装置可选用《危险废物（含医疗废物）焚烧处置设施二噁英排放监测技术规范》（HJ/T 365）中推荐的仪器，其构成包括采样管、滤筒（或滤膜）、气相吸附单元、冷凝装置、流量计量和控制装置等部分，见图4-5。

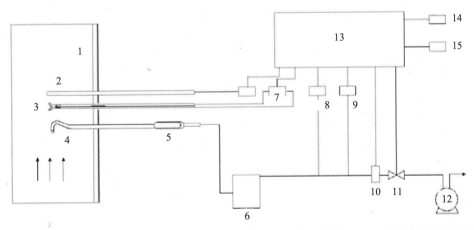

1—烟道；2—热电偶或热电阻温度计；3—皮托管；4—采样管；5—滤筒（或滤膜）；6—带有冷凝装置的气相吸附单元；7—微压传感器；8—压力传感器；9—温度传感器；10—流量传感器；11—流量调节装置；12—采样泵；13—微处理系统；14—微型打印机或接口；15—显示器

图 4-5　废气采样装置示意图

来源：环境空气和废气　二噁英类的测定　同位素稀释高分辨气相色谱-高分辨质谱法（HJ 77.2—2008）。

采样管材料为硼硅酸盐玻璃、石英玻璃或钛合金属合金，采样管内表面应光滑流畅。采样管应带有加热装置，以避免在采样过程中废气中的水分在采样管中冷凝，采样管加热应在 105～125℃范围内。当废气温度高于 500℃时，应使用带冷却水套的采样管，使废气温度降低到滤筒正常工作的温度范围内。滤筒（或滤膜）托架用硼硅酸盐玻璃或石英玻璃制成，尺寸要与滤筒（或滤膜）相匹配，应便于滤筒（或滤膜）的取放，接口处密封良好。带有冷凝装置的气相吸附单元：冷凝装置用于分离、贮存废气中冷凝下来的水，贮存冷凝水容器的容积应不小于 1 L。气相吸附单元可以是气相吸附柱，气相吸附柱一般是内径 30～50 mm、长 70～200 mm、容量 100～150 ml 的玻璃管，可装填 20～40 g 吸附材料；也可以是 PUF 充填管；也可以是冲击瓶和气相吸附柱相组合。流量计量和控制装置：用于指示和控制采样流量的装置，能够在线监测动压、静压、计前温度、计前压力、流量等参数。采样泵的空载抽气流量应不少于 60 L/min，当采样系统负载阻力为 20 kPa 时，流量应不低于 30 L/min。

二、水样的采集

1. 水环境中 POPs 的采集

对水样进行采集时，根据具体的考察区域和目的，应考虑天气、潮汐、水流、地理位置等因素，进而设置相应的点位。如针对河流的采样，通常在下游设置点位；对于海岸带水体，必须考虑与沉积物的相互作用而设计相应的采样点。采样点通常位于表层（距离水面 0.5 m 处），为了不受水面悬浮物和油粒等的影响，要注意样品免受水表面 1～2 cm 处的干扰。此外，为了满足研究目的的需要，可采集不同深度的水样进行分析。对于湖泊和海洋，采样点的设计还必须考虑诸如地理位置、是否有淡水或者污水汇入，以及采样深度、潮汐和水流等条件的影响。

在水下采样时，必须同时考虑水流、地质结构（水文地质）、点位条件（包括工厂和土地使用情况）等之后再确定采样点，避免考虑不全，要力求全面了解整个区域的水下状况。

采水器的选择与采样位置和样品类型有关，采用表层水样可用采水桶、勺子（一端绑在长棍上）。深层水的采集可以用惰性材料如合成树脂（聚四氟乙烯、聚丙烯、聚乙烯）、不锈钢以及玻璃等采样器。如图 4-6 所示。

样品容器的类型由样品量和样品种类决定。对于 POPs 类物质，容器可用带塞的玻璃瓶或者聚四氟乙烯材料的瓶子。如图 4-7 所示。采样器和容器必须清洁干净，容器需要经过农残级的有机溶剂洗涤，干燥后方可用于采样。

采水勺子　　　　　聚乙烯采水器　　　　　玻璃采水器

图 4-6　常用采水器示意图

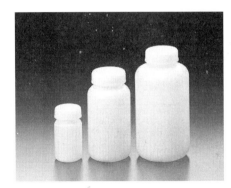

玻璃瓶　　　　　　　　聚四氟乙烯瓶

图 4-7　样品容器示意图

在采集河流、湖泊或沼泽的样品时，需要采集 10 L 的水样，然后经 C18 滤膜过滤。在过滤水样的时候，同样需要加入 ^{13}C 标记的同位素标准作为替代物（添加方式与大气采样过程一样），采集的样品经过萃取后进行分析。如果现场难以进行过滤的话，可以将样品放在一个体积大于 10 L 的容器中带回合适的地方进行过滤，如果用 ^{13}C 标记的同位素标准作为替代物，此时必须在采集样品之后尽快处理样品，最好能够在当天进行。如果滤膜被水中的悬浮颗粒堵塞，那么在加入替代物标准之后必须摇匀容器，过滤时注意不要让颗粒物吸附在容器的器壁与底部，必要时可以用超纯水荡洗，然后利用 C18 滤膜过滤以收集溶解态物质。

对于海水样品的采样，采样的体积从几十升到一千升不等，采集样品时，同样需要加入 ^{13}C 标记的同位素标准作为替代物，然后经过一系列的过滤、萃取、分析等过程对结果进行计算分析。

2. 废水中 POPs 的采集

（1）污水监测点位布设原则

水污染源一般经管道或沟、渠排放，水的截面积比较小，不需设置断面，而直接确定采样点位。POPs 物质属于第二类污染物，所以采样点位一律设在排污单位的外排口。已有废水处理设施的工厂，在处理设施的排放口布设采样点。为了解 POPs 废水的处理效果，可在进出口分别设置采样点。

（2）污水采样位置的确定

当深大于 1 m 时，应在表层下 1/4 深度处采样；水深小于或等于 lm 时，在水深的 1/2 处采样。在封闭管道中采样，采样器探头或采样管不能靠近管壁。"T"形管、弯头、阀门的后部，可充分混合，一般作为最佳采样点，等速采样除外。采集抽水设备中的水样时，应先放水数分钟，再取样。

（3）采样点位的登记和管理

排污单位需向地方环境监测站提供废水监测基本信息登记表。采样点位应设置明显标志。采样点位一经确定，不得随意改动。经设置的采样点应建立采样点管理档案。经确认的采样点是法定排污监测点，如因生产工艺或其他原因需变更时，由当地环境保护行政主管部门和环境监测站重新确认。排污单位必须经常进行排污口清障、疏通工作。

三、固体样品的采集

1. 沉积物样品采集

如果仅是采集沉积物样品，则应根据检测的目的考虑天气、潮汐、水流和地理位置等因素，以设计采样时间和站位，采集具有代表性的沉积物样品；但如果是与水样同步采集，则采样的时间和站位应与水样相一致。例如，对于河流样品的采集，通常考虑沉积物容易沉积的位置或者与水样的采样站位一致；而对于湖海，则还需要考虑地形情况、废水或者淡水的汇入、深度、潮汐或者水流等因素。

沉积物采样器具与采样点、沉积物性质和样品的类型有关，可用重力采样器（图 4-8）、柱状采泥器或者抓斗式采泥器等（图 4-9）。采样器具和容器应很干净，其洗涤方法和干净程度与所检测的化合物和仪器的检出程度有关，对于 POPs 组分，应当以农残级溶剂对采样器具和容器进行清洗并晾干。

样品量、样品类型以及目标化合物的性质和检测限将决定样品容器的选择，对于 POPs 类半挥发性组分，宜采用带塞的棕色玻璃瓶或者带有 Teflon（聚四氟乙烯）材料盖子的瓶子。

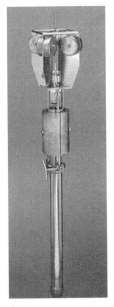 

图 4-8　典型重力式沉积物采样器　　　　图 4-9　抓斗式沉积物采样器

采集沉积物时应在 50 cm 的直径范围内采集三个样品，然后混合成一个样品，对于 POPs 样品，必须把采得的沉积物放在不锈钢盘上，剔除其中的石块、贝壳、动植物碎片等，充分混匀后再装入采样瓶中。

样品运到实验室之后用 1 mm（16 目）的筛子过筛或者通过离心去除大颗粒物质，分析之前混匀样品，混匀后的样品过筛之后进行冷藏或者冷冻储存。样品分析前需要计算含泥率，并通过称取部分样品在 100～150℃下干燥（2 h）计算样品的含水率，样品中的有机碳含量可以通过在 600℃下灼烧 2 h 进行计算得到。

2．土壤样品采集

相对而言，土壤样品的采集条件要求比较宽松，然而，为了取得具有代表性的样品，同样需要考虑采样时间和制定详细计划，考虑天气、季节和地形情况等因素。土壤样品采样点的选择主要需考虑地形条件、土壤植被率、是否有淡水或者废水的通道以及下水道等。

采集土壤的工具有铲子（图 4-10）、螺丝钻等（图 4-11），这些工具通常由不锈钢材料制成。对于 POPs 类半挥发性组分，宜采用带塞的棕色玻璃瓶或者带有 Teflon 材料盖子的瓶子。采样器具和容器应该很干净，其洗涤方法和干净程度与所检测的化合物和仪器的检出程度有关。对于 POPs 组分，应当以农残级溶剂进行清洗并晾干。

图 4-10　铲子

图 4-11　螺丝钻

采集土壤表层 5 cm 的样品，在方圆 10 m^2 的范围内采 3～5 个样品混合成一个样品，根据研究需要可采集次表层和更深层的样品。由于土壤与地下水的污染紧密相关，因此常常把土壤与地下水的调查结合在一起进行研究。所有采集到的样品用冰块保存后运回实验室，若不能立即进行处理，需冷藏或冷冻保存。

3．生物体样品采集

生物体的采集与其他样品的采集尽量安排在同一时间，同时必须考虑生物活动周期如迁徙习性等。确定采样的时间、地点以及样品量，使得每次采集的样品具有可比性。通常可采集年幼的生物，因为它们更容易受环境污染的影响。

采集鱼类样品的方法有：手动网、钓鱼、筛网、拖网、电鱼。不管用什么方法，都必须使得采样器和样品的容器很干净，测定每次采集的鱼体的长度和质量，把采集到的样品放在干净的玻璃瓶中。

采集贝类生物时可用手抓或者用工具捞，包括蜗牛、贻贝、鲍鱼等，可从植物、河流、湖泊或者海底获得，采集后的样品保存于干净的玻璃瓶或者聚四氟乙烯袋中。鸟类样品的采集主要与其种类以及生活习性有关，采集的方法有徒手、用网，或者陷阱、枪击等捕捉方法，称量其体重以及测量它的翅膀长度，把采得的样品放在干净的聚四氟乙烯袋子或者玻璃瓶中。

在采样的现场以适当的方式杀死采得的生物样品后，当场用冰块保存运回，到实验室之后尽快处理、分析样品。若需要保存的话，注意防止样品受目标污染物玷污，需冷冻或者冷藏保存样品，并在样品处理前后称取样品的重量。同时，必须清楚地对样品进行标记。

第三节　持久性有机污染物样品的预处理技术

由于 POPs 环境样品通常具有残留浓度低、基体复杂、干扰成分多、具有同系物或异构体等特点，因此，对环境中的 POPs 进行分析时，需要将待测物进行预处理，即通过萃取、浓缩、净化以达到后续分析的要求。

一、萃取

目前，有机污染物样品预处理方法中萃取技术多种多样，环境介质中的 POPs 的萃取预处理方法包括溶剂萃取、固相萃取、固相微萃取、微波萃取、超临界流体萃取、压力溶剂萃取和加速溶剂萃取等。可根据待测物的状态、极性、挥发性等的不同，相应采用不同的预处理方法。这里仅介绍环境样品中 POPs 分析常用的溶剂萃取、索氏提取、加速溶剂萃取和固相萃取技术。

1. 溶剂萃取

溶剂萃取法是一种分离方法，利用化合物在两种互不相溶的溶剂中溶解度或分配系数的不同，使化合物从一种溶剂中转移到另外一种溶剂中。经过反复多次萃取，将绝大部分的化合物提取出来。它主要用于物质的分离、提纯、富集和浓缩。

溶剂萃取技术包括液-液萃取和液-固萃取两种方法。液-液萃取，用选定的溶剂分离液体混合物中某种组分，溶剂必须与被萃取的混合物液体不相溶，具有选择性的溶解能力，而且必须有好的热稳定性和化学稳定性，同时毒性和腐蚀性较小。固-液萃取包括索氏提取、超声萃取等。

2. 索氏提取法

索氏提取法又名连续提取法、索氏抽提法,是一种从沉积物、生物组织等固体样品中提取物质的有效方法。是目前常用的一种 POPs 提取方法。操作时将试样置于索氏提取器中,用溶剂连续抽提,然后蒸出溶剂,便可达到含量较原试样增加上百倍的试液,有利于后续的测定。操作时气态萃取剂的流向为:C 到 D 到 E 到 A;液态萃取剂的流向为:A 到 B 到 C。图 4-12 所示为索氏提取器。该方法适合萃取鱼、植物体、沉积物、大气颗粒物中的 POPs。

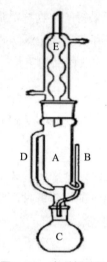

图 4-12 索氏提取器

3. 加速溶剂萃取

加速溶剂萃取(ASE)又称为压力流体萃取(PFE)或压力液体萃取(PLE),是在较高的温度和压力条件下,实现固体或半固体样品中 POPs 的高效、快速萃取,已被美国 EPA 确认为固体样品中半挥发性有机污染物的标准提取方法。加速溶剂萃取技术的高效萃取性能及其仪器高度自动化的完美结合大大改善了环境污染物检测的工作质量和效率。加速溶剂萃取技术在处理土壤、沉积和植物等固相物质中具有强大的优势,但仍具有局限性,它不适于水中有机污染物的检测,因此在水环境监测中应进一步提高水中有机物检测技术水平。在水环境检测中,应系统地发展吹扫捕集、固相萃取、加速溶剂萃取技术,这三种预处理技术的结合可对水环境中有机污染物进行较完整的处理。此外,与色谱技术的联合使用,可较全面地检测水环境中的有机污染状况,为进行污染趋势分析及研究控制对策提供可靠、全面的科学依据,从而促进水资源的可持续发展。目前商品化的加速溶剂萃取是一种顺序式的压力溶剂萃取方式,缺点是容易交叉污染。

（1）加速溶剂萃取的技术原理

加速溶剂萃取是根据溶质在不同溶剂中溶解度不同的原理，利用快速溶剂萃取仪，在较高的温度和压力条件下，选择合适的溶剂，实现高效、快速萃取固体或半固体样品中POPs的方法。进行加速溶剂萃取时，提高温度有利于克服基体效应，加强解析动力，降低溶剂黏度，加速溶剂分子向基体中的扩散，提高萃取效率。加速溶剂萃取所用仪器的允许温度范围一般为 50～200℃。常规使用的温度范围一般为 75～125℃，对于环境中一般污染物常用温度为 100℃。在高压下加热时，高温的时间一般少于 10 min，实验证明热降解不甚明显，可用于样品中易挥发组分的萃取。

液体的沸点一般随压力的升高而提高，增加压力使溶剂在高温下仍保持液态，并快速充满萃取池，液体对溶质的溶解能力远大于气体对溶质的溶解能力，提高了萃取效率，并保证易挥发性物质不挥发，增加了系统的安全性。

根据分析化学中"少量多次"的萃取原则，在萃取过程中利用新鲜溶剂的多次静态循环，最大限度地接近动态循环，提高萃取效率。加速溶剂萃取技术常规采用 2～3 个循环，即可达到良好的萃取效果。

（2）加速溶剂萃取技术在 POPs 分析中的应用

应用加速溶剂萃取技术从植物、土壤和沉积物等固相物质中萃取 POPs 具有较好的效果，与传统的索氏萃取等技术相比，缩短了萃取所用的时间。例如，以丙酮/正己烷作萃取剂，在 250℃的温度下，应用加速溶剂萃取技术从土壤和沉积物中萃取 PCBs 所需要的时间为 10～60 min，且加速溶剂萃取技术的萃取效率比索氏萃取 24 h 的萃取效率要高。使用有机溶剂（通常为二氯甲烷/丙酮）在 100～200℃的温度范围内应用加速溶剂萃取技术从植物、土壤和沉积物等介质中萃取 OCPs 类 POPs 需要约 15 min，而索氏萃取需要 8 h。应用加速溶剂萃取技术从城市灰尘中萃取 PCDD/Fs 类 POPs 和常规的索氏萃取的萃取效果相同，索氏萃取需要的时间为 24 h，而加速溶剂萃取只需 14 min；加速溶剂萃取使用的溶剂量（15 ml）也比索氏萃取使用的溶剂量（约 100 ml）要少。总的来说，加速溶剂萃取技术在萃取环境样品中的 POPs 方面显示出了较好的应用前景。

4. 固相萃取

固相萃取是利用固体吸附剂将液体样品中的目标化合物吸附，与样品的基体和干扰化合物分离，然后再用洗脱液洗脱或加热解吸附，达到分离和富集目标化合物的目的。固相萃取作为样品前处理技术，在实验室中得到了越来越广泛的应用。

二、浓缩

浓缩技术是将萃取得到的萃取液转移至旋转蒸发仪或氮吹浓缩仪进行浓缩。

1. 旋转蒸发仪

旋转蒸发仪主要用于在减压条件下连续蒸馏大量易挥发性溶剂，尤其对萃取液的浓缩和色谱分离时的接收液的蒸馏，可以分离和纯化反应产物。其基本原理就是减压蒸馏，也就是在减压情况下，当溶剂蒸馏时，蒸馏烧瓶在连续转动。如图 4-13 所示。主要包括以下几个部件：① 旋转马达，通过马达的旋转带动盛有样品的蒸发瓶；② 蒸发管，蒸发管有两个作用，首先起到样品旋转支撑轴的作用，其次通过蒸发管，真空系统将样品吸出；③ 真空系统，用来降低旋转蒸发仪系统的气压；④ 流体加热锅，通常情况下都是用水加热样品；⑤ 冷凝管，使用双蛇形冷凝或者其他冷凝剂如干冰、丙酮冷凝样品；⑥ 冷凝样品收集瓶，样品冷却后进入收集瓶。机械或马达机械装置用于将加热锅中的蒸发瓶快速提升。

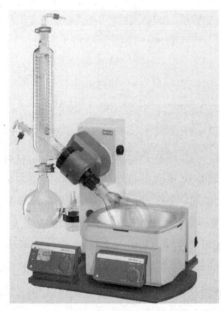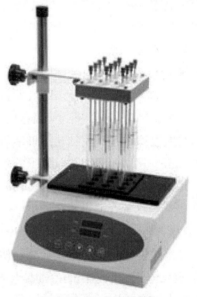

图 4-13　旋转蒸发仪　　　　　　图 4-14　氮吹浓缩仪

2. 氮吹浓缩仪

氮吹浓缩仪是通过将氮气吹入样品以加强周围的空气流动，同时升高温度，使样品中的溶剂快速蒸发。如图 4-14 所示。氮气是一种惰性气体，能起到隔绝空气的作用，防止氧化。氮吹仪利用氮气的快速流动打破液体上空的气液平衡，从而使液体挥发速度加快；并通过干式加热或水浴加热方式升高温度（目标物的沸点一般比溶剂的要高一些），从而达到样品无氧浓缩的目的，保持样品更纯净。使用氮吹浓缩仪代替常用的旋转蒸发仪进行浓缩，能同时浓缩几十个样品，使样品制备时间大为缩短，具有省时、易操作、快捷的特点。

三、净化

净化的目的是除去其提取物中的干扰组分。由于环境样品组成复杂，提取后存在大量共萃物，如腐殖酸、脂类、色素和其他杂质，需要净化处理。净化的效果直接影响方法的灵敏度和重现性。目前针对 POPs 样品的分析大多采用色谱法进行净化，包括吸附色谱、分配色谱、离子交换色谱、凝胶过滤色谱、亲和色谱等。吸附色谱是利用吸附剂表面对不同组分吸附性能的差异，达到分离的目的；分配色谱是利用不同组分流动相和固定相之间分配系数的不同达到分离目的；离子交换色谱是利用某些凝胶对于不同分子大小的组分阻滞作用的不同分离目标物；亲和色谱是利用生物大分子与某些对应的专一分子特异识别和可逆结合的特性而建立起来的一种分离生物大分子的色谱方法。一系列色谱柱，如硅胶加化学改性吸附剂（用硫酸、KOH、CsOH 处理的硅藻土及硅胶）、Florisil（硅酸镁硅土）、氧化铝、活性炭等常被串联使用，多层色谱联用柱也日益普及。

第四节　常见持久性有机污染物的检测技术简介

本节简要介绍国内外多氯联苯、有机氯农药、二噁英三类常见持久性有机污染物的采样、提取、净化等制样技术和气相色谱、高效液相色谱、气相色谱-质谱、液相色谱-质谱等标准分析方法，具体内容可查阅书中提到的相关标准。

一、环境中多氯联苯检测技术

在固体废物多氯联苯方面，我国有标准监测方法《含多氯联苯废物污染控制标准》（GB 13015—1991），该标准附录 A 废物中多氯联苯（PCB）的测定中推荐了两种废物中多氯联苯的测定方法，即气相色谱法和薄层色谱法。在气相色谱法中，采用碱（KOH）破坏有机氯农药六六六，然后用水蒸气蒸馏、液液萃取、硫酸净化的方法预处理，用带电子捕获检测器（ECD）的气相色谱仪测定。该测定方法以三氯联苯为标准物质来定量，是基于国内废物主要受三氯联苯污染这个事实。薄层色谱法主要用来确证样品中的多氯联苯成分，以区别于物化性质与多氯联苯类似的有机氯农药，该方法采用与气相色谱同样的前处理方法，然后用吸附薄层和反相薄层色谱相结合的方法与标准样品比较，进行确证实验，给出的是定性结果。在土壤、水质和空气中多氯联苯监测方面，我国尚无针对性的标准监测方法。

美国 EPA 方法系列化程度高，往往一个方法中可测定的目标化合物有十至数百种，且方法中推荐了多种样品预处理方法，选择余地大。下面主要介绍美国的标准分析方法。

1. 样品提取法

样品中多氯联苯的提取方法见表 4-3。

表 4-3　样品中多氯联苯的提取方法

标准代号	提取方法简介
EPA 3540	索氏提取是传统提取方法，具有较好的提取效率，但具有耗时长（通常为 10～24h）、需要大量的提取溶剂（50～400 ml）、不利于批量处理大量样品等缺点；同时长时间的索氏提取过程也会造成某些有机污染物的分解，从而影响了测定结果的准确性
EPA 3541	自动索氏提取在传统索氏提取原理的基础上发展起来的，大大缩短了提取时间（一般为 2～6 h）、减小了试剂消耗（50～80 ml）、可批量处理样品（一批可同时处理 6 个样品），因此基本解决了传统索氏提取的缺陷，使索氏提取的方法适用性更强。同时自动索氏提取可以回收溶剂，大大减小了有机溶剂带来的环境污染
EPA 3550	超声波提取法操作简便，耗时短，回收率与索式提取相当，缩短了提取时间，并且免去了高温对提取成分的影响。此方法不适用于某些在超声波作用下容易挥发降解的样品组分
EPA 3562	超临界流体提取具有较高的提取效率，可在近常温条件下提取分离化合物，几乎保留产品中全部有效成分，无有机溶液残留，产品纯度高。但是仪器复杂且花费较高
EPA 3546	微波提取方法能在 30 min 内完成对样品的提取，同时一批可同时处理 14 个以上的样品，适用于大批量样品的处理。同时微波萃取对样品选择性较好，受溶剂限制小，故可供选择的溶剂多，热效率高，萃取时间短，效率高；但是要严格控制提取时的压力和温度，设备投资较大，且不适合在微波作用下能分解的化合物

2. 样品净化方法

EPA 也规定了可以使用的多种样品净化方法，可根据实际样品的状况选择，但在使用时必须对净化回收率进行控制，如表 4-4 所示。

表 4-4　样品中多氯联苯的净化方法

标准名称	净化方法简介
浓硫酸净化法（EPA 3660）	浓硫酸净化能除去脂肪、色素等杂质，效果良好，方法简便，普遍为国标方法所采纳。但本方法只适合于强酸条件下稳定的目标分析物，有时会产生乳化现象，带去部分目标分析物，使结果偏低
硅胶净化（EPA 3630）、弗罗里硅藻土净化（EPA 3620）	柱层析常用的吸附剂有弗罗里硅藻土、氧化铝、活性炭、硅胶、氧化镁等，使用也较为普遍。缺点是装柱时要掌握要领，受人为影响较大；溶剂用量也较大。随着商品化小柱的问世，这些缺点将不复存在
凝胶渗透色谱	凝胶渗透色谱分离原理是基于排阻色谱而不是极性因素，所以没有很强的作用力能破坏或不可逆地吸附目标分析物；GPC 柱子寿命较长，可重复使用。目前已有商品化的凝胶渗透色谱仪，使得样品净化实现了自动化操作，其缺点是投资较大、溶剂使用量较大

3. 样品分析方法

在多氯联苯分析方面，美国有 EPA 1668B、EPA 8270C、EPA 8080、EPA 8082、TO-4A、TO-10A 等方法。主要分析方法见表 4-5。

表 4-5 样品中多氯联苯的分析方法

标准代号	分析方法简介
EPA1668B	EPA1668B 是用同位素稀释/高分辨率气相色谱/高分辨质谱质谱（HRGC/HRMS）法测定污水、地表水、土壤、沉积物、生物固体和组织等环境样品中的多氯联苯同系物。通过该方法可以定量测定世界卫生组织（WHO）指定为有毒的 12 种多氯联苯（PCBs）同系物
EPA 8270 C	EPA8270C 方法是应用 GC-MS 法测定土壤、固体废物、气体样品、水样中的半挥发性有机物，其中涉及的多氯联苯主要是 Aroclor 系列 7 种。这 7 种 Aroclor 是美国法规中所重点控制的多氯联苯 由于灵敏度的关系，EPA 8270C 方法一般不适合对多组分目标物如多氯联苯 Aroclors 定量。当用其他分析方法如 EPA8081、EPA 8082 等方法检出 Aroclors 等组分时，可用 EPA 8270C 作确证
EPA 8080A	该方法用填充柱气相色谱-ECD 检测器或电解电导检测器（HECD）来测定多氯联苯 对于水质样品，该方法推荐用分液漏斗液液萃取（EPA3510）、连续液液萃取（EPA3520）进行提取；对于固体样品，该方法推荐用 EPA 3540（索氏提取）或 3541（自动索氏提取）、EPA 3550（超声波提取）进行提取。样品净化则采用硫酸或高锰酸盐净化方法（EPA3665），然后再用硅胶净化（EPA3630）或弗罗里硅藻土净化（EPA3620）方法。该方法涉及的多氯联苯为 Arochlor 系列 7 种
EPA 8082A	EPA 8082A 方法是用毛细管柱气相色谱-ECD 法测定土壤或水样中的多氯联苯，其目标化合物有 7 种混合物、19 种单体。该方法允许使用单柱或双柱系统来分析检测。 由于在单柱上的分析结果需要在第二根色谱柱上用 GC-MS 法（EPA 8270）作确认，所以该方法还规定了用双柱、双 ECD 法测定 PCB，即两根极性不同的色谱柱共用同一个进样口，但最后分别进入两个 ECD 检测器，实现一次进样、获得两份分析结果 该方法中水质样品中 PCB 的提取方法推荐使用分液漏斗液液萃取（EPA3510）、连续液液萃取（EPA3520）、固相萃取（EPA3535）方法；土壤在内的固体样品中 PCB 的提取方法推荐使用 EPA3540（索氏提取法）、EPA3541（自动索氏提取法）、EPA3545（加压溶剂提取法）、EPA3546（微波萃取法）、EPA3550（超声波提取法）、EPA3562（超临界流体萃取法）或其他方法提取，溶剂可以是 1∶1 己烷-丙酮溶液、1∶1 二氯甲烷-丙酮溶液或其他溶剂 在净化方面，该方法推荐使用硫酸-高锰酸钾净化方法（EPA 3665）除去多种单组分的有机氯或有机磷农药，这是针对分析 PCB 所用的净化方法。在样品制备过程中引入的邻苯二甲酸酯类是 PCB 检测面临的主要干扰问题，也可以用硫酸-高锰酸钾净化方法（EPA3665）除去。硫容易从土壤中被一起提取出来，对测定 PCB 产生干扰，可用 EPA 3660 方法除去

二、环境中有机氯农药检测技术

国内目前正式颁布的环境中有机氯农药的方法主要有针对土壤中六六六、滴滴涕（DDT）等 8 种化合物的分析。具体内容参考标准《土壤质量 六六六和滴滴涕的测定 气相色谱法》（GB/T 14550—93）。此方法采用丙酮-石油醚索氏提取，浓硫酸净化，GC-ECD 填充柱分析，目标物主要是六六六、DDT 等 8 种化合物。本方法经典，用途较广，但也有较多缺点，如目标物单一，不能适用于其他有机氯农药的分析，填充柱制备方法繁杂，柱效差等。《水质 有机氯农药和氯苯类化合物的测定 气相色谱-质谱法》（GB 699—2014，2014-07-01 实施），本标准适用于地表水、地下水、生活污水、工业废水、海水中有机氯农药和氯苯类化合物的测定。采用液液萃取或固相萃取方法，萃取样品中有机氯农药和氯苯类化合物，萃取液经脱水、浓缩、净化、定容后经气相色谱质谱仪分离、检测。根据保留时间、碎片离子质荷比及不同离子丰度比定性，内标法定量。

国内文献报道中分析有机氯农药的方法主要分为两种：一种是利用气相色谱、电子捕获检测器（GC-ECD），另一种是用气相色谱-质谱定性、定量结合的方法，以采用 GC-ECD 方法居多。近年来，随着先进的前处理仪器设备在我国的不断涌现，文献中也有使用微波提取或加速溶剂提取等分析土壤等样品的报道。

目前，国际上对有机氯的分析主要还是采用气相色谱（电子捕获检测器 ECD）和气相色谱-质谱分析技术。下面按水质、气体、土壤、底质和固体废物分类介绍 EPA 标准中有机氯农药的分析方法标准。

1．水质

涉及水质中有机氯农药的分析方法有 EPA608、EPA 625、EPA 525、EPA 8270C 等，方法简介见表 4-6。

表 4-6　水质中有机氯农药的分析方法

标准代号	方法简介
EPA608	可用二氯甲烷液液萃取，使用玻璃填充柱、ECD 检测器分析废水中有机氯农药
EPA625	运用 GC-MS 方法测定工业废水等中的有机氯农药，提取方法也是二氯甲烷液液萃取，使用玻璃填充柱、质谱检测器（MSD）
EPA525	运用毛细管柱分离，GC-MS 检测分析清洁水中包括有机氯农药在内的多种半挥发有机物，提取方式是 C18 柱固相萃取
EPA8081A	用填充柱、气相色谱-ECD 检测器或电解电导检测器（HECD），同时测定固体、半固体和水中的有机氯农药和多氯联苯，涉及的有机氯农药达 19 种
EPA8081	使用毛细管柱、GC-ECD 测定土壤中及液体样品中提取的有机氯农药，与 EPA8080 填充柱相比，该方法分辨率好，灵敏度较高，分析速度也快

标准代号	方法简介
EPA 8270C	用气相色谱-质谱测定固体、半固体和水中包括有机氯农药在内的半挥发性有机物；样品提取可以针对不同介质使用不同方法；目标化合物多达 255 种，有机氯农药有 34 种，包括大多数酸碱中性有机物、农药、卤代烃类、多环芳烃和邻苯二甲酸酯的分析，分析采用 GC-MS 窄口毛细管柱

2. 气体

气体样品中的有机氯农药主要分环境空气和室内空气。主要有以下方法：

EPA TO-4A：采用大流量 PUF 采样器，GC-MD 方法测定环境空气中的农药和多氯联苯。该方法用装有 PUF 采样管的大流量采样常见的农药和 PCBs，连续采样 24h，然后将吸附剂采样管带回实验室分析，用含 10%乙醚的正己烷溶液洗脱 PUF 吸附剂上的农药和 PCBs。检测器可选择多种：ECD、NPD、FPD、HECD 或 MS。常见农药也可采用配有 UV 检测器或电化学检测器的高效液相色谱分析。采样装置见图 4-15 和图 4-16。

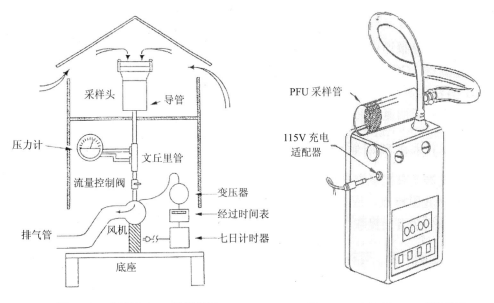

图 4-15　大流量 PUF 采样装置　　　　　图 4-16　小流量 PUF 采样装置

（李国刚等，2008）　　　　　　　　　　（李国刚等，2008）

EPA TO-10A：采用小流量 PUF 采样器、GC-MD 方法测定环境空气中的农药和多氯联苯。该方法和 EPA TO-4A 除了采样方式外，其他内容基本相同。

EPA IP-8：是有关室内空气中有机氯农药的检测方法，方法内容和 EPA TO-10A 基本相同。

3．土壤、底质和固体废物

土壤、底质和固体废物中有机氯的检测方法主要是 EPA 8000 系列的几个方法，有前面提到的 8081A、8081B、8080 和 8270C。固体、半固体样品的前处理较水质样品复杂，提取方式也多（提取方法见表 4-7），样品一般要经过一定的净化程序（净化方法见表 4-8）。

表 4-7　土壤、底质和固体废物中有机氯的提取方法

标准代号	提取方法简介
EPA3540	丙酮-正己烷溶剂经索氏提取
EPA3541	自动索氏提取
EPA3550	超声波提取
EPA3545	加速溶剂萃取
EPA3546	微波萃取
EPA3561	超临界流体萃取

表 4-8　土壤、底质和固体废物中有机氯的净化方法

标准代号	净化方法简介
EPA 3660	浓硫酸净化
EPA 3620	弗罗里硅土固相柱净化
EPA 3600	胶-凝胶（Sil Gel）净化
EPA 3620	柱净化和凝胶色谱

三、环境中二噁英检测技术

目前我国针对二噁英的监测方法标准有《环境空气和废气　二噁英类的测定　同位素稀释高分辨气相色谱-高分辨质谱法》（HJ 77.2—2008）、《土壤、沉积物　二噁英类的测定　同位素稀释/高分辨气相色谱-低分辨质谱法》（HJ 650—2013）、《水质　二噁英类的测定　同位素稀释高分辨气相色谱-高分辨质谱法》（HJ 77.1—2008）。一般来说，环境中二噁英类污染物样品的采集、分析流程见图 4-17。这里主要介绍环境空气和废气中二噁英类的测定方法，水质、土壤、沉积物中二噁英的测定可以参考上述标准。

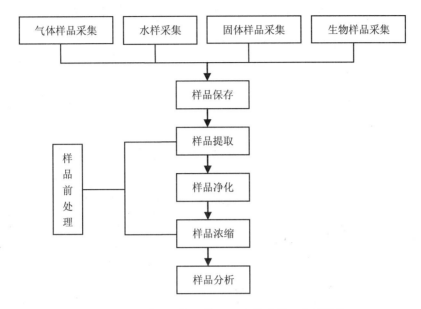

图 4-17　环境及污染源样品二噁英采样及分析流程

1．二噁英样品的采样技术

（1）环境空气二噁英采样技术

在大气环境中，二噁英一般以颗粒态存在，但由于其具有一定的蒸气压，使得少量的二噁英类污染物以气态形式存在，因此在样品采集时必须要同时对气态及颗粒态污染物进行收集。一般使用石英滤膜收集颗粒态二噁英，利用聚氨酯（PUF）采集气态二噁英。进行高流速采样时，在装有滤膜的状态下，采样泵负载流量应能达到 800 L/min，并具有流量自动调节功能，能够保证在 500～700 L/min 的流量下连续采样。进行中等流速采样时，在装有滤膜的状态下，采样泵负载流量应能达到 400 L/min，并具有流量自动调节功能，能够保证在 100～300 L/min 的流量下连续长时间采样。对流量计的要求是进行高流速采样时，可设定流量范围为 500～700 L/min；进行中等流速采样时，可设定流量范围为 100～300 L/min。流量计在环境空气二噁英类采样装置正常使用状态下使用标准流量计进行校准。推荐使用具有温度、压力校正功能的累积流量计。

（2）固定污染源废气采样技术

烟气中二噁英包括固态和气态两部分，灰尘用"滤纸捕集"，气态用"吸收捕集"采样原理皆是利用"过滤"和"吸附"原理，将废气中的二噁英定量地收集在滤筒、吸附树脂和吸收液上。

2．二噁英样品的前处理技术

由于二噁英类物质（PCDD/PCDFs）在自然界中的含量极低，远远低于现代分析检测仪器的检测下限和定量下限；而且其分子结构具有强大的吸附和埋藏性，易进入其他物质（如脂肪、土壤）的内部深层结构中长期积累，给二噁英类物质的污染研究和评价带来了双重困难。因此，能否完全地提取出藏于载体中的二噁英类物质以及有效消除杂质的干扰，是二噁英评价研究必须具备的关键技术。一般样品的前处理过程分为提取、净化、分离浓缩三个步骤。

（1）样品提取

根据样品基质的不同，二噁英类化合物的提取方法可以采用索式抽提、超声萃取等方法。其中，索氏提取法是有数十年历史的可信赖的有机物提取方法。尽管该法有溶剂用量大、提取时间长（16～18h）、转移浓缩过程繁杂、易导入人为污染等缺点，但它提取效率高、重现性好，因而仍然被各国作为二噁英研究的法定经典提取方法之一。近年来出现了一些替代索氏提取的新技术，如超声提取、超临界流体萃取（SFE）、加速溶剂萃取（ASE）、微波提取法。这些新方法缩短了提取时间，大大减少了有毒有机溶剂的使用量。

（2）样品净化

在样品提取的过程中，很多影响二噁英类化合物分析的干扰物会被一起提取出来，如果纯化达不到要求，会和二噁英类化合物一起进入分析设备。由于二噁英类化合物一般都痕量存在，而这些干扰物含量可能高数个数量级，对于二噁英类化合物的分离和检测会产生很大的影响。所以样品的净化效果对二噁英类化合物的分析具有至关重要的作用。净化目的是除去共提取物中的干扰组分，净化程度取决于被测组分的数目、基质干扰及仪器状态。目前常用多种色谱吸附填料填制的色谱净化柱对二噁英类化合物进行纯化。最常用的吸附填料包括硅胶、酸性硅胶、碱性硅胶、硅酸钾、酸性氧化铝、碱性氧化铝、弗罗里硅藻土、活性炭等。这些色谱吸附填料用来去除极性、非极性或性质相近的干扰物。

（3）分离分析

经过净化之后，最终的提取液仍存在氯代化合物的干扰，因此需要良好的分离技术。高分辨色谱 HRGC 是有效分析分离二噁英类物质的唯一选择。

目前美国针对二噁英的分析方法有 EPA613、EPA8280、EPA513、EPA8290、TO-9 等，具体方法简介见表4-9。

表 4-9　环境中二噁英类物质的主要分析方法简介

标准代号	方法简介
EPA613	最早的二噁英类分析方法标准，分析工业废水、城市污水中的 2，3，7，8-TCDD；样品经萃取后，用氧化铝柱及硅胶柱净化；采用 SP-2330 色谱柱，LRMS 或 HRMS 分析；内标为 13C 或 37Cl 标记的 2，3，7，8-TCDD
EPA8280	分析土壤、底泥、飞灰、燃油、蒸馏残渣和水等废物中含 4～8 个氯的 PCDDs/PCDFs；样品提取后，经碱液、浓硫酸、氧化铝及 PX-2 活性炭柱净化，采用 HRGC/LRMS 分析。可选择三种色谱柱：CP-sil-88、DB-5 或 SP-2250，内标为 13C 标记的 8 种 2,3,7,8-位氯代异构体，是后续方法的发展基础，现已推出 8280A（1995）和 8280B（1998）等新版本

标准代号	方法简介
EPA513	分析饮用水中的 2,3,7,8-TCDD；水样经提取，用酸碱改性硅胶柱、氧化铝柱以及 PX-21 活性炭柱净化，采用 HRGC/HRMS 分析；色谱柱为 SP2330 或 CP-sil-88；内标为 13C 标记的 2,3,7,8-TCDD 和 1,2,3,4-TCDD 以及 37Cl 标记的 2,3,7,8-TCDD
EPA8290	是 8280 方法的发展，主要差别是分析仪器使用了 HRGC/HRMS；DB-5 色谱柱，并用 DB-225 柱重复分离；内标使用 13C 或 37Cl 标记的 11 种异构体。最低检出限达到 10^{-12} 以下
EPATO-9	环境空气中的二噁英类分析方法，用装填聚氨酯（PUF）泡沫的吸附柱吸附环境空气中的二噁英类，吸附柱用苯萃取后，用酸化改性的硅胶及酸性氧化铝柱净化，采用 HRGC/HRMS 分析，色谱柱为 DB-5；内标为 13C 标记的 2,3,7,8-TCDD，检测限为 $1\sim5$ pg/m^3
EPA23	烟道气中的二噁英类采样和分析方法，可测定 17 种 2,3,7,8-位氯代异构体；用滤筒加 XAD-2 吸附柱进行等速采样，样品经提取后，用改性硅胶、碱性氧化铝净化，净化液用 HRGC/HRMS 分析；色谱柱为长 60 m 的 DB-5 及长 30 m 的 DB225，质谱的分辨率至少为 10 000；以 13C 标记的 19 种二噁英类异构体为内标，可以对 17 种 2,3,7,8-位氯代异构体单独定量，得到准确的毒性当量结果，并规定了严格的质量控制措施
EPA1613	类似于方法 8290，但是可以测定土壤、底泥、组织及其他样品中的 17 种二噁英类异构体，样品的前处理程序比较复杂；样品先以酸、碱萃取，再以酸碱改性硅胶、HPLC、AX-211 活性炭柱、GPC 等净化；使用 17 种 13C 标记的 2,3,7,8-位氯代异构体内标，因此可以对 17 种 2,3,7,8-位氯代异构体单独定量，得到准确的毒性当量结果，并规定了严格的质量控制措施。所以比方法 8 290 的精确度更高，但是分析成本也更高

思考题

1. 环境中持久性污染物的监测方案的主要内容有哪些？
2. 如何采集大气中持久性有机污染物？
3. 如何采集水中持久性有机污染物？
4. 如何采集固体样品中的持久性有机污染物？
5. 持久性有机污染物的预处理技术有哪些？
6. 持久性有机污染物的分析技术有哪些？
7. 色谱法检测 POPs 的原理是什么？

参考文献

[1] 余刚，牛军峰，黄俊，等. 持久性有机污染物：新的全球性环境问题. 北京：科学出版社，2006.

[2] 余刚，黄俊，等. 持久性有机污染物知识 100 问. 北京：中国环境科学出版社，2005.

[3] 赵育，石碧清，等. 环境监测. 北京：中国劳动社会保障出版社，2012.

[4] 但德忠. 环境监测. 北京：高等教育出版社，2006.

[5] 崔树军. 环境监测. 北京：中国环境科学出版社，2008.

[6] 国家环保总局. 空气和废气监测分析方法（第四版）. 北京：中国环境科学出版社，2003.

[7] 国家环保总局. 水和废气监测分析方法（第四版）. 北京：中国环境科学出版社，2002.

[8] 高翔云，高孝礼，等. 土壤中持久性有机污染物分析方法研究[J]. 地质学刊，2010，34（2）：200-205.

[9] 胡贝贞，宋伟华，谢丽萍，等. 加速溶剂萃取/凝胶渗透色谱-固相萃取净化/气相色偶-质谱法测定茶叶中残留的 33 种农药[J]. 色谱，2008，26（1）：22-28.

[10] ASE. 快速溶剂萃取仪提取持久性有机污染物（POPs）的应用（一）[J]. 环境化学，2012，32（1）：130-131.

[11] 王志，李洁，李振国. 加速溶剂萃取凝胶色谱净化气相色谱-质谱联用测定土壤中多环芳烃[J]. 光谱实验室，2009，26（4）：831-834.

[12] 方杰，王凯雄. 气相色谱-离子阱质谱法测定海洋贝类中多残留有机氯农药、多氯联苯和多环芳烃[J]. 分析化学研究报告，2007，35（11）：1607-1613.

[13] 薛海全，崔兆杰，杜世勇，等. 加速溶剂萃取/气相色谱-质谱法测定小麦中多环芳烃[J]. 中国环境监测，2011，27（3）：42-46.

[14] 毛婷，路勇，姜洁，等. 气相色谱/质谱法测定烧烤肉制品中 15 种欧盟优控多环芳烃[J]. 分析化学研究报告，2010，38（10）：1439-1444.

[15] 黄玉娟，吴春发，罗飞，等. 气相色谱法检测地下水中六六六、滴滴涕[J]. 环境监测管理与技术，2011，23（3）：81-85.

[16] 李国刚，等. 空气和土壤中持久性有机污染物分析方法. 北京：中国环境科学出版社，2008.

[17] 曾永平，倪宏刚. 常见有机污染物分析方法. 北京：科学出版社，2010.

第五章 持久性有机污染物的环境行为

POPs 的环境行为主要是由其物理化学特性和环境决定的，如 K_{ow} 反映了化学物质在水相和有机相间的迁移能力，S_w 与物质的吸附、迁移和富集行为密切相关，p_s 和 K_H 则反映了物质挥发性的大小。第二章中关于 POPs 的基本性质说明，POPs 具有很强的亲脂疏水性、持久性、生物蓄积性和半挥发性，这些特性是影响 POPs 在环境中的存在情况、行为及其变化规律的决定性因素。

持久性是 POPs 的一个重要特性。由于 POPs 性质稳定，对生物降解、光解、化学分解作用有较强的抵抗能力，因而难以被分解，进入环境中的 POPs 通过一系列复杂的物理、化学和生物过程等作用分配到大气、水体、土壤和沉积物等环境介质后，可以在水体、土壤和沉积物等环境中存留数年时间。

半挥发性是 POPs 的另一个重要特性。在环境温度下，POPs 易从各种介质中挥发到大气中，并以蒸气形式存在或者吸附在大气颗粒物上。气相中 POPs 很难发生降解反应，所以它们能够随着大气运动作长距离迁移。半挥发性的特征又使其不会永久停留在大气中，从而重新沉降到地球表面。POPs 在大气环境中不断地挥发、沉降、再挥发，通过"全球蒸馏效应"和"蚱蜢跳效应"可以沉积到地球的偏远极地地区，从而导致 POPs 在全球范围内的传播。

生物蓄积性亦是 POPs 的特性。由于 POPs 具有低水溶性、高脂溶性等特性，使它们易富集在脂肪中，而且能通过食物链进行传递和积累，从而导致大气、水和土壤介质中低浓度存在的 POPs 在生物体内富集，并能通过食物链的生物放大作用，对处于较高营养级的人类健康造成严重的负面影响。

第一节 单一介质中持久性有机污染物的环境行为

一、化学物质在环境介质中的环境行为概述

化学物质在环境介质中的转化和降解过程主要可分为两大类：一类是化学转化，包括

光解反应、水解反应和氧化还原反应等；另一类是生物转化，包括微生物的好氧、厌氧反应以及其他生物对化学物质的体内代谢过程。

1. 光化学行为

光化学反应主要是指在光的照射下，通过化合物的异构化、化学键的断裂、重排或分子间的化学反应产生新的化合物，从而达到降低或消除有机物在环境中的污染。大气光化学反应是大气反应的基础，对于大气环境中 POPs 的转化起着重要作用。而大部分天然水环境也暴露在太阳光的照射之下，光解反应对于水体中 POPs 的转化也具有一定的作用。

环境中发生的光解反应一般分为三类，即直接光解、敏化反应和氧化反应。

直接光解指的是化合物分子直接吸收光能，由基态变为激发态，然后在激发态下发生改变原来分子结构的一系列反应。只有吸收了光子的有机物分子才会进行光化学转化，这意味着光化学反应的先决条件是有机污染物的吸收光谱要与太阳发射光谱在环境中能被利用的那部分辐射相适应。

敏化反应又称间接光解，在这个反应过程中，光能首先被光敏物质所吸收，并将过剩能量转移到接受体分子上，导致接受体发生反应，而光敏物质又回到初始的基态。在敏化反应中，光敏物质起着类似催化剂的作用，其分子结构本身并不发生变化。

氧化反应指的是有机污染物与一些受光解而产生的氧化剂所发生的反应，也是一种间接的光解反应，这些氧化剂有纯态氧（$^1O_2$）、烷基过氧自由基（$RO_2 \cdot$）、烷氧自由基（$RO \cdot$）、羟基自由基（$OH \cdot$）。

2. 水解行为

水解反应是指在环境介质中，有机化合物分子 RX 与水分子的化学反应过程。在这类反应中，原来分子中的 C—X 键发生断裂并形成新的 C—O 键，通常是原来分子中的基团 X 被基团 OH 所取代，其反应方程式通常为：

$$R{-}X + H_2O \longrightarrow R{-}OH + X^- + H^+$$

水解反应是有机化合物在水环境中与水的重要作用，对有机化合物的环境归趋有重要贡献。当 POPs 发生水解时，亲核试剂（水或氢氧化物的离子）进攻亲电试剂，并代替有机分子上的剩余基团。

3. 氧化还原反应

氧化还原反应是反应前后有氧化数发生改变的反应。氧化数升高的物质发生氧化反应，该物质是还原剂；氧化数降低的物质发生还原反应，该物质是氧化剂。氧化还原反应是化学物质在环境介质中所发生的另一种常见的非生物转化过程，它对 POPs 的迁移、转化、归宿及其存在形式都有影响。

4．生物降解

生物降解是指有机化合物在生物所分泌的各种酶的催化作用下，通过氧化、还原、水解、脱氢、脱卤、芳烃羟基化和异构化等一系列的生物化学反应，使复杂的有机化合物转化为简单的有机物质或者无机物质（如 CO_2、H_2O 等）。影响生物降解的因素除了与生物本身的种类有关外，主要还由化合物的化学结构、毒性和所处的环境条件（如温度、pH、渗透压和有毒物的浓度）所决定。

环境中化学物质生物降解反应中占主导地位的一组生物是微生物，虽然一些高级的生物，如动物和植物也能代谢某些化学物质，但微生物却能将许多较高级生物所不能代谢的复杂有机化合物分子转化成无机物质。在 POPs 的生物降解中，大部分 POPs 对生物具有毒性，会抑制生物的生长，而且 POPs 的可生物利用率较差，导致进入生物体内的 POPs 降解速率十分缓慢，甚至降解不完全，而通过食物链的放大作用而累积在生物体内。

有机物在环境介质中的转化和降解过程见图 5-1。

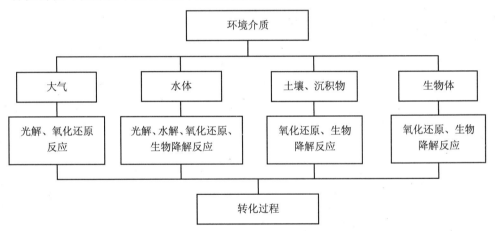

图 5-1　有机物在环境介质中的转化和降解过程

二、大气中 POPs 的环境行为

POPs 在大气环境中主要以两种状态存在，即以气体状态存在或者吸附在大气颗粒物上。一般来说，大气中的 POPs 比较稳定，不易降解，《斯德哥尔摩公约》将化学品在空气中的长程飘移标准设定为半衰期两天以上。大气中 POPs 的转化和降解主要有以下三类反应：

第一类，在到达地球表面的太阳光中含有波长＞290 nm 的紫外光，部分 POPs 在这部分光的照射下会发生直接光解作用，但光解反应的速率比较缓慢，降解效果并不明显；

第二类，在太阳光的照射下，大气中会产生具有较强的氧化性的微量自由基（如羟基自由基·OH），大部分 POPs 可以和·OH 发生光氧化反应，此类反应速率比 POPs 的直接光解反应速率快，在大气中 POPs 的降解反应中占主导地位；

第三类，大气中含有少量 O_3，它具有强氧化性，可与少部分 POPs 发生氧化反应。

1. 农药类 POPs 的环境行为

应用于农业上的艾氏剂和狄氏剂有相当大的比例进入到了大气中，然而降解、干沉降和湿沉降等作用降低了其在大气中的累积。如气相中的艾氏剂在太阳光作用下会发生异构化和环氧化作用，生成狄氏剂或其他物质；气相中的艾氏剂和狄氏剂会由·OH 引发降解反应；大气中的艾氏剂也可能与臭氧反应而发生降解。艾氏剂还会与大气中的 NO_2 反应生成狄氏剂。当艾氏剂和狄氏剂吸附到大气中的颗粒物上时，通常会更稳定，它们将很难参与大气中·OH 引发的反应。

大气中的 DDT 约有 50%吸附在颗粒物上，其余的约 50%存在于气相中。气相中的 DDT 能发生直接光解，而吸附到颗粒物上的 DDT 不易发生化学反应，因而可以导致 DDT 的长距离迁移。

大气中的氯丹可以通过光解和氧化两种作用进行降解。其中，反式氯丹比顺式氯丹更容易光解，氯丹的光解产物主要是顺式氯丹，它是通过质子迁移和碳—碳键的形成而产生的。除了光解之外，氯丹与·OH 的光氧化作用是去除大气中氯丹的另一种重要过程。

一般认为大气中的灭蚁灵十分稳定，很难与大气中的·OH 发生反应。大气中的毒杀芬亦不易降解，这种物质在大气中存留时间为 46～70 d，在极地的气体样品中检测出了未降解的毒杀芬。因为毒杀芬的生产过程包括氯化莰烯在紫外辐射下的暴露过程，所以毒杀芬对于直接光解有较强的抵抗能力。因此，当毒杀芬吸附在大气颗粒物上时很难发生直接光解作用。毒杀芬能与·OH 发生反应，其 $t_{1/2}$ 为 4～5 d。

七氯在太阳光照射下会发生直接光解作用，而且对光敏化反应也很敏感。植物表面的七氯环氧化物暴露在太阳光或者紫外灯下会转化成中间产物和最终光解产物。光解产物主要是酮类，与七氯环氧化物相比，中间产物的毒性得到了降低，而最终产物的毒性反而有所增强。

大气中的 HCB 会与·OH 发生光氧化反应，但其降解作用极其缓慢，对于大气中 HCB 的去除作用很小。当 HCB 在对流层时很难发生光解作用，十分稳定；而 HCB 在平流层中会发生光化学降解，其反应机制是低波段、高能量紫外光的光解离作用。

2. 工业化学品类 POPs 的环境行为

PCBs 在大气环境中的降解能力与联苯分子的氯化程度有关。大气中 PCBs 最主要的降解作用是与·OH 的光氧化反应，其中，光解半衰期随着氯原子取代数目的增多而增大。对于氯原子取代数目大于 6 的 PCBs，因为它们的蒸气压较低，很难将大量反应物质引入气相中，因而很难测定其反应速率常数。目前，对流层中 PCBs 的光解作用可以忽略。

3. 非故意生产的副产品类 POPs 的环境行为

大气中 PCDD/Fs 的基本转化反应与 PCDD/Fs 的存在状态有关。以气体状态存在的 PCDD/Fs 一般不与臭氧、硝酸盐、过氧化氢自由基反应，然而它们和·OH 的反应比较显著，尤其是对于氯原子取代数目低的同系物（氯原子取代数目<5）。大气中的 PCDD/Fs 可能也会发生直接光解反应，但 PCDD/Fs 与·OH 的反应占主导地位。

吸附在大气颗粒物上的 PCDD/Fs 主要是通过干/湿沉降去除的，其在大气中存留时间约为 10 d，而小范围的少量 PCDD/Fs 也会发生光解反应，但光解作用并不明显。

三、水中 POPs 的环境行为

由于 POPs 一般具有强烈的亲脂疏水性，因此释放到水体中的 POPs 大部分都吸附沉积到底泥中，只有很少一部分残留在水体中。水体中的 POPs 的转化和降解十分复杂，光解、水解、氧化还原和生物降解反应都有可能发生，其中光解反应最为重要。如 2,5-二甲基呋喃在阳光下的蒸馏水中并没有反应，但在含有腐殖质的天然水中降解很快，这是由于腐殖质可以吸收λ<500 nm 的光，吸光后引起 2,5-二甲基呋喃发生敏化反应。

1. 农药类 POPs 的环境行为

艾氏剂和狄氏剂主要存在于地表水中。在太阳光照射下，狄氏剂能转化成光狄氏剂；从湖水和湖底沉积物中分离出的微生物可以在厌氧条件下将狄氏剂转化成光狄氏剂；在海洋环境中，少量的狄氏剂能降解生成光狄氏剂。海洋中的杜氏藻属类藻对艾氏剂有很大的降解活性。

水中 DDT 的降解和转化作用主要有光化学降解、水解和生物降解等反应。由于短波长的光难以透射进入深层水体，所以 DDT 的光解作用主要发生在表层水中，并且与水体的透明度有关。水体中 DDT 的直接光解作用十分缓慢，反应半衰期大于 150 a。DDT 在碱催化情况下（pH=9）能发生水解反应，半衰期为 81 d，形成的产物主要是 DDE。DDT 也能发生生物降解反应，但降解效果并不明显。

氯丹在水中不会迅速降解，与降解作用相比，迁移作用可能是一种更快的去除机制。水体中灭蚁灵的降解作用主要是光解作用，主要的光还原产物是光灭蚁灵，当水中存在溶解的有机物质时会加快反应的速率。

毒杀芬在有氧的表层水中，对于化学转化和生物转化作用有较强的抵抗作用，通常不发生直接光解和光氧化反应，水解作用也不明显。在水中毒杀芬的去除过程中，吸附作用比生物降解作用重要得多。

HCB 在水中的生物降解作用和非生物降解作用都不明显，亦难以发生水解反应，而光解反应对于 HCB 的降解具有明显的作用，与水体中的 O_3 可以发生反应。

林丹在微生物的作用下降解非常缓慢，在碱性高的条件下可能会水解。硫丹在水生环境中不易发生光解作用；只有在 pH 值很高时，才会发生快速水解作用，而且也不容易发生生物降解。欧盟的风险评估报告中提出的硫丹在水中的降解模式为：母异构体直接或通过硫丹硫酸盐间接转化成硫丹二醇。硫丹二醇再降解成一系列相关的代谢物，包括硫丹醚、硫丹羟基醚、硫丹羧酸和硫丹内酯。此降解模式和硫丹在土壤中的降解模式一致。开蓬在化学特性和结构上与灭蚁灵十分相似，在环境中具有很高的持久性，不大可能发生水解或生物降解，而且直接的光解作用也十分有限。

2. 工业化学品类 POPs 的环境行为

由于 PCBs 为难降解性、高脂溶性的有毒物质，水中的 PCBs 可通过食物链进入人体。水解反应和氧化还原反应等非生物转化作用对于 PCBs 的降解作用影响不大，光解反应是 PCBs 非生物降解的最重要的过程。水中 PCBs 的生物降解速率取决于 PCB 同系物的分子结构和环境条件，其中表层水中的生物降解作用主要是好氧反应过程。由于一氯、二氯取代的 PCB 同系物比高氯取代的同系物更易溶解在水中，与高氯代物相比，低氯代 PCB 同系物发生好氧条件下的生物降解可能要容易一些。

3. 非故意生产的副产品类 POPs 的环境行为

PCDD/Fs 在水中难以发生水解反应，生物降解反应也很缓慢，光解是其降解的重要途径。在环境条件下，PCDD/Fs 的光解比较缓慢，但在适宜波长的紫外光照射下或有氢供体存在等条件下，其光解速率会加快。低氯代 PCDD/Fs 的光解速率一般要比高氯代 PCDD/Fs 同系物的光解速率快。PCDD/Fs 在太阳光照射下的光解反应速率与光强度密切相关，因此不同季节的光解半衰期不同。

四、土壤和沉积物中 POPs 的环境行为

环境中 POPs 大部分存在于土壤和沉积物（主要是有机质）中，土壤和沉积物中 POPs 浓度的微小改变即可对"彼邻"介质——空气和水中的 POPs 含量产生重要影响。影响土壤和沉积物中 POPs 浓度的过程主要有生物降解、挥发和"老化"效应。POPs 老化后会产生不可提取的残留物质，而且在化合物"老化"期间，化合物生物利用率降低。土壤中 POPs 的存在形式如图 5-2 所示。土壤中易提取、较难提取和不可提取的 POPs 的比例是随时间不断变化的。其中不可提取残留物可能是原始化合物，也可能是分解产物，不可提取残留物的存在可用放射性同位素标记化合物（在样品氧化后）进行测定。

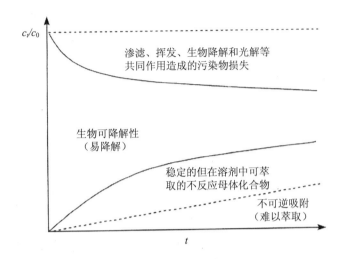

图 5-2 土壤和沉积物中 POPs 理论上的存在形式（Jones *et al.*，1999）

（图中 c_t 为 t 时刻浓度；c_0 为初始浓度）

土壤和沉积物中 POPs 的转化和降解作用主要是生物降解反应和少量的氧化还原反应，在深层土壤和沉积物中，由于 POPs 很难吸收到太阳光，这些物质几乎不发生光解反应；而土壤表面的 POPs 能发生光化学反应。与水中相比，生物降解作用对于土壤和沉积物中 POPs 的降解重要得多（尤其是对于高氯取代物），这主要有以下三个方面的原因：土壤和沉积物中存在的微生物比水中多；土壤和沉积物中的 POPs 有可能发生厌氧反应；土壤和沉积物中的 POPs 含量比水中高。

1. 农药类 POPs 的环境行为

在有好氧的活性生物的土壤中，艾氏剂可通过环氧化作用转化成狄氏剂。土壤中艾氏剂也能转化成艾氏剂酸。土壤中的狄氏剂对生物降解作用的抵抗能力比艾氏剂强得多。土壤中的艾氏剂和狄氏剂在紫外光照射下也可能发生光解反应生成光狄氏剂，降解程度与土壤的类型有关。生物降解作用对于土壤中异狄氏剂的转化和降解并不重要，其生物降解半衰期约为 14 a，因而在自然条件下，异狄氏剂对生物降解反应有较强的抵抗能力。土壤中的异狄氏剂还会发生光解和热转化反应，生成的产物是异狄氏剂酮和少量的异狄氏剂醛。

土壤中 DDT 的大量迁移和转化主要是由四种作用机制所引起，即挥发作用、农作物收获、水流排放和生物化学转化，其中前三种都是物质的迁移过程，最后一种是转化降解作用。土壤表面和吸附在沉积物上的 DDT 能发生光解反应，太阳光照射能加快土壤中 DDT 转化成 DDE 的速率。土壤中的 DDT 在好氧和厌氧条件下都会发生生物降解反应，其产物一般是 DDD 和 DDE，这两种物质依然是危险的有毒化合物。

氯丹在土壤中的存留时间一般在 20 a 以上，其转化和降解的途径主要是生物降解作用。土壤中灭蚁灵的降解转化作用主要是光解和厌氧生物降解反应，但是这两类反应速率都很缓慢。灭蚁灵对于好氧生物降解具有极强的抵抗能力，因此土壤中灭蚁灵存留时间较长，其半衰期约为 10 a。在紫外光照射下灭蚁灵会发生光解反应，产物主要是十氯酮和光灭蚁灵；太阳光照射下，灭蚁灵也能发生光解反应，但是反应速率比较缓慢。灭蚁灵的厌氧降解反应与土壤中铁（二价）卟啉有关，其中，铁（二价）卟啉作为脱卤反应的还原剂。

　　毒杀芬在好氧的表层土壤中十分稳定，如砂质黏土中毒杀芬的半衰期为 11 a，而厌氧条件下的毒杀芬会发生微生物降解。土壤中的七氯在微生物的作用下能发生缓慢的生物降解作用。HCB 在土壤中很难发生非生物和生物降解。

2. 工业化学品 POPs 的环境行为

　　PCBs 在好氧条件和厌氧条件下都能发生生物降解，这是土壤和沉积物中的 PCBs 降解转化过程中最主要的反应。在土壤表面 PCBs 也可能发生光解。而引起土壤中 PCBs 迁移的主要途径是挥发过程，生物降解、化学降解和可逆吸附都不能使 PCBs 明显减少。

3. 非故意生产的副产品类 POPs 的环境行为

　　光化学降解对有机污染物从土壤中的消失起到了显著作用，其中，光辐射强度、光谱分布、土壤水分含量及土壤深度是影响 PCDD/Fs 在土壤中的光化学降解的重要因素。此外，土壤中存在的一些有机物质可作为光敏剂（如有机质），通过光敏化反应的发生导致或加快有机污染物在土壤中的降解。土壤中 PCDD/Fs 的光化学降解一般发生在土壤/空气界面，即土壤表层 1 mm 内。

　　PCDD/Fs 在土壤表面的光解速率较慢，土壤上的固体 PCDD 对光很稳定。土壤和沉积物中的 PCDD/Fs 在一些微生物的作用下能发生一定程度的降解，如白腐真菌具有降解 2,3,7,8-TCDD 的能力。

五、植物表面 POPs 的环境行为

　　植物表面的角质层中含有许多疏水性有机物，如饱和脂肪化合物、长链酯、聚酯和石蜡等物质。因此，植物能吸附大气中的 POPs，吸附的部分 POPs 能迁移到植物叶面内部，进而达到和植物叶面吸附的 POPs 的分配平衡。由于植物表面蜡层对光的扩散作用和酚类化合物对光的吸收作用，光照射到植物表面可发生强烈的衰减。同时，植物叶面中的一些化合物（如色素和生物碱）也可能敏化光化学反应。与溶液中或玻璃表面光解速率相比，植物叶面上 POPs 的光解速率较小。

1. 工业化学品类 POPs 的环境行为

　　植物能富集环境中的 PCBs，吸附到植物表面的 PCBs 在太阳光的照射下能发生光化学反应。植物表面吸附的 PCBs 能被植物细胞所代谢，但代谢速率比较低，代谢的化合物也仅

仅可能局限于低氯代的 PCBs。植物的类型对于植物细胞代谢 PCBs 的能力有重要的影响。

2. 非故意生产的副产品类 POPs 的环境行为

由于植物对 PCDD/Fs 具有较强的吸附能力，因此植物中的 PCDD/Fs 被用来作为大气污染的生物指示物。植物表面的 PCDD/Fs 很难发生生物降解，在 PCDD/Fs 达到大气/植物表面的分配平衡后，植物表面发生的主要化学反应是光化学降解，光解主要发生在植物叶面角质蜡层中。植物表面上的光解也是影响 PCDD/Fs 从大气向食物链转移的重要途径。

第二节　多介质间持久性有机污染物的环境行为

人类生存的环境是一个由多介质单元（水、气、土、植物和动物等）组成的复杂系统。一般来说，当 POPs 从其发生源进入环境介质后，不会固定在某一位置，而是要发生稀释扩散，进行跨环境介质边界的迁移、传递和转化等一系列物理、化学和生物过程。通过这些迁移过程，POPs 能到达全球偏远的地区，进而造成全球性的污染。

水体中 POPs 主要以溶解在水中和吸附在悬浮颗粒物上两种状态存在，其中一部分溶解在水中的 POPs 能通过挥发作用进入大气中，吸附在水中悬浮颗粒物上的 POPs 则通过沉积作用沉降到底泥中。而土壤中的部分 POPs 可通过挥发作用进入大气中，还有部分 POPs 能和土壤中的有机质和固体颗粒物紧密结合，这些 POPs 能通过植物的根、茎、叶和种子等的吸收进入到食物链。大气中的 POPs 主要以气态和颗粒态两种形式存在，通过雨水冲洗和干、湿沉降向水体或土壤转移。图 5-3 形象地描述了 POPs 在多介质环境中迁移转化的各种途径，POPs 最终贮存场所主要是土壤、河流水体和底泥。

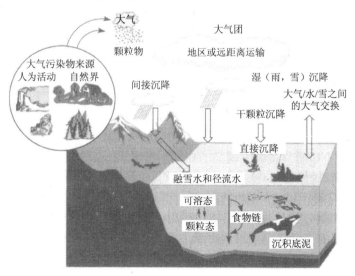

图 5-3　多介质环境间 POPs 的迁移转化途径（Ross *et al.*，2003）

一、跨介质转移

跨介质迁移是 POPs 在多介质环境中运动的重要形式。多介质环境具有不同的环境界面，如大气/水界面、大气/土壤界面、水/土壤界面等，POPs 在多介质环境中的分布主要是通过跨介质的迁移来实现的。以下主要阐述 POPs 在这些环境界面之间的环境行为。

1. POPs 在大气/水界面的环境行为

大气/水界面的物质传输是化学物质在多介质环境中跨介质迁移的基本过程之一，这种传输过程常常受风力、太阳辐射、降水等自然因素的影响，一般来说，主要包括污染物质从水中挥发到大气中、从大气中通过干/湿沉降作用进入到水体等环境行为。

（1）挥发

POPs 是半挥发性物质，挥发作用对于 POPS 在多介质环境中的迁移和归趋有重要的影响，其中 POPs 的挥发速率对于确定进入到大气中的 POPs 的数量水平、浓度及其变化都是必不可少的。一般来说，污染物在水/气界面的传输和迁移过程会涉及若干序列的步骤，这些步骤与水体类型有关，其中，每一个步骤都有它的特征速率、扩散速率或阻力，最慢的步骤将对整个挥发速率起支配作用。如表层水中的艾氏剂和狄氏剂会通过挥发作用进入到大气中，在 30℃无菌的去离子水中，艾氏剂的挥发半衰期为 5.8 d。狄氏剂的挥发半衰期稍长一些，约为 17 d。

（2）干沉降

干沉降一般包括气体干沉降和颗粒物干沉降，这里我们所说的干沉降只代表颗粒物沉降，它是指气溶胶颗粒物由于重力作用而沉降到地球表面。POPs 一般具有较低的蒸气压，容易吸附在大气中的颗粒物上，因此大气颗粒物成为了大气中 POPs 的重要载体。研究发现，PAHs、PCBs 等化合物都倾向于分布在较细的颗粒物上。干沉降的速率相当缓慢，这主要取决于大气层的紊动程度条件、气溶胶颗粒物的大小和性质以及地表的性质，如 PCBs 的沉降速率随分子量的增大和含氯原子的增多而减慢，随风速的增大而加快。大气颗粒物典型的沉降速率约为 0.3 cm/s 或 10.8 m/h，即 10.8 m/h×2×10^{-11}（体积比）×10^6 m^2=0.000 216 m^3/h，也就是说每年有 1.89 m^3 的沉降量。

POPs 的干沉降过程对人类健康主要有两方面的影响：一方面干沉降作用减少了吸附在颗粒物上的 POPs，从而减少了人体对大气中 POPs 的吸入风险；另一方面干沉降作用将 POPs 转移到了水体和陆地上，使得它们有可能进入食物链中，从而增加了人们对 POPs 的摄取风险。这两个因素中哪个更重要取决于污染发生的地区。在城市中，POPs 暴露的最主要的途径是吸入；但在农业区或者水生生态系统中，通过食物链摄取的途径更为重要。

（3）湿沉降

去除大气中 POPs 的湿沉降过程主要有两种形式：降雨和降雪。湿沉降作用对于去除大气中的 POPs 具有重要作用，通常一次湿沉降作用后大气中 POPs 的浓度减少为原先的 25%～75%。气态和颗粒态化合物的气固分配决定了在降水过程中被去除的程度，通常颗粒态 PCBs 比气态 PCBs 更易被降雨有效去除。降雪过程既可以清除吸附在冰雪颗粒上的气态 POPs，又能够通过碰撞捕获大气中的颗粒态化合物。对降雪沉降的研究大多集中在两极地区和高海拔的高山地区。

湿沉降并不能真正起到去除环境中 POPs 的作用，它只是将大气中存在的 POPs 转移到了水体或土壤中。因此在一些农业地区，通过湿沉降过程大气中的 POPs 会随着雨水进入农作物内，从而进入食物链中。

（4）大气/水界面物质交换模型

描述 POPs 在大气/水界面物质交换的基本模型是双膜理论。该模型由完整的水相、气相两相组成，各相均在大气/水界面存在的液膜和气膜两层薄膜中完全混合，在这两层薄膜内，POPs 的主要运动方式是分子扩散（如图 5-4 所示）。双膜理论的基础是假定 POPs 通过液相和气相边界层的物质通量和通过大气/水界面的通量相等，挥发速率与污染物在液相中的浓度成反比，与水相和气相中的紊动性质直接成正比。根据双膜理论和费克（Fick）定律，污染物从水中挥发出来的质量通量可表达为：

$$N = k\Delta C$$

式中，N——质量通量，$g/(cm^2 \cdot s)$；

　　　k——一级交换常数，cm/s；

　　　ΔC——化学物质跨过膜的浓度差，g/cm^3。

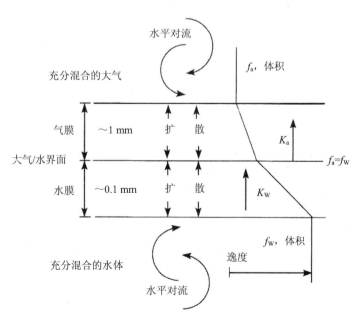

图 5-4　挥发过程的双膜理论模型示意图（Liss *et al.*, 1986）

在实际应用中，双膜理论存在一定的局限性，这是因为双膜理论假设溶剂（水）相表面是静止的，并且没有蒸发；这样溶质要通过蒸气的扩散才能向溶剂表面移动。这一假设仅适用于溶质的蒸发速度大于溶剂的蒸发速度的情况，当溶剂的蒸发速度接近或大于溶质的蒸发速度时并不适用。此外，双膜理论过分强调了溶质的扩散作用，而没有考虑溶剂也会发生扩散这一事实。

Mackay 等（1991）引入了逸度概念建立了大气/水界面物质交换模型，该模型不仅适用于分析 POPs 的大气/水界面物质交换过程，还适用于一般有机化合物。该模型主要考虑四个过程：① 通过挥发和反相吸附的扩散交换；② 气溶胶的干沉降；③ 化学物质的湿溶解；④ 气溶胶的湿沉降。在每一种情况下采用 D 值来表征其速率。

对于扩散，采用双阻抗性方法，空气和水边界层的 D 值通过下式计算：

$$D_A = k_A A Z_A$$
$$D_W = k_W A Z_W$$

式中，k_A——吸附传质系数；

k_W——蒸发传质系数；

Z_A——气膜的厚度，cm；

Z_W——水膜的厚度，cm；

A——面积。

2. POPs 在大气/土壤界面的环境行为

POPs 在大气/土壤界面的物质传输过程主要包括污染物质从土壤中挥发到大气中、从大气中通过干/湿沉降作用进入土壤中等环境行为。POPs 从土壤中挥发是污染物从土壤直接转移到大气中的一种常见过程，比如在农田中，喷洒的 OCPs 首先会附着在农作物和土壤的表面，然后由于挥发或蒸发作用，附着在作物和土壤表面的农药进入大气及雨水中，进而散布到其他所有环境介质单元之中。因此，研究 POPs 从土壤中的挥发过程，对于了解 POPs 在土壤中的残留量和停留时间，判断该污染物在大气中的含量和生态毒理效应，掌握 POPs 的环境归趋等方面都具有重要的理论和实际意义。

土壤作为一个整体，是指土壤固体物、土壤水和土壤空气组成的综合体。POPs 在土壤中存在着复杂的平衡过程，它从在土壤中的挥发过程机理要比水体的挥发过程机理复杂得多，其中会受到包括土壤性质、污染物性质以及环境条件等多种因素的影响。在挥发中主要涉及 POPs 的 p_s、S_w 和 K_{ow} 等性质；涉及的土壤性质主要是土壤的类型、团粒结构、孔隙度以及有机质含量等；涉及的环境条件主要包括温度、大气流速和地形特征等。

POPs 在土壤水、土壤空气和土壤固体物之间的分配和平衡是影响其从土壤挥发的关键过程，包括 POPs 在土壤固体物和土壤水之间的分配与平衡、土壤水与土壤空气之间的分配与平衡、土壤空气与土壤上方大气之间的分配与平衡。因此，挥发过程中 POPs 分子从土壤固相的吸附位置脱离出来而进入土壤空气的气相，最后进入大气中的速率取决于

POPs 和土壤的许多物理和化学性质，以及该 POPs 从一相到另一相的运动过程，这些因素主要包括吸附、POPs 的蒸气密度、土壤水的含量、土壤中有机质的含量、温度和环境条件等。

3. POPs 在大气/植物界面的环境行为

POPs 在大气/植物界面的交换对于这些物质进入食物链是一个重要的影响因素，同时也对 POPs 在全球的迁移有着重要的影响。影响 POPs 在大气/植物界面迁移的因素包括：POPs 的化学性质、环境因素（如温度、风速、湿度和光照）和植物的性质（如植物类型、叶表面积、表皮的结构和树叶的寿命等）。

植物表面含有多种疏水性有机物，因此植物表面能黏附和吸收大气中的 POPs。另一方面，大气中的颗粒物表面也吸附着部分 POPs，植物也能通过吸附大气中的颗粒物达到吸附 POPs 的目的。植物吸附污染物的数量，主要取决于植物表面积的大小和粗糙程度等。例如，云杉、侧柏、油松、马尾松等枝叶能分泌油脂、黏液，杨梅、榆、朴、木槿、草莓等叶表面粗糙、表面积大，具有很强的吸附大气中颗粒物的能力；女贞、大叶黄杨等叶面硬挺，风吹不易抖动，也能吸附大气中的尘埃；而加拿大杨等叶面比较光滑，叶面下倾，叶柄细长，风吹易抖动，滞尘能力较弱。当植物吸附了大气中的 POPs 和颗粒物后，除了部分 POPs 进入植物内部，疏水性的 POPs 将在大气/颗粒物、大气/植物和植物/颗粒物等界面进行迁移，进而达到分配平衡。降雨能淋洗植物表面的 POPs 和吸附的颗粒物，经过淋洗后的植物又能重新吸附污染物和颗粒物。

4. POPs 在水/沉积物界面的环境行为

水/沉积物界面是在水环境中水相和沉积物之间的转换区，是水环境的一个特殊而重要的区域，是底栖生物栖息地带，也是水生生态系统的重要组成部分。POPs 污染物质在该界面的传输既可以以水中的溶解态进行，又可以以颗粒物上的吸附态进行，还可以通过生物体进行。因此，POPs 在该区域的积累和传输，很大程度上影响着该污染物的物理、化学和生物行为。POPs 在水/沉积物界面环境行为是目前国内外关于沉积物学和水环境学领域的热点课题之一。

由于水/沉积物界面是水和沉积物之间的相互交叉，它们之间没有十分明显的分界线，所以可以将水/沉积物界面规定为具有一定厚度和复杂结构的区层。根据污染物的传输途径，还可以将水/沉积物从下向上依次分为浸出区、亚扩散层和紊动区三个区层。在浸出区，被吸附在沉积物固体颗粒上的化学污染物解吸出来，进入底泥间隙水的溶液中，由于分子扩散作用，污染物的分子通过浸出区向上运动，进入亚扩散层。在亚扩散层，污染物在分子和紊动扩散联合作用下进一步向上运动，进入附着边界层的紊动区。在紊动区，污染物通过紊动扩散而进入到上部水体之中。

POPs 在水/沉积物界面的传输是通过沉降、扩散、弥散、吸附、解吸、化学反应和底栖生物的作用等过程完成的。化学污染物通过水/沉积物界面运动的速率，一般随这些污染物在沉积物和水柱之间的逸度差的不同而变化，但是其动力学系数主要取决于影响迁移的实际交换过程。在界面上迁移的速率主要受化学污染物在底部沉积物中的迁移过程所支配。POPs 是疏水性有机污染物，沉积物的吸附可以大大地减缓这些污染物在孔隙水中的运动，因此对于这种类型的化学污染物，通过沉积物的迁移是占优势的。

（1）吸附作用

POPs 在沉积物上的吸附是一种固液分配过程，由于 POPs 的高度憎水性，它们的环境行为将强烈地依赖于吸附现象。吸附的程度不仅影响 POPs 在环境中的迁移，而且在 POPs 的光解、水解、挥发以及生物降解等环境归趋中也是一个重要影响因素。因此，模拟 POPs 污染物质在沉积物上的吸附过程，建立吸附/解吸作用的机理模型，测定与吸附相关的能量平衡及速率，对于了解水生生态系统中有毒污染物的分布状态、定量描述有毒污染物在水体和沉积物之间的交换通量具有非常重要的作用。

根据吸附质与吸附剂之间相互作用的不同，吸附作用可以分为固体表面的吸附过程和在有机质中的分配过程。吸附现象的发生源于吸附质与吸附剂分子间的相互作用力，这些作用力可以分为分子间相互作用力、库仑引力和路易斯酸碱作用力三类。根据分子间作用力的不同，吸附可以分为物理吸附、化学吸附和静电吸附三类。吸附类型与作用力关系见表 5-1。

表 5-1　吸附类型与作用力的关系

吸附分类	作用力类型
化学吸附	共价键、氢键
静电吸附	库仑力、离子-偶极作用力
物理吸附	取向力、诱导力、色散力

吸附质、吸附剂的组成与结构以及能够影响它们之间相互作用的各种因素都可能对吸附作用的类型和动力学产生影响。吸附质在溶液相和吸附剂之间最终达到的平衡扩散是由相应的能量平衡决定的，当达到热力学平衡时，吸附质在两相中的化学势相等，它在溶液相和吸附相之间无净的相迁移过程发生，由此可以推算出该溶质的吸附常数。对于一个给定体系，达到平衡时的吸附量与温度、溶液中吸附质的平衡浓度有关。平衡吸附量与平衡浓度之间的关系称为吸附等温线，它常被用来描述吸附质在溶液与吸附剂之间的分配平衡。虽有一系列吸附等温线模型提出，然而由于每个模型都有各自的假设，因而各种吸附等温线关系模型都有其自身的局限性。其中，弗罗因德利希（Freundlich）模型和朗格缪尔（Langmuir）模型是常用的两个经典模型。

Freundlich 方程为：

$$C_s = KC_W^{1/n}$$

式中，C_s——每克沉积物所吸附的污染物的量；

　　　C_W——吸附系统达到平衡时水中污染物的浓度；

　　　n，K——在一定浓度范围内表达吸附方程的经验常数。

　　Freundlich 方程中的 $1/n$ 称为吸附指数，一般认为 $1/n$ 在 0.1～0.5 时，容易吸附；当 $1/n > 2$ 时，则难以吸附。应用 Freundlich 方程处理和归纳实验数据时，简便而准确，有很大的实际意义，但该式只适用于中等浓度的溶液。

　　Langmuir 认为固体表面由大量的吸附活性中心点构成，吸附只在这些活性中心点发生，活性中心的吸附作用范围大致为分子大小，每个活性中心只能吸附一个分子，当表面吸附活性中心全部被占满时，吸附量达到饱和值，在吸附剂表面上分布被吸附物质的单分子层。根据此假设推导出如下的 Langmuir 方程：

$$C_s = \frac{KC_W}{K_m + C_W}$$

式中，C_s——每克沉积物所吸附的污染物的量；

　　　C_W——吸附系统达到平衡时水中污染物的浓度；

　　　K，K_m——经验常数。

　　Langmuir 吸附等温式适用于各种浓度溶液，式中每一数值都有明确的物理意义，因而应用更广泛。

　　对于水环境中痕量污染物在沉积物上的吸附，可以近似认为是线性吸附。在吸附过程中，吸附的程度由热力学所决定，而吸附的速率由吸附动力学所决定。虽然动力学模型假设了动力学平衡条件和完全可逆，然而，在某种程度上，解吸过程是缓慢的，且与有机物在固体上的吸附时间有关，因而由吸附/解吸中能量的变化可以更好地理解其动力学过程。

　　水体中的颗粒物是由生物和非生物粒子组成的异质性混合物，来源广泛。由于它们的粒径较小，有些粒子长期悬浮于水中，它们对于非离子态憎水性有机物的归趋与转化起到了很重要的作用。进入水体中的 POPs，主要吸附在悬浮颗粒物上，悬浮颗粒物中 POPs 的含量是底泥中的 4～10 倍。POPs 在水中的吸附程度正比于悬浮颗粒物中有机碳含量，而有机碳含量和水体深度有关。

　　如 PCBs 优先聚集在小颗粒上，低氯代的 PCBs 主要吸附在大颗粒（$\varphi > 63\ \mu m$）上，而高氯代的组分则吸附于小颗粒上（$\varphi \leqslant 63\ \mu m$）。胶体对于 PCBs 的吸附也有明显影响，在沉积物孔隙水中，40%～80%的 PCBs 被胶体有机碳吸附。随 PCBs 溶解度的下降和氯代程度的提高，PCBs 与胶体的作用加强。由于胶体的存在，PCBs 在孔隙水中的浓度常常超过它的溶解度。这种吸附降低了 PCBs 的生物可利用性，增加了它的流动性。随底泥深度增加，PCBs 与胶体之间的作用也加强，影响了其在底泥中的分布。温度对 PCBs 在沉积物中的吸附/解吸也有重要影响，在夏季，它从沉积物到水体的迁移水平高于冬季。

（2）底栖生物的作用

水/沉积物界面是底栖生物的生存环境，底栖生物主要分布在底泥表层的 $0\sim10$ cm 处。它们既是水/沉积物界面的重要组成部分，又会对水/沉积物界面的物质传输产生影响。底栖生物一般分为底栖动物和底栖植物两大类，它们是水生生态系统的重要组成部分。底栖动物是指生活在水环境的底泥内或底部沉积物上的动物生态类群，如在海底匍匐爬行的棘皮类、附着生活的腔肠类、穿入底泥的软体类以及蠕虫类等。底栖植物是生长在水/沉积物界面的植物生态类群，如藻类及少数的种子植物。底栖生物对水/沉积物界面的 POPs 传输过程所起的作用主要有扰动作用、好氧作用、固定作用、生物膜作用和富集作用。

底栖生物的扰动作用导致了表层污染底泥的疏松，加速了沉积物的再悬浮，并改变污染物在沉积物上的吸附和解吸之间的平衡状态，从而导致了污染物从底部沉积物向水体的迁移；这种扰动作用同时也加速了底泥间隙水和上部水柱相之间的对流作用，从而引起污染物从间隙水向水柱的扩散。底栖生物除了对水/沉积物界面起到扰动的物理作用之外，还会改变该界面的化学条件。底栖生物在它的新陈代谢过程中，要吸收 O_2，呼出 CO_2，从而消耗底部沉积物中的 O_2，降低了底泥中的氧化/还原电位，因而在有机物的矿化过程中，会产生一系列的还原产物。

底栖生物对底部沉积物中的污染物有固定作用。对五氯苯、HCB 等疏水性有机污染物在生长有寡毛类环节虫的底泥沉积物中的迁移与由于分子扩散所引起的迁移之间的比较研究发现，在含有稳定种群寡毛类环节虫（$10^4\sim10^5$ 个体/m^3）的微生态系统中，污染物在生物活动的表层沉积物中的迁移完全是由寡毛类环节虫的作用调节的。最初吸附在沉积颗粒物上的污染物重新进行分布，或者在寡毛类环节虫生存的渣滓层带内部循环，而与污染物的逸度无关。底栖生物之所以有这种固定作用，是因为寡毛类环节虫在它的新陈代谢过程中会使底泥沉积物形成一粒粒的小弹丸，这种弹丸可将吸附在沉积物上的污染物来裹在内部，从而大大减缓了污染物从沉积物向上部水柱的释放过程。

在底栖生物的食物链中，底泥中的碎屑是底栖生物摄食的重要来源。如前所述，水/沉积物界面的区域又是污染物集聚的地方，因此在这里底栖生物对污染物的富集作用要比上部水柱中大得多。

（3）水/沉积物界面的物质交换模型

水/沉积物界面的物质交换模型较为简单的是稳态模型和随时间变化的动态模型。稳态模型是一种简单的质量平衡模型。在该模型中，沉积物是作为污染物简单的"汇"，假定污染物的沉降相对于污染物输入的分数是恒定不变的，或者关于水中污染物的浓度的变化是一级动力学过程。简单的质量平衡模型由关于质量平衡的描述清单发展到预测模型，这需要关于污染物停留时间的经验模型。一般的稳态模型表示如下：

$$\frac{dC_S}{dt} = K_2 C_S \theta^{T-20} - K_1 C_S$$

式中，C_S——温度 T 时污染物在水柱中的浓度；

K_2——扩散系数；

K_1——悬浮颗粒物的沉降速率常数；

T——热力学温度；

θ——温度系数；

t——时间。

在某些情况下，来自沉积物的污染负荷会超过外部来的负荷，这可能会延迟停止外部负荷之后所预期的恢复时间。在这种情况下，上述的稳态模型就不再适用了，因此，不仅应把沉积物看做是污染物的"汇"，而且还应把它作为一种"源"。如果必须要预测变化负荷的时间响应的话，则应在模型中将沉积物作为一个状态变量来处理，即随时间变化的模型或动态模型。简单动态模型的数学表达式为：

$$\frac{dC_S}{dt} = K_2 C_E V_S \theta^{T-20} - K_1 C_S$$

$$\frac{dC_E}{dt} = K_1 C_A - K_3 C_A V_S \theta^{T-20}$$

$$\frac{dC_S}{dt} = K_3 C_A V_S \theta^{T-20} - K_2(C_S - C_I) - K_N(C_B - C_I)$$

式中，C_S——温度 T 时污染物在水柱中的浓度；

C_E——沉积物态可交换污染物的浓度；

V_S——沉积物活性层的体积；

K_2——扩散系数；

K_1——悬浮颗粒物的沉降速率常数；

C_A——活性层中可交换污染物的浓度；

C_I——沉积物间隙水中污染物的浓度；

C_B——吸附在沉积物上的污染物浓度；

K_3——污染物的矿化速率常数；

K_N——污染物在间隙水和固体沉积物之间吸附或解吸常数；

T——热力学温度；

θ——温度系数；

t——时间。

二、全球归趋机制

POPs 的生产和使用主要集中在热温带地区，但研究却发现 POPs 已遍布世界的每个角落，即使在偏远的海洋、沙漠和南北极都可监测到 POPs 的存在。而更引起人们关注的是在基本没有工农业生产，基本不用 POPs 的极地生态系统中却监测到了较高浓度的 POPs，这是因为 POPs 具有半挥发性，在沉积之后有再次挥发的倾向，这一现象高度依赖于周围环境（尤其是温度）和 POPs 的物理化学性质。正是这些特性导致了 POPs 在全球的分布，并通过"一次跳跃"和"多次跳跃"途径到达极地。关于 POPs 的全球迁移和归趋目前提出的主要有两种机制：全球蒸馏和蚱蜢跳效应。

1. 全球蒸馏

Goldberg 在 1975 年提出了"全球蒸馏"的概念，他用这个概念来解释 DDT 通过大气传播从陆地迁移到海洋的现象；Wania 等在 1993 年用"全球蒸馏"的概念成功地解释了 POPs 从热温带地区向寒冷地区迁移的现象。从全球来看，由于温度的差异，地球就像一个蒸馏装置，低、中纬度地区温度较高，高纬度地区和极地地区温度较低。假如有一种半挥发性的 POPs 释放到热带/亚热带地区，较高的温度促进了挥发作用的进行，使得 POPs 易进入大气中。当这些物质迁移到中纬度地区时，因为温度的降低，POPs 会沉降到地球表面，进而进入到土壤、水和植物中，当到了夏天温度有所升高时，这些物质可能重新挥发进入大气中。这一过程将持续进行，直到其到达高纬度地区，由于这些地区的温度很低，无法促进挥发作用，导致在高纬度地区的富集。从全球范围来看，就形成了 POPs 从热带地区向两极地区的跳跃式迁移过程，长此下去，两极地区势必成为全球 POPs 的最终归宿。同时在两极地区生活的人们主要以高脂肪的动物作为主要的食物来源，同时本身也需要较高的脂肪含量来抵御严寒，由于 POPs 具有强烈的亲脂性，该地区人们的健康受到更大的威胁。因此，POPs 的全球迁移问题已经受到了广泛的关注。

POPs 向寒冷地区的迁移程度取决于其挥发性，挥发性较高的 POPs（如低氯代的 PCBs 等）会停留在大气中并进行快速的迁移，因而有较大的移动性，对极地的影响也较大；挥发性较低的 POPs（如 DDT 等），则会停留在地面，因而在低纬度地区显得更为重要，图 5-5 描述了这一过程。POPs 全球蒸馏作用的发生是 POPs 的物理化学特性和 POPs 在环境中的易变性之间相互作用的结果。

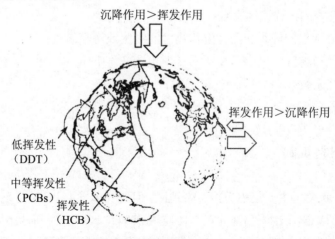

图 5-5 POPs 的全球蒸馏效应（Halsall，2001）

2．蚱蜢跳效应

在 POPs 长距离迁移到地球两极的过程中，主要发生了两种作用：第一种是全球蒸馏作用，其作用时间以年计；第二种是跳跃性迁移（即"蚱蜢跳效应"），其作用时间以天计。

从土壤进入大气中的 POPs 要经历一次跳跃就必须完成一个完整的沉降/挥发循环。在一个大气-土壤体系中，对于最初在大气中的物质而言，它所经历的跳跃次数等于挥发作用发生的次数。相反，对于最初在土壤中的物质而言，它所经历的跳跃次数等于沉降作用发生的次数，图 5-6 示意进入大气中的一种物质，发生了沉降作用，但没有发生挥发作用，它所经历的跳跃次数可认为是半次。

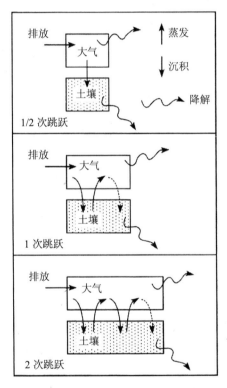

图 5-6　跳跃次数的定义示意图（Gouin *et al.*，2004）

跳跃效应的重要性在于它与化学物质的长距离迁移行为、位置之间的联系。当一个污染源停止向大气中排放污染物，则由该污染源产生的大气中的浓度将快速降为零；当某种物质（例如 POPs）在环境中会经历一次或多次跳跃，则由于它的半挥发性和持久性，在其浓度下降前会有一个较长的延迟时间。根据化学物质的稳定性及其在土壤中的存留时间，迁移过程可能会经历很多年的时间。

通过观察 POPs 浓度的逐日变化和季节性变化，其变化不随污染物排放速率的变化而改变，明显地证明跳跃作用的存在。通过观察 POPs 的纬度浓度变化，亦可说明跳跃作用的存在。

3. POPs 全球归趋的其他影响因素

（1）"大气稀释"作用：能将 POPs 从释放源带到从未使用过 POPs 的清洁地区。

（2）物理去除过程：通过物理作用将 POPs 从一相转移到另一相，如部分 POPs 通过吸附从水相转移到土壤和底泥之中，这部分 POPs 通常不参与全球迁移。

（3）化学反应：POPs 在大气中会发生部分光解，同时可与大气中通过光化学反应产生的·OH 等强氧化剂反应，降解速率更快。这类化学反应会大大缩短 POPs 的半衰期。

（4）在水、土壤、食物链中也能发生一定程度的生物降解、光解等反应，这部分 POPs 也不参与全球循环。

（5）对空气-界面交换过程的一些限制因素。

以上因素的共同作用能够缓解 POPs 在两极的累积趋势。尽管存在全球蒸馏效应，但是许多 POPs 在极地地区的残留量正在逐年减小，但减小速率比其他地区小，这可能也与近年来全球范围内对 POPs 生产和使用的限制有关。

第三节　持久性有机污染物的多介质环境模型

多介质环境模型是在传统的单介质环境数学模型和多介质环境过程深入研究的基础上发展起来的一类较为复杂的环境数学模型。建立多介质环境模型可将不同环境介质中发生的作用联系起来，并用一致的数学框架去分析这些过程之间的相互作用，有助于我们更好地理解 POPs 的环境行为和归趋。

建立 POPs 的多介质环境模型的目的主要有两个：一是计算实际环境中 POPs 的浓度和质量通量，这就要求模型计算建立在实际排放数据基础上，计算结果可以和监测结果进行比较，并应用于 POPs 的风险评价方面；二是研究 POPs 环境行为和归趋的基本原理，例如相分配、化学转化作用和长距离迁移之间的相互作用，对排放情况作出相应的理想化的假设，其优点在于不会由于缺少排放数据而受到阻碍。

一、多介质环境模型的基本原理

多介质环境模型是研究多介质环境中介质内及介质单元间污染物迁移转化和环境归趋定量关系的数学表达式，其主要特点是可以将各种不同的环境介质单元同导致污染物跨介质边界的各种过程相连接，并在不同模型结构的水平上对这些过程实现公式化和定量化。

1．基本要素

在多介质环境模型的数学式中，包括五个基本组成要素：

（1）外部变量。这是影响多介质环境系统状态外来特征的变量或函数表达式。在多介质环境系统中，污染物的输入、燃料的消耗、温度、太阳辐射和降雨等都是外部变量。模型的外部变量的改变将引起环境系统状态的变化。

（2）状态变量。状态变量是指多介质模型中出现的用来描述系统状态特征的变量。状态变量的选择对于模型的结构至关重要，例如，在模拟湖泊富营养化的多介质环境模型中，浮游植物和各种营养物的浓度都是状态变量。

（3）生物、化学和物理过程的表达式。在多介质环境模型中一般会含有由数学方程的形式表示的在多介质环境系统中发生的各种生物、化学和物理的过程。这些过程的表达式会将两个或两个以上的状态变量相联系，或将外部变量与状态变量相联系。

（4）模型中的参数。在多介质环境系统中，表示所发生过程的数学表达式一般都会含有一些系数。对于特定的多介质环境系统，这些参数可以看做是常数。但是通常模型参数都会随着环境系统的不同而有所不同，因此，在实际应用中，常常需要对参数进行校正或进行直接的实验测量。

（5）通用常数。在多介质环境模型中，常常会含有一些不随环境系统变化的通用常数，如摩尔气体常量和化学物质的 M_r 等。

2．分类

通常将多介质环境数学模型分为：①研究模型和管理模型；②确定模型和随机模型；③箱式模型和矩阵模型；④稳态模型和动态模型；⑤分布模型和集总模型；⑥线性模型和非线性模型。

3．建立过程

建立多介质环境模型主要包括以下几个步骤：

（1）模型的概化

对模型进行概化时，需要确定模型在时间和空间上的大小，将所研究的系统描述为多个分立因素的连续区域，即将它分为具有一定形状、大小和体积分量空间关系的一个网络。

（2）模型的求解技术

建立模型的过程中，选择求解技术，变换模型的函数表达式为适合于求解的形式，形成有实用价值信息的输入和输出，可应用这些信息来解决实际问题。目前常用的多介质环境模型的求解技术包括解析解和数值解两种方法。

（3）模型的结构识别

进行模型的结构识别时，需要确定表征系统响应的参数及模型的参数结构，用数学的方法来描述每一个分量的过程和功能，确定在其范围内必须进行模拟的边界条件。根据所取得的资料数据进行初步的分析判断，选定包括一定项目的模型，然后根据某些数学方法和判别标准，对其进行识别和检验，看它是否代表系统动态的真实情况。

（4）模型参数的确定

模型参数是多介质模型计算的基本要素之一，模型能否实际应用，在很大程度上取决于能否获得准确可靠的模型参数。目前，确定多介质环境数学模型参数主要有两类方法，即实验测定法和结构-活性/性质定量关系计算法。

（5）模型的验证

当建立了多介质环境模型后，如果所建立的模型仅对一套数据具有重现性，还不能说它已经具备了预测的能力。在建立模型的过程中，一般都要作一系列的假设，这些假设与实际情况可能存在一定的差别。在取得数据之后，由于受到误差的干扰，也可能使参数确定结构产生误差。因此，所建立的模型能否真实地反映实际情况，必须使用新的现场观察数据来检验模型的有效性。

（6）模型的灵敏度和不确定性分析

模型的灵敏度是指模型输出对模型参数的响应，灵敏度分析的任务是确定模型输入量的变化对预测结果的影响。关于多介质环境模型的灵敏度分析一般都是通过系统地改变所有不同的参数值，代入模型进行计算，将计算结果与模型参数的改变量进行相关分析，以便得到模型灵敏度的关系式。这种过程在模型具有大量参数时，非常耗时，因此，需要发展更系统的数学方法将参数灵敏度的影响定量化，以便得到简单可靠的灵敏度分析方法。

不确定性分析是研究模型输入的不确定性对预测结果可靠程度的影响。尽管许多表征环境质量的参数是随多介质环境的状态变量而变化的确定性函数，但是模拟多介质环境质量变化的数学模型都是非线性的系统，它的解会表现出一定的随机特征，因而所描述模型过程往往会表现出一定的不确定性。目前常用的研究环境模型不确定性的方法包括随机模型、模糊数学和灰色系统三种方法，其中蒙特卡罗（Monte Carlo）分析法已经成为广泛接受的分析多介质环境模型不确定性的工具。

4. 两类主要的多介质环境数学模型

（1）箱式模型

多介质环境的箱式模型最初是由 Cohen 等（1985）在研究多介质环境中三氯乙烯分布时所提出来的。箱式模型把研究对象（如水域、区域大气等）看作为一个或若干个独立的空间体，假定在其内部各种物质均匀混合，并发生反应（如物质衰减等），各个箱子之间按照一定的形式（如推流、扩散等）存在物质交换。根据每一个箱子的质量平衡关系，可以写出其质量平衡微（差）方程式，联立求解微分方程组可以求得每一个箱子中的物质浓度。多介质环境箱式模型概念清楚、建模容易，能稳态地预测所给出的结果，对在污染物危险性评价中的筛选分析具有十分重要的作用，被广泛应用于水体和大气的质量模拟与污染控制中。

Cohen（1986）用箱式模型对苯并[a]芘在大气/水环境介质中动态分布行为进行了研究，该多介质环境模型中主要包括了大气/水界面气体的质量迁移、气体污染物的雨水淋洗、束缚在颗粒物上污染物的雨水淋洗以及由于干沉降污染物到达地表水面的迁移四个子模型，主要功能是给出了污染物在多介质环境的均匀单元（或称箱）内的动态分布。

（2）逸度模型

逸度指的是逃离或脱离倾向，即一种物质离开某一相而进入另一相的趋势。对理想气体或低压下近似的理想气体来说，逸度等同于气压或分压。如果某化合物在环境系统中各介质的逸度相同，则该化合物达到了平衡；如果逸度不同，则化合物由高逸度向低逸度移动。相同的逸度可以对应于不同的浓度值。

作为平衡标准，逸度比分压简便，逸度可以用于水、土壤及水生物等非气体状态而不必考虑这些状态气压不存在的问题。逸度通常与化学物质浓度呈线性关系，可用"逸度容量"来表示这种线性关系。

$$c = fZ$$

式中，c——化学物质的浓度，mol/m^3；

$\quad\quad f$——逸度，Pa；

$\quad\quad Z$——在给定的逸度下，某一介质所能容纳化合物的能力。

某介质具有较高 Z 值的状态表示容纳（分解）化合物的能力较大，化合物倾向于滞留在具有高 Z 值的介质中。Z 值的大小取决于化合物的物理化学性质、所在的环境介质、温度与压力（可忽略）等。

逸度模型是以逸度概念为基础，通过质量平衡方程式，描述化合物在环境系统中的行为，成功地应用到全球、地区与局部环境中，具体包括湖泊、河流、水中生物、污水处理、植物与土壤。逸度模型的优点主要有：只需要污染物的理化性质及环境参数，模型的计算与求解比较简单，且适用于由任意多个环境介质构成的环境系统；逸度模型以热力学原理为基础，许多参数可以直接由热力学计算获得，减少了实验测定工作；利用逸度模型中的各种动力学和平衡参数可以比较各种迁移、转化和降解过程的速率，确定污染物在环境系统的主要变化过程，并合理解释模型的输出。图 5-7 给出了一个表示多介质环境逸度模型应用于陆生植物中化学物质运动规律的模拟情形。

根据多介质环境系统的状态，逸度模型可分为 I，II，III，IV 级。

I 级逸度模型最为简单，它是假定环境系统中化合物的量不变，系统内既无化学反应，又无物质的流入和流出，是平衡、稳态、非流动系统。在现实的环境系统中，化合物的量不会保持恒定，通过迁移转化等过程会导致化合物减少，因此，化合物的生命期或持久性是有限的。

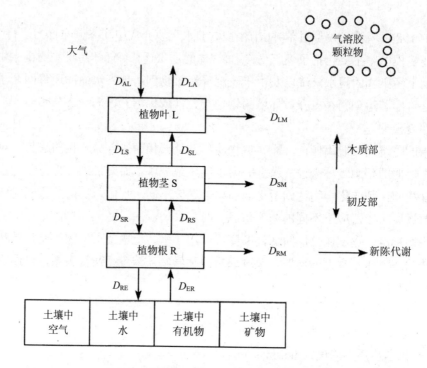

图 5-7　逸度模型示意图（叶常明等，1994）

Ⅱ级逸度模型模拟的是化合物排放到系统中，系统产生降解反应或迁移等过程，使系统达到稳态与平衡。系统内既有化学反应，又有物质的流入和流出，但物质的总量保持不变，是平衡、稳态、流动系统。

Ⅰ级、Ⅱ级逸度模型均假定化合物在不同介质中达到了平衡，即具有相同的逸度。但在实际环境中，当化合物被排放到某介质中后，在被降解或迁移前，可能没有足够的时间迁移到另一介质而达到平衡状态。

Ⅲ级逸度模型假定系统内污染源排放稳定，物质在各介质间处于非平衡状态（即存在逸度差），系统内既有化学反应，又有物质的流入和流出，通过各种扩散与非扩散过程，引入了中间传输系数，使模型更符合实际，是非平衡、稳态、流动系统。在Ⅲ级逸度模型中，各介质的逸度不同，每一介质中的化合物浓度和数量可根据其逸度值推算出来。

Ⅳ级逸度模型假定系统内污染源排放不稳定，物质在各介质间处于非平衡状态，描述化合物在环境系统中的动态行为，即系统对于变化的输入的反应，是非平衡、非稳态、流动系统。Ⅳ级逸度模型较全面地考虑了污染物在整个环境系统中的迁移、转化过程，其优点在于既能适应非稳定污染源的排放，又能给出环境系统对污染物排放的响应时间。

二、POPs 的多介质环境模型

1. POPs 的特性与环境模型

一般认为，模型的特性是由所研究的物质的性质决定的，因而 POPs 的性质会影响描述 POPs 存在和行为的模型。以下主要介绍 POPs 的其中三个特性对 POPs 环境模型的影响。

（1）POPs 普遍存在于多介质环境中，POPs 模型需要考虑多介质环境

POPs 可以分配在大气、水和有机相中，因而可以在不同相之间发生迁移，如通过沉降和挥发作用在大气和地面间循环。POPs 的分配行为可通过多个分配系数 K_{AW}、K_{OW}、K_{OA} 较好地得到解释。在水/生物体两相模型中，K_{OW} 是占主导地位的参数；大气和气溶胶、植物、土壤之间的分配，用 K_{OA} 来描述，这个参数也提供了 POPs 从陆地迁移到大气中的容量性质。在质量平衡模型中，POPs 分别在气相、水相及有机相中的总量均应考虑到。

POPs 具有易在多相环境中分配并能在不同相之间进行迁移的特性，这要求建立 POPs 的多介质环境模型。建立 POPs 的模型时，必须考虑化学物质的多介质性。而单一介质模型，例如大气扩散模型和水柱模型，对于 POPs 来说，所得出的结果都不完整。例如，若要建立湖泊中的 POPs 模型，就需要对陆地表面的 POPs 通过大气迁移进入水体，然后再进入鱼体和沉积物的传输途径进行定量表述。在一定程度上，对 POPs 在相间迁移的定量表述比相内迁移更为重要，比较重要的环境界面主要是大气/水界面、大气/土壤界面、水/沉积物界面和各种各样的生物界面。

（2）POPs 具有持久性，POPs 模型中需要引入分配平衡和稳定不变的设想

对于 POPs 来说，生物降解、光解、氧化还原反应和水解的反应速率比较缓慢，甚至不反应，因此 POPs 可以在环境中持久存在。POPs 在环境中的存留时间比较长，它们有"充分的时间"达到在各环境介质间的分配平衡，这就表示能达到一种稳定不变的状况。POPs 比其他污染物更容易达到上述分配状态也是因为它们在排放到环境中之前，已经历了相当长的一段时间。因此，建立 POPs 在环境中的分布和归趋的模型通常要引入分配平衡和稳态假设。

（3）POPs 的测定比较困难，POPs 模型倾向于较低的时空分辨程度

测定环境中的 POPs 比较困难，费用也比较高，因此无法达到在一个较高的时间、空间分辨程度上测定其浓度和通量。目前可以得到的 POPs 浓度在时间上最低分辨程度为小时。在北美五大湖区域，大气沉降监侧监测网络是目前世界上最全面的 POPs 采样网络，但是其采样点仍不超过 5 个。因此，在高的时空分辨程度上没有 POPs 浓度的测定数据。此外，不同时间测得的 POPs 浓度数据和不同实验室的数据可比性通常较差。

与 POPs 特性相对应的 POPs 模型倾向于：①包括多介质环境；②引入分配平衡和稳定不变的设想；③低的时空分辨程度。第二点、第三点使得 POPs 的模型比其他污染物质

的模型显得简单一些，如全球气候变化模型、大气中光氧化作用模型和水体富营养化模型等。

2．POPs环境模型的类型

根据模型的目标和复杂程度大致可以分为以下三种：①过程模型：描述特定行为过程的模型，例如大气/水交换模型；②评估模型：评估和评价一般化学行为的模型，例如评估环境行为的模型；③区域模型和全球模型：在区域和全球范围内描述实际环境行为的模型，例如河流、湖泊或者地区模型。

（1）过程模型

用数学语言来描述有机污染物的分配、迁移和转化等过程的模型。在所建立的模型中，最好的转化模型是POPs与·OH反应的定量表述模型。由于水解和光解反应速率非常慢，而生物降解速率很难定量表述，尤其对于微生物来说，POPs不是一个有效的能量来源。因此，关于POPs的水解、光解、生物降解等的过程模型有待于进一步研究。

（2）评估模型

描述POPs在一个假定的纯净环境（或评测{环境}）的行为的模型，其目的并不是重现测定的浓度和通量，而仅仅是为了计算POPs的各种环境行为，例如化学物质如何分配和反应。这样的模型对于化学物质的评价、分类和鉴别有重要的意义，并可对化学物质的应用造成的危害进行评测。但这些评估模型通常并不考虑空间因素。

（3）区域模型和全球模型

由于POPs的监测数据十分有限，通过建立模型来研究POPs在全球的迁移和循环。在地区范围内，对于易于定性的POPs可通过质量守恒模型预测它们在各环境介质中的浓度，并为标准的制定提供依据。大范围内的模型也能提供有价值的数据，可为法律法规提供参考。

思考题

1. 简述有机物主要的转化机制。
2. 大气中POPs的转化和降解有哪三类反应？
3. 水中POPs的环境行为主要有哪些？结合污染物进行说明。
4. 土壤和沉积物对POPs的环境行为有哪些意义？
5. 简述POPs在大气/水界面、大气/土壤界面、水/沉积物界面的环境行为。
6. 简述双膜理论的原理及局限性。
7. 吸附作用的类型及作用力有哪些？
8. 简述全球蒸馏、蚱蜢跳效应对POPs归趋的意义。

9. 何为逸度？逸度模型在描述 POPs 在环境中的行为有何优点？

10. 简述 POPs 特性对 POPs 环境模型的影响及 POPs 环境模型的类型。

参考文献

[1] Atkinson R. Atmospheric lifetimes of dibenzo-p-dioxins and dibenzofurans[J]. Science of the total environment，1991，104（1-2）：17-33.

[2] Bozlaker A，Odabasi M，Muezzinoglu A. Dry deposition and soil-air gas exchange of polychlorinated biphenyls（PCBs） in an industrial area. Environmental Pollution，2008b，156（3）：784-793.

[3] Gouin T，Mackay D，Jones K C，et al. Evidence for the "grasshopper" effect and fractionation during long-range atmospheric transport of organic contaminants[J]. Environmental Pollution，2004，128（1）：139-148.

[4] Halsall C J. Long-Range Transport：Implications for Polar Regions. Persistent Organic Pollutants：Environmental Behaviour and Pathways of Human Exposure. Kluwer Academic Publishers，2001

[5] Howard P H.Handbook of environmental fate and exposure data for organic chemicals：Volume III：Pesticides. Chelsea，MI：Lewis Publishers，Inc.，1991

[6] Jones K C，De Voogt P. Persistent organic pollutants（POPs）：state of the science[J]. Environmental Pollution，1999，100（1）：209-221.

[7] Mandalakis M，Stephanou E G. Atmospheric concentration characteristics and gas-particle partitioning of PCBs in a rural area of eastern Germany. Environmental Pollution，2007，147（1）：211-221.

[8] Offenberg J H，Baker J E. Precipitation scavenging of polychlorinated biphenyls and polycyclic aromatic hydrocarbons along an urban to over-water transect. Environmental Science & Technology，2002，36（17）：3763-3771.

[9] Ross P S，Birnbaum L S. Integrated human and ecological risk assessment：A case study of persistent organic pollutants（POPs） in humans and wildlife[J]. Human and Ecological Risk Assessment，2003，9（1）：303-324.

[10] Zhang L M，Gong S L，Padro J，et al. A size-segregated particle dry deposition scheme for an atmospheric aerosol module. Atmospheric Environment，2001，35（3）：549-560.

[11] 陈剑，王鹏，郭亮，李楠. 持久性有机污染物环境逸度模型研究及应用[J]. 哈尔滨工业大学学报，2007，6（39）：897-900.

[12] 任娇，王小萍，龚平，等. 持久性有机污染物气-土界面交换研究进展[J]. 地理科学进展，2013，2（32）：288-297.

[13] 叶常明，颜文红.多介质环境循环模型的研究进展[J]. 环境科学进展，1994，1：9-25.

[14] 张丽，戴树桂.多介质环境逸度模型研究进展[J].环境科学与技术，2005，1（28）：97-99，120.

第六章　持久性有机污染物的控制技术

POPs 在环境中不易降解、留存时间较长，可以通过大气、水的输送而影响到区域和全球环境，并通过食物链富集，最终影响人类健康。如何控制 POPs 的生产和消费，减少或降低生产和消费过程中 POPs 的排放，不仅关系我国履行国际公约，更直接关系到我国人民身体健康及环境安全。POPs 控制技术主要包括两方面内容，一是努力从工业生产等源头杜绝 POPs 物质的产生，二是对进入环境的 POPs 物质进行削减和消除。本章从三个方面介绍 POPs 的控制技术。一是减排技术；二是处理与处置技术；三是受到污染的场地修复技术。

第一节　持久性有机污染物的减排技术

在 POPs 控制技术中，源头控制是当前 POPs 控制工作的重点，即针对不同种类的持久性有机污染物，选择相应的减排技术。我国于 2009 年 5 月已经实现了全面禁止《斯德哥尔摩公约》杀虫剂类 POPs 的生产、使用、流通和进出口（用于公约可接受用途的滴滴涕除外）。当前的重点工作是农药以及工业化学品的替代品的开发。对于无意产生的副产物类 POPs 物质，为尽量减少这些物质的产生和排放，应该优化生产过程和生产工艺，控制其对外排放。

一、防止和尽量减少持久性有机污染物的生成

可通过以下手段达到防止和尽量减少 POPs 生成的目的。

（1）确定各种无意生成 POPs 的工艺，并确定《斯德哥尔摩公约》关于最佳可行技术与最佳环境实践的准则是否可予使用。

（2）查明那些使用 POPs 和生成由 POPs 构成、含有此类污染物或受其污染的废物的工艺。首选可以通过改变生产工艺包括更新陈旧设备等方式减少废物的生成，或者研究替代生产工艺减少污染物的生成。

（3）通过以下方面尽最大限度减少废物生成：

① 对设备实行定期保养以提高工作效率并防止出现溢漏和泄漏；

② 以快速和便捷的方式控制溢漏和泄漏；

③ 对含有由 POPs 构成、含有此类污染物或受其污染的废物的集装箱和设备进行消毒处理；

④ 对由 POPs 构成、含有此类污染物或受其污染的废物实行隔离处理以便防止更多的材料受到其污染。

对于包括二噁英在内的无意产生的 POPs 物质，无法通过禁止生产和使用的方式进行控制，而只能采取各种措施减少或避免其排放。《斯德哥尔摩公约》第 5 条对二噁英类 POPs 的减排和控制提出了具体要求，其重点是要求缔约方制定和实施以应用和推广最佳可行技术与最佳环境实践（BAT/BEP）为核心的行动计划。为了预防和减少公约附件 C 第一部分中所列化学品的排放及其对整个环境的影响，有多种方法和措施，BAT 就是这些方法和措施发展进程中最为有效和先进的、并且最具有可行性的技术。这里，"技术"包括所采用的技术以及所采用的装置的设计、建造、维护、运行和淘汰的方式；"可行"技术是指应用者能够获得的、在一定规模上开发出来的、并基于其成本和效益的考虑、在可靠的经济和技术条件下可在相关工业部门中采用的技术；"最佳"是指对整个环境实行高水平全面保护的最有效性；"最佳环境实践"是指环境控制措施和战略的最适当组合方式的应用。

《斯德哥尔摩公约》要求缔约方在建立排放清单、评估管理现状的基础上，制定包括减排战略、时间计划、成效评估等内容在内的行动计划。在实施减排控制方面，提出了关于工艺革新、标准建设等方面的要求，并且针对不同类别的排放源提出了不同的技术要求。

为了帮助大多数发展中国家编制减排战略与行动计划，联合国环境规划署（UNEP）与联合国训练研究所（UNITAR）于 2005 年 4 月联合发布了《斯德哥尔摩公约决策树工具 9》，其要点包括：清单评估以识别重点排放源，管理法规政策评估以识别履约差距，然后制订战略和行动计划。考虑到二噁英类 POPs 减排技术的复杂性，UNEP 于 2001 年组织了国际专家组，几年来反复论证，编制完成了《二噁英类 POPs 减排 BAT/BEP 技术导则》，并在 2007 年 5 月召开的 POPs 公约第三次缔约方大会上获得了通过。UNEP 期望该技术导则能够有效地在技术上指导各国开展二噁英类 POPs 减排工作。

"决策树工具 9"主要涉及以下过程：

第一步，建立排放清单。首先要建立二噁英类 POPs 的初步排放清单，此过程可利用 UNEP 开发的工具包。

第二步，识别重点排放源。根据清单识别出本国二噁英类 POPs 的重要排放源，并按排放量大小排序。

第三步，法规政策评估。评价与二噁英类 POPs 管理有关的法律和政策的效率。

第四步，制定战略措施。对于筛选出的优先控制设施或者行业的排放源，促进其应用 BAT/BEP。

第五步，行动计划安排。对于上面的新源和现有源，按照公约第 5 条的规定，制订相应的行动计划作为国家实施方案（NIP）的一部分，识别、排序并提出本国的重要非故意排放源，并改进对这些源的现有管制和管理。

第六步，更新调整机制。今后不断地根据情况变化调整清单，使其能够反映最新的实际情况，并定期根据清单的变化情况相应地调整修改行动计划。

二、持久性有机污染物替代品的开发

2009 年 5 月 17 日起，我国全面停止滴滴涕、氯丹、灭蚁灵和六氯苯等杀虫剂类 POPs 的生产、流通、使用和进出口，如期实现了《我国履行〈关于持久性有机污染物的斯德哥尔摩公约〉国家实施计划》阶段性履约目标。目前，首批受控的 12 种 POPs 物质中，滴滴涕被允许在国家批准特殊用途时使用。还有部分新增 POPs 物质被列入可接受用途，因此替代品以及替代技术的开发显得更为重要。

1. 氯丹和灭蚁灵替代品/替代技术的开发

氯丹和灭蚁灵由于其价格低廉、效果良好、使用方便，长期以来在我国被广泛用于白蚁防治。在中国南方地区，白蚁危害十分严重，一些新的产品如氰戊菊酯、溴氰菊酯、氯氰菊酯、联苯菊酯、毒死蜱、氟虫腈、吡虫啉、吡虫清、氟虫胺、氟铃脲、阿维菌素等先后投放市场试用。但由于价格、防治有效年限及使用方法等各方面的限制，目前在防治中较多使用的只有以氰戊菊酯、氯氰菊酯、毒死蜱等为有效成分的几种药物。

中国氯丹替代品推广使用的主要障碍是：① 目前的替代品持效期短，达不到中国现有规定对预防保质期的要求，需重复施药；② 替代药物成本和价格大大高于氯丹，单位面积的防治成本与使用氯丹相比大幅度上升，用户难以接受；③ 现有的替代药物普遍有异味，防治施工人员不愿使用。

在白蚁灭治方面，虽然氟铃脲、除虫脲和硼化物已在国外被用于白蚁灭治，但其实际灭治效果不理想，与灭蚁灵相比有较大的差距。而且在中国危害较大的白蚁种类与国外很不相同，由于气候、土壤、食物等因素的不同，白蚁的生活习性也不一样。因此，即使氟铃脲、除虫脲和硼化物在国外对白蚁具一定的灭治效果，但在中国作为白蚁灭治药物仍有待进一步研究。

联合国世界粮农组织提出了"有害生物综合防治"的概念，简称为 IPM。IPM 是对有害生物的一种管理系统，要按照有害生物的种群动态和与之相关的环境关系，尽可能协调地运用适当的技术和方法，使有害生物保持在经济危害水平以下。IPM 是一种理念、基本原则，而不是一种特定的、明确的、具体的控制措施、标准或准则。因此，白蚁控制的 IPM 策略应该是：在 IPM 理念下综合应用在现阶段合理的、有效的、充分考虑环境安全的、可操作的、经济的一种或数种白蚁控制程序及方法，控制对人类生存环境造成危害的白蚁种群数量，保护特定目标不受白蚁危害。

　　联合国环境规划署、粮农组织、全球害虫综合治理机构组织成立了白蚁生物学及治理专家组进行研讨，提出了替代 POPs 的白蚁治理对策，包括：建筑物设计及场地设计、利用抗白蚁构件及防腐处理木材、物理屏障、化学屏障、白蚁诱杀、熏蒸、热冷处理、生物防治等。结合我国白蚁的种类及危害特征，我国专家也在积极选择有效地 IMP 策略，主要包括全面应用白蚁监测控制系统，结合物理屏障和局部化学处理等。

2. 滴滴涕替代品/替代技术的开发

（1）卫生防疫用途滴滴涕替代品/替代技术的开发

　　滴滴涕主要用于杀灭蚊虫，防治疟疾，主要是以室内滞留喷洒方式用于中国疟疾流行区域（主要在长江以南），如云南、海南、广东、湖北等地区。与滴滴涕使用范围相同或相近的产品有拟除虫菊酯类、有机磷类、氨基甲酸酯类产品。根据我国国情，可以选择的替代产品有溴氰菊酯、氯氰菊酯、残杀威等。此外，环境治理（清除蚊媒滋生场所）、生物防治以及虫媒综合治理等也都是可考虑的防治替代技术。

　　我国目前使用较多的替代品为溴氰菊酯，而使用氯氰菊酯比较少。但氯氰菊酯相对于溴氰菊酯具有较强的价格优势，需要研究开发其在疟疾防治领域的应用。残杀威由于价格较为昂贵，虽然很有效，但目前实际上很少用于灭蚊。由于滴滴涕生产成本和销售价格相对低廉，若采用替代品喷洒灭蚊，所需费用会增加数倍，特别是在重大自然灾害后的紧急防疫用途方面滴滴涕还具有独特的优势，因此需要开发药效高，价格适中的替代品用于灾后防疫。

（2）船舶油漆用途滴滴涕替代品/替代技术的开发

　　我国之前生产的防污漆由于添加了滴滴涕可以防杀有害生物，具有防护期较长、防污效果好的特点，同时滴滴涕价格也比较低廉，在我国部分地区一直被用于船舶的维护，目前尚没有同时满足高效、廉价和环境友好要求的成熟防污漆替代品及技术。可进一步开发和推广的替代品包括：筛选经国际权威机构认可的低浓度、高效、环境友好型杀生剂类防污漆、具有很强的驱避效果但并不杀死海洋生物的辣素防污漆、改进的碱式硅酸盐防污漆。此外，进口的自抛光系列防污漆也可作为替代品，但价格非常昂贵。因此，需要研究经济适用的替代品或替代技术。

（3）中间体用途滴滴涕/替代技术的开发

　　我国生产大部分滴滴涕被作为中间体生产三氯杀螨醇，而三氯杀螨醇则是重要的杀螨剂，用于果树、棉花等作物的害虫防治，对农民增收和经济发展有着重要作用。目前国内外尚无其他经济可行的三氯杀螨醇工业化生产技术。

　　目前可替代三氯杀螨醇的化学品包括哒螨灵、四螨嗪、唑螨酯、三唑锡、炔螨特、噻螨酮、苯丁锡、单甲脒、双甲脒等。由于这些药物在生产技术、药效、价格和农民认知度等方面的因素，要完全替代三氯杀螨醇还有一定的困难。

在农业生产中，减少杀虫剂使用的一个非常有效的方式是采用综合虫害防治（IPM）。通过优选作物品种、优化种植方式、采用适宜的施肥灌溉等作物管理方式，以及加强对病虫害的监测、减少药物治理的次数，把化学品的使用降到最低限度。因此，逐步削减三氯杀螨醇的使用，不应仅局限于用化学品替代，要积极推广 IPM 方式，尽量减少化学品的使用。

3．PFOS 和 PFOA 替代品的开发

PFOS 和 PFOA 主要用于防水拒油抗污纺织品整理剂中，通过其使用改变纺织品的表面性能，使纺织品不易被水、油、污渍所润湿或玷污，目前已广泛应用于服装面料、生活用布（伞布、帐篷、厨房用布、餐桌用布、装饰用布）、产业用布、劳防用布和军队用布等多种领域。其替代品主要有以下几种：全氟己烷基磺酸盐或磺酰化物、全氟己酸、全氟丁烷磺酸盐、纳米型含氟整理剂、复配型含氟整理剂、丙烯酸氟烃酯类树脂以及聚四氟乙烯。这些产品在防水拒油抗污方面表现出较好的性能。

第二节　持久性有机污染物的处理与处置技术

POPs 处理与处置技术的思路是破坏 POPs 物质的结构，进而消除其危害。目前已经商业化的技术主要有物理隔离、物理固化、高温热解、加热分离、化学还原以及物理化学氧化等技术，详见表 6-1。国内已实现商业化的有水泥窑共处置技术和高温焚烧技术，这两种处置技术属于较传统的处置方法，但在焚烧的过程中控制不妥会产生一些对环境质量和公众健康造成影响的二噁英等有害物质。

表 6-1　已经商业化的 POPs 处理与处置技术

技术原理	技术名称	成熟度	适用对象	处置费用
物理隔离（非最终销毁去除技术）	深井灌注	国外较成熟	液态 POPs 废物	场地选择和评价费用较高
	安全填埋	国内已有	被 POPs 污染的建筑物/土壤等	预处理费用高
物理固化	原位玻璃化	国外较成熟	POPs 物质以及被 POPs 污染的土壤	运行费用高
高温热解	高温焚烧	国内较成熟	各种 POPs 废物	投资较高
	水泥窑共处置	国内较成熟	各种 POPs 废物尤其液态废物	投资较低
	离子电弧法	国外较成熟	液态 POPs 物质	高
加热分离	热脱附	国外较成熟	POPs 废物以及被 POPs 污染的土壤	作为预处理步骤，费用较低

技术原理	技术名称	成熟度	适用对象	处置费用
化学还原	碱催化脱氯	国外较成熟	含卤有机 POPs 废物	较高
	碱金属还原	国外较成熟	含卤有机 POPs 废物	较高
	加氢脱氯催化	国外较成熟	含卤有机 POPs 废物	较高
	气相化学还原	国外较成熟	各种 POPs 废物	高
物理化学氧化	超临界水氧化	国外较成熟	有机物含量在 20%以下 POPs 废物	高
物理化学变化	球磨研磨/机械化学脱卤技术	国外已有	POPs 废物以及被 POPs 污染的容器	较低

一、安全填埋技术

对于 POPs 来说，安全填埋并不能称为是一种销毁去除技术，仅仅是一种遏制方法。安全填埋场的作用是将有害废物与生物圈隔离，以防止造成污染，保护好环境。

填埋地点的选择必须符合填埋场选址规范。为了防止填埋废物与周围环境接触，尤其是防止地下水污染，在设计上除了必须严格选择具有适宜的水文地质结构和满足其他条件的场址外，还要求在填埋场底部铺设高密度聚乙烯材料的双层衬里，并具有地表径流控制、浸出液的收集和处理、沼气的收集和处理、监测井及适当的最终覆盖层的设计，如图 6-1 所示。

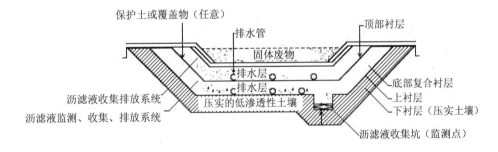

图 6-1　填埋场双衬层和沥滤液收集系统

（http：//epb.nengyuan.net）

在操作上必须严格限定入场处置的废物，进行分区、分单元填埋及每天压实覆盖，并特别要注意封场后的维护管理，通常要求在封场后应至少持续维护管理 20 年。

安全填埋的处置对象包括：① 焚烧的飞灰和炉渣。② 受污染土壤。③ 含有低浓度活性物质的固定化粉末。

二、原位玻璃化技术

原位玻璃化技术主要用于对已污染的土壤、污泥和其他土质物质的处理，通过热处理达到破坏、去除和固化有害和放射性污染物质的目的。

该技术采用序批式的操作方法，处理过程是在待熔融的土壤上放置一列电极，通过电流使其产生 1 600～2 000℃的高温。通过高温分解，邻近熔融区域土壤中大部分无机物固定不动，而 POPs 类有机污染物通过裂解被完全破坏，整块土壤熔融、固化成为玻璃体，玻璃体化学稳定，不渗漏。处理后土壤体积可减小 25%～50%，污泥和其他废物则可减小 75%以上，可以用清洁的土壤填充体积减小的部分，把玻璃体包裹在里面，不会影响土壤的利用，也可以将玻璃体打碎后从土壤中移走。图 6-2 原位玻璃化单元的剖面图。

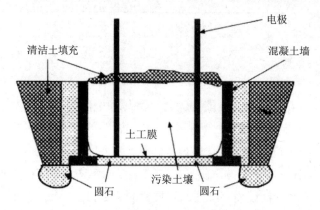

图 6-2 原位玻璃化单元的剖面图

（http：//www.clu-in.org）

原位玻璃化系统主要包括电力系统、封闭系统、逸出气体冷却系统、逸出气体处理系统、控制站和石墨电极。原位玻璃化系统组成如图 6-3 所示。

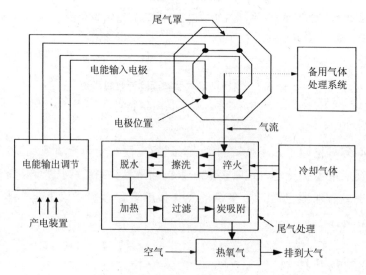

图 6-3 原位玻璃化系统组成示意图

（http：//www.clu-in.org）

原位玻璃化技术相对安全，且环境风险较低。优点主要有：对 POPs 去除率高；熔融物中释放到尾气中的重金属和放射性物质比例小；处理过程缓慢；尾气处理效果好；可以进行原位处理，不需要对废物进行运输，降低了受污染土壤对工人、公众和环境的危险性；玻璃体产物中不再含有 POPs，并能有效固定重金属和放射性物质。

在进行原位处理时需要注意处理区域中不含完整的密封容器，也没聚集液体的物品。主要是这些物质在加热过程中增压，可能导致在熔融体中突然释放出大量气体，使熔融体中产生气泡，熔融物喷溅到设备上使其受损。

三、高温焚烧技术

高温焚烧技术是使用受控的火焰燃烧，通过高温氧化过程，将 POPs 类物质氧化分解为水、二氧化碳等气体，以及飞灰和熔渣等不可燃的固体物质，以消除污染。该技术的处置量大，可连续 24 小时工作，可以处理液态和固态农药、污泥、泥浆及被污染的土壤和容器。但是它的安装及运营成本高，一般安装费用高达数千万元到数亿元，同时要想实现高效率，必须需要大量的废物的连续供给。焚烧炉有多种构型，包括转窑焚化炉、高效锅炉和轻型集料窑。

高温焚烧过程包括废弃物预处理、废弃物进料、焚烧以及废气处理几个阶段。图 6-4 为高温焚烧系统示意图。

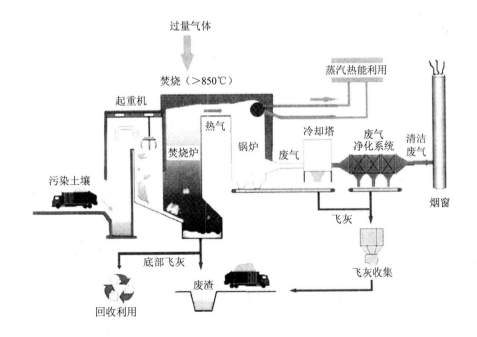

图 6-4　高温焚烧系统示意图

（http://www.epd.gov.hk）

焚烧法适用于处理大量高浓度的 POPs，但如果管理不善，可能会产生比原物质毒性更大的毒物。原因是，当对 POPs 进行焚烧时，如果氯离子与其他持久性有机污染物或有机物结合生成氯化甲烷和有机氯化物，就会产生二噁英或其前驱体。

我国于 2010 年 9 月发布了 POPs 废物环境无害化管理与处置技术要求，涉及高温焚烧处置设施技术要求主要包括以下几个方面：

（1）POPs 废物高温焚烧处置设施应配置装置包括：POPs 废物贮存设施、输送装置、投加装置、焚烧炉、烟气净化装置、残渣处理装置、自动控制装置、在线监测装置、污水处理装置以及分析化学实验室。

（2）高温焚烧处置 POPs 废物前，应尽量减少 POPs 废物的贮存时间，降低 POPs 的贮存风险。

（3）高温焚烧处置 POPs 废物不要求专门的预处理装置。如果对 POPs 废物进行混合、搅拌和配伍，必须要进行预处理。

（4）焚烧炉运行技术要求主要包括：POPs 废物焚烧处置过程中应确保焚烧炉出口烟气中氧气含量达到 6%～10%（干烟气）；POPs 废物焚烧处置过程中应使焚烧炉内处于负压燃烧状态；在投加 POPs 废物前的焚烧炉启动阶段，POPs 废物热值较低时以及 POPs 废物完全燃尽前的焚烧炉停炉阶段三个阶段应启动辅助燃烧装置确保二次燃烧室温度不低于 1 100℃。

（5）烟气净化装置技术要求：对湿法工艺产生的废水进行处理，并对烟气进行降湿处理后再经烟囱排放；半干法工艺和干法工艺的出口烟气温度应维持在 130℃以上，保证后续管路和设备中的烟气不结露，并对干法工艺收集下来的反应物和未反应物进行循环处理；对高温烟气进行快速冷却，控制烟气在 200～500℃温度区间的停留时间小于 1 s；除尘装置内的温度应维持在高于烟气露点温度 30℃以上；若采用上述烟气处理措施后的二噁英排放浓度仍不满足《危险废物焚烧污染控制标准》（GB 18484）的要求，则应在中和反应器和袋式除尘器之间喷入活性炭或多孔性吸附剂，或使烟气经布袋除尘后再通入活性炭或多孔性吸附剂吸收塔（床）。

（6）POPs 废物高温焚烧处置不要求进行热能利用。如果 POPs 废物高温焚烧处置过程进行热能利用，应避开 200～500℃温度区间。

（7）残渣处理技术要求是：对焚烧炉渣应进行特性鉴别，经《危险废物鉴别标准》（GB 5085.1～7）鉴别属于危险废物，应按照危险废物进行安全处置，不属于危险废物的按一般废物进行处置；焚烧飞灰、吸附二噁英和其他有害成分的活性炭等残余物应按照危险废物进行处置，应送危险废物填埋场进行安全填埋处置；采用湿法烟气净化方式时，应对炉渣和飞灰进行有效的脱水处理；采用气力除灰方式时，应防止空气进入，防止灰分结块；飞灰收集时应避免飞灰散落。

四、水泥窑共处置技术

水泥窑共处置技术是一种比较成熟的处理技术，其原理是利用废物在水泥窑中的高温作用下发生热氧化过程，而使废物分子裂解并与氧气反应生成气体和不可燃的无机固体，从而实现对有机污染物的破坏。制作水泥渣的过程大体可以根据准备入窑物的方法分为干式和湿式两种。在湿式过程中，以泥浆作为入窑物，并且将其直接灌入窑中；在干式过程中，水泥窑产生的气体被用于在生料（石灰石和其他生料的混合物）粉碎过程中对其进行干燥。目前回转窑在 POPs 共处置方面应用最为广泛，回转窑一般包括一个 50～150 m 长的圆柱体，与水平面成小的斜角（3%～4%的斜度），以每分钟 1～4 转的转速旋转，原料被输入转窑的上端即冷端。坡度和旋转使原料向窑的下端即热端运动，窑在其下端燃烧温度达 1 400～1 500℃。随着原料穿过窑体，经历了干燥和高温冶金处理反应形成熟料。水泥窑排放的气体经过一个静电除尘器去除其中所含的颗粒物，而除尘器所收集到的粉尘又可以重新回用到水泥窑处理过程中。水泥窑处理过程如图 6-5 所示。

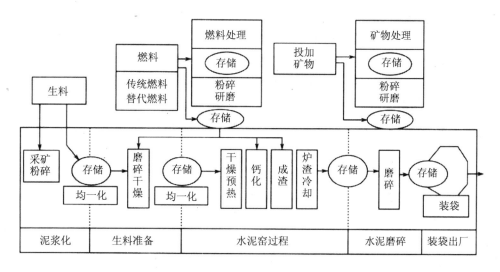

图 6-5　水泥窑处理过程（余刚等，2005）

与普通焚烧炉比较，水泥回转窑处理 POPs 类物质具有如下优势：有毒有害成分分解彻底，排放有害气体较少，可燃的 POPs 类物质通过燃烧提供了熟料煅烧所需要的部分热量，且燃烧产物为无害气体，同时达到了废弃物处理、能源节约和 CO_2 排放减少的多重效果；废弃物焚烧残渣通过固相和液相反应进入水泥熟料中，均以分子形式被固化在熟料中，无法逸出，不会造成二次污染。水泥窑共处置技术同时存在一定的缺点：一方面，要对原有的窑体进行改造；另一方面，如果水泥窑处置过程中控制不当，发生不完全燃烧，将会同高温焚烧技术一样产生有毒的产物。

　　我国于 2010 年 9 月发布的 POPs 废物环境无害化管理与处置技术要求,涉及水泥窑共处置技术要求主要包括以下几个方面:

　　(1)水泥窑窑型和规模要求是:窑型为新型干法回转窑;生产规模为熟料≥1 000 t/d 生产线,优先选用熟料≥2 000 t/d 生产线。

　　(2)水泥窑采用窑磨一体机模式,同时配备监测窑内关键位置的温度、压力、气氛等有关燃烧工况参数的在线监测设备,保证运行工况的稳定;采用的除尘器可以保证排放烟气粉尘浓度不超过 40 mg/m³,优先选择袋式除尘器;具有能将排放烟气温度从 300～400℃迅速降至 250℃以下的烟气冷却装置;配备窑灰返窑装置,将除尘器等烟气处理装置收集的窑灰返回送往生料入窑系统。

　　(3)水泥窑位置经当地环境保护行政主管部门批准的环境影响评价结论确认与周围人群的距离满足环境保护的需要。并且还应注意 POPs 废物运输路线不经过居民区、商业区、学校、医院等环境敏感区。

　　(4)水泥企业共处置 POPs 废物前,应尽量减少 POPs 废物的贮存时间,降低 POPs 的贮存风险。

　　(5)共处置 POPs 废物不要求专门的预处理设施。POPs 废物入窑前应尽量减少和简化预处理环节。POPs 废物可以采用的预处理操作主要为混合、搅拌和配伍,以调整 POPs 废物的输送特性或有害物质含量,避免拆包、开瓶和破碎等预处理操作。

　　(6)入窑的 POPs 废物中氯(Cl)元素的含量不应对水泥生产和水泥产品质量造成不利影响。在没有旁路放风等特殊措施时,入窑物料(即 POPs 废物、燃料和原料之和)中 Cl 元素含量不应大于 0.04%,POPs 废物的物理特性(颗粒度、硬度、黏度等)应该满足输送和投加设施的技术要求。

　　(7)共处置 POPs 废物的水泥窑排放烟气应满足共处置 POPs 废物的水泥窑烟气污染物排放限值要求。

五、等离子体电弧技术

　　等离子体电弧技术是近年来开发成功用于 POPs 等难处置危险废物的新型销毁技术,其原理是将电子流导入低压气流中,形成高热电离气体区,这一区域的温度可达 3 000～5 000℃。用于产生等离子体电弧的气体包括氮气、氧气、惰性气体(氩气、氖气、氙气等)和这些气体的混合物。这个超高热的电离气体区可将注入其区域内的废物分解成其元素的离子和原子,在反应室的较冷区域发生再化合,然后进行淬火处理生成简单分子;或者也可以将被加热的热气流导出,作为废物处理过程中促进焚烧或热解的热源,如果注入的是氧气,则工艺为焚烧;若使用惰性气体,如氮气或氩气,则工艺为热解。图 6-6 为等离子体电弧热解法的流程示意图。此技术处理对象包括含高浓度氯的农药、PCBs 和二噁英类的液态物质。该技术循环的时间很短,装置的体积较小,因此可以制成移动式处理装置。

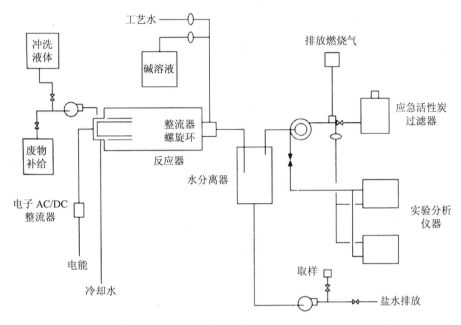

图 6-6 等离子体电弧法流程示意图（Cheremisinoff，1994）

目前，各种等离子体反应器已经被开发用于危险废物的热销毁，主要包括三类：

（1）等离子体电弧离心处理：通过一级燃烧室中等离子体焰炬产生的热量将固体物料熔融并玻璃化，其中含有金属的固体玻璃化成一整块不会浸出的物体；而有机组分会挥发并被等离子体的高热量分解，以及由用作等离子气体的空气进行离子化，气体产物会进入二级燃烧室，随后通过一系列空气污染控制设备。采用离心反应器是为了便于废物的受热、流动和排出。

（2）飞行等离子体电弧系统：将液体或气体废物流与氩气混合后直接注入等离子体电弧中，废物中有机化合物会离解成所组成元素的离子和原子，并在反应器中较冷的区域重新组合，最终产物包括氩气、二氧化碳、水蒸气等多种气体和氯化钠、碳酸氢钠、氟化钠等无机钠盐的水溶液。这项技术可与热脱附等技术结合，处理各种类型的废物（如受污染土壤、电容器、变压器等）。

（3）等离子体电子废物转化炉：这种工艺强迫惰性气体通过一个电场后，将气体离子化为等离子态，其操作温度可达 3 000～5 000℃，而所处的等离子体电弧室在常压下运行。等离子体电子转炉室是一个热裂解的系统，被处理的废物最终降解为金属成分、熔渣和可燃气体。目前所报道的此技术处置对象包括固态、液态和气态的农药废物。

六、热脱附技术

热脱附是将污染物从一相转化为另一相的物理分离过程，在处理过程中并没有对有机污染物进行破坏。通过控制热脱附系统的温度和污染物停留时间，有选择地使污染物得以挥发，并不发生氧化、分解等化学反应。热脱附技术具有污染物处理范围宽、设备可移动、修复后土壤可再利用等优点，适用于有机农药和杀虫剂、多氯联苯等有机物的处理，可以直接用于处理 POPs 污染物，也可以作为某些处置技术的预处理方法使用。

热脱附设备的处理单元主要包括两个：第一个单元为加热单元，用来对待处理的污染物进行加热，使其中的有机污染物挥发成气态后分离，加热的方式有多种，如高频电流、微波、过热空气、燃烧气等；另一个单元为气态污染物处理单元，含有污染物的气体经过该单元的处理后需达标排放。气态污染物的处理方式有多种，如冷凝、吸附或燃烧等，可依有机物的浓度及经济性进行选择。图 6-7 为热脱附技术处理污染土壤的流程图。

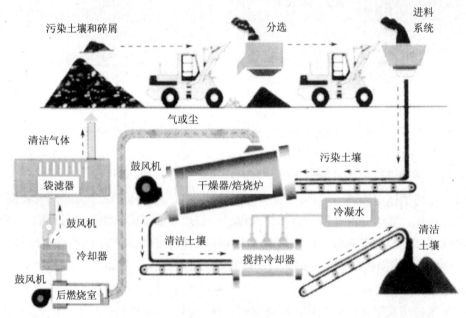

图 6-7 热脱附技术处理污染土壤流程图

（http：//www.phoinixgroup.net）

热脱附系统主要有 PCS 热脱附系统和 TFS 热脱附系统。

（1）PCS 热脱附系统。PCS 热脱附系统，是在 450～800℃的温度下，利用热脱附和裂解技术将有机污染物分解成气相物质，最后用焚烧方法去除尾气。设备主要包括：间接加热的旋转反应器、间接冷却的固体冷却器、间接冷却的文丘里清洗器、裂解气焚烧室、水处理系统、辅助设备和自动连续监测系统。处理对象包括所有的氯代烃类、所有的有机氯杀虫剂、能在 600℃以下的还原性热处理中分解的含有有机物、卤素和重金属的有机废物或无机废物。

（2）TFS 热脱附系统。TFS 热脱附系统是由澳大利亚的 TFS（Tox Free Systems）建立的，主要用于处理受污染的土壤。处理的过程是受污染土壤通过一个进料口进料，蒸馏系统使其升温到操作温度进行蒸馏，POPs 开始发生反应，一部分 POPs 变成了尾气，随后尾气通过热气体过滤系统进入燃烧器以去除其中的有机物，还可以将其进行压缩，通过一个活性炭过滤器去除其中的固体颗粒，最后加入到经过处理的土壤之中。

热脱附效率影响因素主要是：处理废物的含水率、颗粒的粒径以及废物的渗透性。主要表现在：水在处理过程中的蒸发也需要燃料，所以过多的水分含量会提高操作费用。另外，水蒸气在尾气处理过程中也要同尾气和解吸下来的污染物一同进入处理设备进行处理，过大的水量会导致产废率较低。细质粒径的废物采用热脱附技术时，被气流吹出滚筒，尾气处理系统超负荷运转，系统压力增大，降低整个系统的性能。从热传递角度来看，沙质颗粒不容易聚集成大的颗粒，与传热介质接触表面积大，易采用热脱附技术。物质渗透性影响气态化的污染物导出介质的过程，渗透性较差的物质，不适合利用热脱附技术处理。

七、碱性催化分解工艺

碱性催化分解（Base Catalysed Dechlorination，BCD）是一种新型含氯危险废物销毁技术，特别适用于销毁滴滴涕、六氯苯、多氯联苯、二噁英和呋喃等多种 POPs 污染物及被其污染的土壤等废物。其工艺原理是采用由载氢体油、碱金属氢氧化物和催化剂组成的混合试剂对废物进行处理。BCD 的反应主体为液容反应器（LTR），处置时，将上述 3 种物质的混合试剂与待处理污染物加入 LTR 中并加热，当混合试剂被加热到 300℃以上时，会产生高活性氢原子，氢原子与待处理的污染物发生反应，脱去污染物分子中的卤素，从而消除其毒性。图 6-8 为碱性催化分解工艺流程图。BCD 技术工艺的优势在于不需要高温、高压和额外能量输入。BCD 技术的二噁英类生成量极低，也是联合国工业发展组织重点推荐使用的非焚烧技术。

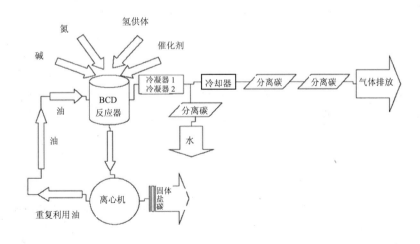

图 6-8　碱性催化分解工艺流程图

（http://www.ihpa.info/docs/library/reports/Pops/）

如果处理对象为被 POPs 污染的土壤，则需首先进行预处理，预处理的方法根据处理对象的类型不同有两种方式：一是用筛分办法去除土壤中较大的颗粒和通过切碎办法缩小其体积；二是对土壤的 pH 值和水分含量进行调整。

八、碱金属还原工艺

碱金属还原是一种非焚烧技术，适用于处置含氯的非水溶性有机物，其原理是利用散状碱性金属与卤化废物中的氯在无水环境中发生反应，产生盐和非卤化废物。这一工艺在100～180℃、常压下进行。通常使用的还原剂为金属钠，有时也会使用钾或钾钠合金。处理作业可在现场（例如针对受到多氯联苯污染的变压器等）或在异地的反应容器中进行。对受到多氯联苯污染的变压器进行现场处理不需要进行预处理。如做异地处理则需通过溶剂抽提把 POPs 物质富集到矿物油中再进行脱氯。碱金属还原技术从理论上可以适用于任何含氯农药类 POPs，其突出优点为处置速度快，设备灵活性高，既可以建成固定式设备，也可以制成小型的移动式设备。钠还原工艺可以达到在固体和液体残留物中的含量不超过 2×10^{-6}。

九、加氢脱氯催化工艺

加氢脱氯催化工艺（Catalytic Hydro-dechlorination，CHD）采用散存在石蜡油中的氢气和钯碳催化剂对废物进行处理。通过氢气与氯化废物中的氯发生反应，形成氢氯化物（HCl）和非氯化废物。就多氯联苯而言，所生成的主要是二联苯。反应条件是 1 个大气压，温度为 180～260℃。反应过程如反应式（6-1）所示。

$$R{-}X + H_2O \longrightarrow R{-}OH + X^- + H^+ \qquad (6\text{-}1)$$

反应前需要对废物进行预处理，主要是把污染物从土壤中提取出来或通过蒸馏办法将之分离出来。预处理前需要把水、乙醇等低沸点液体中的物质去除。反应中采用了封闭式氢循环系统，因此不会出现任何排放。反应后可以采用蒸馏方法将生成物与反应溶剂分离，分离后的催化剂和反应溶剂可重复使用。图 6-9 为加氢脱氯催化工艺流程图。

十、气相化学还原技术

气相化学还原技术（Gas Phase Chemical Reduction，GPCR）是对有机化合物进行热化学还原的一种技术，在 850℃以上高温和常压条件下使用氢气对气化的有机化合物进行化学还原，生成小分子甲烷和其他烷烃，以及氯化氢酸性气体，在尾气处理过程中投加苛性钠对冷却后的生成气体（主要是 HCl）进行中和。最后从反应器中出来的气体主要包括氢气，还有甲烷、一氧化碳、二氧化碳以及水蒸气。适用于水性液体、油性液体、土壤、沉积物、变压器和电容器等含有 POPs 的物质进行处理。由于反应器内部一直处于还原环境，因此不会产生二噁英类副产物。

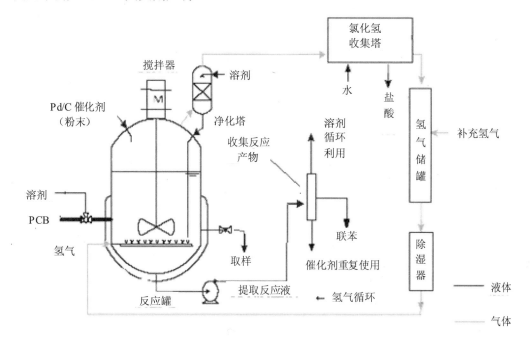

图 6-9　加氢脱氯催化工艺流程图

（http：//www.ihpa.info/docs/library/reports/Pops/）

根据废物的具体类型，有相应的三种预处理装置，预处理的主要目的是使废物挥发。

（1）用于散装固体，包括圆桶装固体的热还原批量处理器；

（2）用于被污染土壤和沉积物的 TORBED 反应器，但也改装用于液体；

（3）用于液体的液体废物预加热系统。

此外需要对大型电容器和建筑碎石进行其他预处理。大型电容器被扎破放干液体，碎石和混凝土则必须将体积减小到 1 m³ 以下。预处理需对从反应器中排出的气体进行清洗，以便去除其中所含的水、热量、酸和二氧化碳。图 6-10 为气相化学还原技术流程图。

十一、超临界水氧化工艺

超临界水氧化工艺（Supercritical Water Oxidation，SCWO）是在水的超临界状态（高于 374℃和 218 个大气压）下，有机物与氧化剂（如氧气、过氧化氢、亚硝酸盐、硝酸盐等）发生强烈氧化反应的过程。整个过程中由于超临界水可与有机物和氧气、空气等以任意比例互溶，气液两相界面消失成为各相均一的单相体系，使本来发生的多相反应转化为单相反应，反应不会因相间转移而受到限制，加快了反应速度，一般只需几秒至几分钟即可将有机物彻底氧化分解,去除率可达 99%以上。在超临界运行条件下,有机物将会高度溶于水并被氧化,产生二氧化碳、水和无机酸或盐,不形成二次污染,且无机盐可从水中分离出来,处理后的废水可完全回收利用,工艺流程见图 6-11。有些废物需要进行预处理,主要有两个方面,一是废物的浓度较高,需要进行稀释使其有机含量降低至 20%以下;二是固体废物须将其破碎,使其粒径小于 200 μm。SCWO 技术受到反应温度、压力、停留时间以及氧化剂浓度的影响,处理对象包括任何形式的有机污染物以及吸附了有机物的无机物。

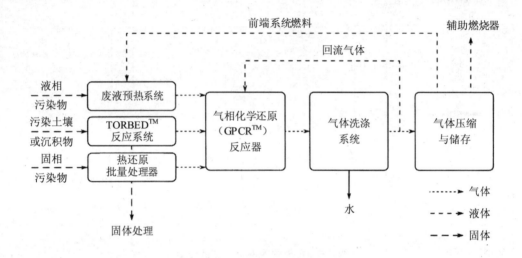

图 6-10　气相化学还原技术流程图

（http：//www.ihpa.info/docs/library/reports/Pops/）

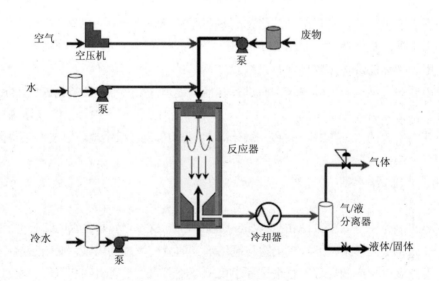

图 6-11　超临界水氧化工艺

（http：//www.ihpa.info/docs/library/reports/Pops/）

十二、球磨/机械化脱卤技术

球磨技术是用机械化学原理来处理 POPs 废物的处置技术。原理是通过机械强化手段，增强 POPs 分子中的惰性卤素原子反应活性，使其与碱性脱卤试剂发生化学反应，并转化为可溶于水的金属卤化物。通过将 POPs 或含 POPs 的废料、脱卤试剂（氧化钙）及球磨介质钢球混合放入球磨机中球磨，钢球与废物颗粒不断碰撞，通过剪切、摩擦、冲击、挤压等手段，将机械能传给废物与金属粉末颗粒，使化学键在机械能的作用下断裂，使其不断变细，反应活性变强，从而强化 POPs 脱卤反应的进行，实现无害化。图 6-12 为原理示意图。这项技术已被用于治理六氯苯、PCBs、氯丹、DDT、异狄氏剂、二噁英和呋喃等。

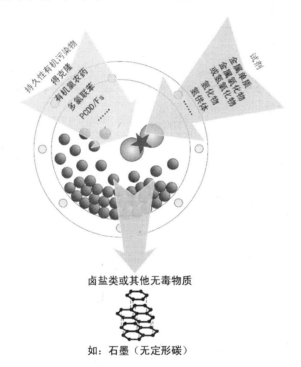

图 6-12　球磨/机械化脱卤技术原理图

采用机械化学工艺处理 POPs 污染物，不需对废物原料进行任何特别预处理，物料混合、分散及反应都在球磨机内一道工序完成，流程简单；在常温常压条件下进行，不需高温高压或真空等苛刻条件，易于实现；机械化学反应器——球磨机的容量因污染物处理量而异，可大可小，单位能耗小，处理成本低，处理效率高，移动方便。图 6-13 为球磨/机械化脱卤技术工艺流程图。

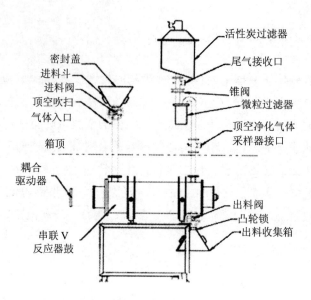

活性炭过滤器

密封盖
进料斗
进料阀
顶空吹扫
气体入口

尾气接收口

锥阀
微粒过滤器

箱顶

顶空净化气体
采样器接口

耦合
驱动器

出料阀
凸轮锁
出料收集箱

串联 V
反应器鼓

图 6-13　球磨/机械化脱卤技术工艺流程图（薛南冬等，2011）

第三节　未商业化处理技术

一、熔盐氧化技术

熔盐氧化技术是一种无焰热处理技术，污染物首先会与水搅拌成泥浆状，之后注入反应器，污染物与空气中的氧气反应，利用熔融的碱性盐类对废物氧化起催化作用，熔盐氧化床用作一个高效的热交换器和反应媒介，反应后污染物生成 CO_2、N_2 和水蒸气以及无机物的飞灰，飞灰被熔盐床层通过反应、网捕、拦截、溶解等作用吸收。在热处理与氧化过程中，有卤元素的污染物会在反应中产生酸性气体，这些酸性气体会被碳酸盐吸收，生成 CO_2 和相应的盐类。熔盐氧化技术具有完全氧化、破坏混合废物（含氯废物）、危险废物（PCBs 及其污染土壤）和爆炸性物质的能力，可以用于销毁废弃军备、处置难处理废弃物。

二、湿式氧化技术

湿式氧化（Water Air Oxidation，WAO）又称为湿式燃烧，是处理高浓度有机废水的一种行之有效的方法，其基本原理是在高温（125～320℃）和高压（0.5～10MPa）条件下，以空气中的氧气（或其他氧化剂，如臭氧、过氧化氢等）为氧化剂，在液相中将有机污染

物氧化为 CO_2 和 H_2O 等无机物或小分子有机物的方法。

由于 WAO 技术需要在高温、高压下进行，因此设备费用高、反应条件苛刻限制了它的应用。后来又发展的催化湿式氧化法（Catalytic Wet Air Oxidation，WCAO）是对传统 WAO 法的改进。WCAO 通过加入催化剂降低反应活化能，使反应能在更加温和的条件下和更短的时间内完成。WCAO 反应过程如下：经过预处理（隔油、隔渣）后的废水首先进行加压预热，空气经空压机压缩至与废水同等压力，二者混合后进入填充有足量催化剂的反应器内，废水中的污染物被氧化分解。装置开始运行时，在加热器中加热气液混合物至反应的起始温度，当反应器中的催化氧化分解反应能够正常连续进行时，即可停止外部热源供给，利用氧化反应放出的热来维持反应温度。反应器排出的气液混合物经必要的热回收、冷却、气液分离后排出。图 6-14 为湿式氧化技术流程图。

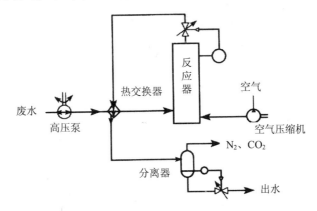

图 6-14 湿式氧化技术工艺流程图（余刚等，2005）

三、电化学氧化法

电化学氧化，又称为化学燃烧，是环境电化学的一个分支。其基本原理是在电极表面的电催化作用下或由电场作用而产生的自由基作用下使有机物氧化。据此，可将电化学氧化分为直接电化学氧化和间接电化学氧化两个过程。

直接电化学氧化就是有机污染物在电极表面发生氧化还原反应。超高电势易将有毒有机物阳极氧化，但电势过高会受到阳极材质和副反应的制约（阳极氧化和阴极还原两个反应过程放出的氢气和氧气会使电流效率降低）。故要求阳极材料必须对放氧反应有高析氧电位。

间接电化学氧化就是指利用电化学反应所产生的氧化剂或还原剂使污染物降解而转化为无害物质的一种方法。有些物质在电极上直接进行电化学反应的速率较慢或电极对产物的选择较差或电流效率不高，此时，可选用具有氧化性或还原性的电子载体使其对有机物进行氧化或还原。电子载体本身则相应地变为还原性或氧化性产物。通过电解，它们又分别在阳极或阴极上再生，从而能在电化学反应中循环使用，使有机物不断地被降解。

四、光催化氧化技术

光催化氧化技术是在光化学氧化技术的基础上发展起来的。光化学氧化技术是在可见光或紫外光作用下使有机污染物氧化降解的反应过程。但由于反应条件所限，光化学氧化降解往往不够彻底，易产生多种芳香族有机中间体，成为光化学氧化需要克服的问题，而通过和光催化氧化剂的结合，可以大大提高光化学氧化的效率。根据光催化氧化剂使用的不同，可以分为均相光催化氧化和非均相光催化氧化。

均相光催化降解是以 Fe^{2+} 或 Fe^{3+} 及 H_2O_2 为介质，通过光助-芬顿反应产生羟基自由基使污染物得到降解。紫外光线可以提高氧化反应的效果，是一种有效的催化剂。紫外/臭氧（UV/O_3）组合是通过加速臭氧分解速率，提高羟基自由基的生成速度，并促使有机物形成大量活化分子，来提高难降解有机污染物的处理效率。

非均相光催化降解是利用光照射某些具有能带结构的半导体光催化剂如 TiO_2、ZnO、CdS、WO_3、$SrTiO_3$、Fe_2O_3 等，可诱发产生羟基自由基。在水溶液中，水分子在半导体光催化剂的作用下，产生氧化能力极强的羟基自由基，可以氧化分解各种有机物。把这项技术应用于 POPs 的处理，可以取得良好的效果，但是并不是所有的半导体材料都可以用作这项技术的催化剂，比如 CdS 是一种高活性的半导体光催化剂，但是它容易发生光阳极腐蚀，在实际处理技术中不太实用。而 TiO_2 可使用的波长最高可达 387.5nm，价格便宜，多数条件下不溶解，耐光，无毒性，因此 TiO_2 得到了广泛的应用。

第四节　持久性有机污染物污染场地修复技术

POPs 污染物存在毒性大、结构稳定的特点，用于 POPs 污染场地修复技术主要包括：经济可行性强、易操作、安全性好的物化技术，以及注重生物质降解能力与基因工程、环境安全性的生物技术。

持久性有机污染物污染场地修复技术主要分为原位和异位修复技术，原位修复技术可以对污染场地中存在的污染物进行就地处置，不需要建设昂贵的地面基础设施和远程运输，操作维护起来比较简单；异位修复则是将土壤挖出或将地下水泵出后再进行处理。相比较而言，原位修复更为经济，异位修复技术的环境风险较低，处理效果较易控制。有些持久性有机污染物的处置技术同样可以作为修复技术应用到修复工作中去，上节已做了详细的阐述，这里不再赘述。

一、物理修复技术

物理修复技术主要是利用土壤和污染物之间的物理性质差异，或者污染和未污染的土壤颗粒之间的物理性质差异，采用物理的或者机械的方法将污染物与土壤基质进行分离的修复技术。包括换土法、通风去污法、固化技术以及处置技术中物理方法等。物理法常作为一种预处理手段与其他处理方法联合使用。

换土法是指将被污染的土壤移去，然后铺上未受污染的土壤。这种方法只适用于小面积土壤的修复，且存在费用高、对污染物的清除不彻底等问题。通风法是人工向土壤通入气流，促使有机物挥发，由气流将气相中的有机物带走，达到净化土壤的目的，图 6-15为通风法示意图。这两种方法主要是把持久性有机污染物从土壤中转移到了其他地方，并没有得到最终的销毁。

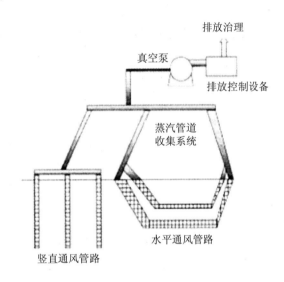

图 6-15　通风法示意图

固化/稳定化（Solidification/Stabilization，S/S）技术是一种防止污染土壤释放有害化学物质，降低污染物迁移过程的修复技术。固化/稳定化修复中的固化是将污染土壤和黏合试剂混合，形成不与污染物质反应的晶体物质或聚合体，无机黏合剂包括水泥、水泥窑灰、飞灰、高炉炉渣、石膏等，特殊的有机废物可用沥青、聚乙烯或者甲醛等有机黏合剂。在固化过程中，污染物以大型砌块的形式被固定在固体基质中，而稳定化则通常以化学方式将污染物转化为活性较差甚至无活性的物质。固化/稳定化技术并不是将污染物从污染土壤中移除，而更多的是通过物理吸附、包埋以及改变污染物的物理或化学性质，形成一种性质稳定的固体材料，从而大大降低污染物的毒性和迁移性，减少对污染物的暴露面积并限制液体（如地下水、雨水浸出液）和污染物的接触，降低污染物对环境的威胁。按照采用材料的不同，固化/稳定化可分为无机技术（水泥为主）和有机聚合技术（热塑性和热固性高聚物为主）；按照场地位置的不同，可分为原位修复和异位修复。图 6-16 为原位固化/稳定化技术修复土壤示意图。该技术不适用于含大量挥发性污染物的废弃物，原因是如果在固化/稳定化处理过程中未将挥发性有机化合物单独收集起来，它们会排出。

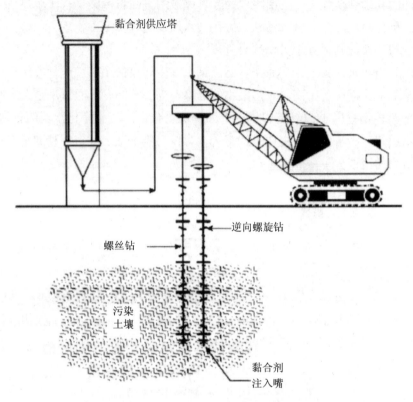

图 6-16　原位固化/稳定化技术修复土壤示意图

（http：//www.navfac.navy.mil/）

二、化学修复技术

化学修复技术主要有土壤淋洗法、土壤清洗法以及处置技术里面提出的热解和化学氧化还原等方法。

土壤淋洗技术借助能促进土壤环境中污染物溶解或迁移的溶剂，通过水力压头将清洗液注入被污染土层中，然后将富含污染物的液体从土层中抽提出来并进行分离和污水处理，以达到土壤污染的治理和恢复。图 6-17 为土壤淋洗示意图。

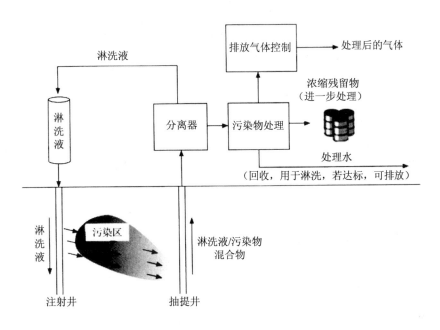

图 6-17　土壤淋洗示意图（全向春等，2013）

　　淋洗液通常是表面活性剂和水，此法费用较低，但存在容易造成二次污染的缺陷。比如采用表面活性剂对土壤中 PCBs 的洗脱，通过减小液-固之间的表面张力，将阻塞在土壤孔隙中的 PCBs 分散到溶液中，形成胶束，促使 PCBs 从土壤中重新分配到疏水的胶束核中。洗脱效果与表面活性剂种类、性质、质量浓度及土壤成分有关，通常非离子型表面活性剂效果较好，洗脱液还需继续处理。土壤清洗与土壤淋洗技术不同的是，土壤清洗技术要把污染土壤挖掘出来，用水或溶于水的化学试剂清洗，去除污染物，再处理含污染物的废水，最后将洁净的土壤回填或运到其他地点。土壤清洗是一种性价比较高的、独立的土壤处理技术，此外还可以用作其他复杂土壤处理技术的减容和预处理步骤。图 6-18 为土壤清洗的工艺流程图。还可采用萃取方法进行化学清洗，超临界萃取法是采用超临界流体萃取土壤中的有机污染物，使污染物被浓缩富集而被除去，但设备投资大，运行成本高。微波萃取法是利用微波能来提高萃取效率的一种新技术，可对土壤中的污染物进行选择性萃取，从而从土壤中分离出去，可在瞬间加热，缩短萃取时间，提高萃取效率。

三、生物修复技术

　　生物修复技术是利用生物新陈代谢的方法将土壤、地下水和海洋中的有毒有害污染物吸收、转化或分解，并从环境中去除，减少其对环境的危害。主要包括微生物修复技术、植物修复技术、菌根生物修复技术等。

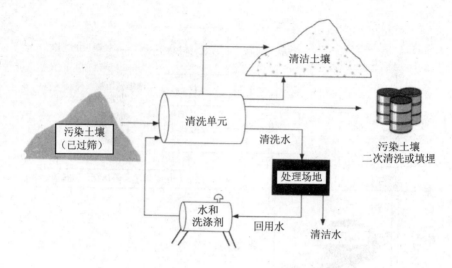

图 6-18　土壤清洗工艺流程图（全向春等，2013）

1. 微生物修复技术

（1）修复机理

微生物修复技术是在人为优化的条件下，利用自然环境中的微生物或人为投加特效微生物的生命代谢活动，来分解土壤中的污染物，以修复受污染的环境。微生物对物质进行各种转化作用的生理学基础是其新陈代谢活动，在这一过程中，有机污染物在土壤微生物的作用下可以直接分解或通过共代谢作用分解为低毒或无毒的代谢产物，也可以是微生物分泌的酶系（胞内酶和胞外酶）对有机物的代谢作用等。为了强化某种有机物的降解作用，可运用分子生物学、遗传学和基因工程等新理论、新技术分离和选育高效降解菌种和酶系，并增强它们对污染物的降解能力，这是提高土壤微生物修复效果的研究热点。

白腐真菌是一类对 POPs 污染物降解效果较好的微生物，是一类能够分解木质素大分子并引起木材白色腐朽的丝状真菌。目前已知的白腐真菌大约有 2 000 种，对许多 POPs 都有降解作用。降解功能表现出高效、低耗、广谱、适用性强等特点。白腐真菌对污染物的降解方法主要分为两类：一是在液相中直接将真菌与污染物混合；二是将真菌置于固相培养基中，利用其产生的过氧化酶和过氧化氢与污染物混合。

（2）治理方法

① 原位生物修复技术。a. 农耕法（land farming）：对污染土壤进行耕耙处理，在处理过程中施入肥料进行灌溉，用石灰调节酸度，使微生物处于最适宜的降解条件，保证污染物的降解在土壤的各个层次上都能发生。该方法结合农业措施，经济易行，对于土壤通透性较差、土壤污染较轻、污染物较易降解时可选用。b. 投菌法（bioangmentation）：直接向遭受污染的土壤中接入外源的污染物降解菌，并提供这些细菌生长所需的营养物质，如：氮、磷、硫、钾、钙、镁、铁、锰等。c. 生物培养法（bioculture）：就地定期向土壤中投

加过氧化氢和营养物以满足污染环境中已经存在的降解菌的需要，提高土著微生物的活性，将污染物完全降解为二氧化碳和水。d. 生物通气法（biovention）：是一种强迫氧化的生物降解方法。在污染的土壤上至少打两口井，安装上鼓风机和抽真空机，将空气强行通入土壤，然后抽出，土壤中污染也随之去除。在通入空气时，加入一定量的氨气，为微生物提供氮源增强其活性，其制约因素是土壤结构，不合适的土壤结构会使氧气和营养元素在到达污染区域之前就被消耗，具有多孔结构的土壤可采用此法。e. 有机黏土法（orgnicclay）：是一种化学与生物相结合的新方法。带正电荷的有机物、阳离子表面活性剂通过化学键结合到带负电荷的人工合成的有机黏土表面上，有机黏土可扩大土壤和含水层的吸附容量，黏土上的表面活性剂可以将有机污染物吸附到黏土上富集。f. 原位微生物-植物联合修复（phytoremedying）：在污染土壤上栽种对污染物吸收能力高、耐受性强的植物，利用植物的生长吸收以及根区的微生物修复作用，去除土壤中污染物。联合修复的关键是根据土壤污染的实际情况寻找合适的植物-微生物的匹配组合。

② 异位生物修复技术。a. 堆肥法（composing）：是传统堆肥和生物治理的结合。它依靠自然界广泛存在的微生物使有机物向稳定的腐殖质转化，是一种有机物高温降解的固相过程。一般是将土壤和一些易降解的有机物如粪肥、稻草、泥炭等混合堆制，同时加石灰调节 pH 值，经发酵处理，可降解大部分污染物。b. 预制床法（prepared bed）：在不泄漏的平台上铺上石子和砂子，将受污染的土壤以 15～30 cm 的厚度在平台上平铺，加营养液和水，必要时加上表面活性剂，定期翻动土壤补充氧气，以满足土壤中微生物生长的需要，将处理过程中渗透的水回灌于土层上，以完全清除污染物。c. 生物反应器法（bioreactor）：将污染土壤移到生物反应器中，加 3～9 杯水使之成泥浆状，同时加必要的营养物质和表面活性剂，泵入空气充氧，剧烈搅拌使微生物与污染物充分混合，降解完成后，快速过滤脱水。其降解条件较易控制，可满足微生物降解所需最适条件。d. 厌氧处理法（anaerobic reactor）：对一些污染物如多氯联苯，好氧处理不理想，用厌氧处理效果好一些，但由于厌氧处理条件难以控制，并且易产生中间代谢污染物等，其实际应用较少。

2. 植物修复技术

植物修复技术（phytoremediation）是利用植物的独特功能，并可和根际微生物协同作用，从而发挥生物修复的更大功能，进而使污染得以消除。与微生物修复技术相比，植物修复技术更适合用于现场修复。

（1）植物修复机理

① 植物对有机污染物的直接吸收。植物从土壤中直接吸收有机污染物，然后将无毒性的代谢中间体储存在植物组织中，可去除环境中中等亲水性有机污染物，疏水性有机化合物易被根表强烈吸附而难以被运输到植物体内。而较易溶于水的有机物不易被根表吸收而易被运输到植物体内。

有机化合物被植物吸收后有多种去向：植物可将其分解，并通过木质化作用将其转化为植物体的组成部分，也可转化成无毒性的中间代谢物，储存在植物体内，或完全被降解并最终被矿化成二氧化碳和水，达到去除有机污染物的目的。植物通过根部吸收有机污染物的途径有质外体、共质体和质外体-共质体。质外体是让有机污染物通过凯氏带进入木质部；共质体包括初始进入细胞壁，而后进入表皮、皮层细胞的原生质，有机物滞留在原生质中，然后通过胞间连丝进入内皮层、中柱和韧皮部；质外体-共质体途径与共质体途径基本相同。

② 植物根部释放的酶可催化降解有机污染物。植物根系释放到土壤中的酶可直接降解有机污染物，植物死亡后酶释放到环境中，还可以继续发挥分解作用。

③ 根际的生物降解作用。根际是受植物根系活动影响的根-土界面的一个微区，也是植物-土壤-微生物与其环境条件相互作用的场所。在根际，植物和微生物的相互作用是复杂和互惠的，高等植物根际微生物的数量很大程度上取决于植物根分泌物中所含糖类、有机酸、氨基酸等物质的数量和种类，这些分泌物越多，微生物生长越旺盛。根分泌物对根际微生物活性的影响不仅提高已存微生物的数量和活性，而且能选择性地影响微生物生长，使根际不同微生物的相对丰度发生改变，从而有利于根际的有机污染物被降解。

（2）植物修复的基本类型

① 植物提取作用（phytoextraction）：即通过对环境污染物有富集作用的植物把有机物从土壤中吸收到植物体内。

② 植物降解作用（phytodegradation）：利用植物的代谢作用及与其共生的微生物活动来降解有机污染物。

③ 植物固定作用（phytostabilization）：利用植物根系的吸附作用来减少环境中污染物的生物可获得性，从而降低其对环境的危害。

④ 植物挥发作用（phytovolat ilization）：通过植物对有机污染物的吸收和转化作用最终将其挥发到空气中。

3. 菌根生物修复技术

菌根是土壤中的真菌菌丝与植物营养根系形成的一种联合体，利用植物-菌根-菌根根际微生物这一复合系统的特异效应降解污染物，外生菌根真菌对不同类型有机污染物降解程度与降解速率取决于真菌的种类、有机污染物的存在状态、土壤的理化条件、植物根际环境、土壤等因素。丛枝菌根真菌的纯培养尚未实现，目前主要通过菌根侵染率、孢子数量、植物生长情况等间接指标来反映。菌根真菌降解有机污染物的可能机制有直接分解作用和共代谢作用。

（1）直接分解有机污染物

菌根真菌是异养微生物，它需要分解外源碳得到能量以供其生长和繁殖，而有机污染物以碳为主要构成元素，理论上可以作为菌根真菌的外源碳。菌根真菌可能通过特殊途径分解有机污染物来获得能量，并把有机污染物分解为简单的有机物、碳水化合物、水和盐等，在客观上起到将有毒物直接分解为无毒物质的作用。植物的根细胞分泌黏液和其他细胞的分泌液构成了植物的渗出物，这些都为根际微生物提供了营养和能源。

（2）共代谢降解

所谓共代谢，是指化合物不能被完全矿化利用，降解菌必须从其他底物获得大部分碳源和能源。在根际土壤中，菌根真菌与植物互为共生关系，这种共生关系可能导致菌根真菌通过从植物获得基本能量和底物，再通过共代谢的方式加速降解土壤中的有机污染物。

4. 动物修复技术

土壤动物修复是指通过土壤动物群（蚯蚓、线虫类等）对污染物的直接吸收、转化、分解作用，以及其对土壤理化性质、土壤肥力、植物和微生物生长的间接促进作用，从而实现污染土壤修复的过程。土壤动物对土壤中的有机物污染物有机械破碎、分解作用等。与此同时，它们还分泌许多酶等，并通过肠道排出体外，而大量的肠道微生物也会转移到土壤中来，与土著微生物一起分解污染物，使污染物浓度降低或消失。目前在有关有机污染土壤的动物修复中研究最多的是蚯蚓。

5. 现代生物修复技术

现代生物修复技术主要包括基因工程、酶工程、细胞工程和发酵工程。这些技术以基因工程为核心，相互联系，相互渗透，基因工程技术的发展将会带动酶工程、细胞工程、发酵工程的发展。现代环境生物技术在 POPs 的控制和治理方面具有不可替代的优势，得到了广泛的应用。基因工程为改变细胞内关键酶或酶系统，提高微生物降解速率，拓宽底物专一性范围，维持低浓度下代谢活性以及改善 POPs 降解过程中的生物催化稳定性等提供了可能。通过引入编码新酶的活性基因，对现有的基因物质进行改造、重组，从而构建出新的微生物，基因工程可用于氯代芳烃混合物的降解。生物的降解反应中，微生物之间共生或者互生现象普遍存在，通过原生质体融合技术，可以将多个细胞的优良性状集中到一个细胞内，使之具有新的性能。而酶工程处理费用高，若使用不当，可能产生有毒物质，比较适合低浓度、高毒性有机污染物的处理，但反应副产物的稳定化、反应残余物的处理还有待研究。目前，细胞工程所涉及的主要技术有动植物组织和细胞培养技术、细胞融合技术、细胞器移植和细胞重组技术、DNA 重组技术和基因转移技术等。随着这些技术的发展，必将 POPs 的控制技术注入新的活力。

思考题

1. 什么是公约中提到的最佳可行技术？
2. 什么是有害生物综合防治？

3. 已经成熟的 POPs 控制技术有哪些？我国目前主要采用的是哪几种？

4. 我国废物环境无害化管理与处置技术要求中对焚烧炉运行的技术要求主要是什么？

5. 安全填埋的处置对象主要有哪几种？

6. 持久性有机污染物污染的场地修复技术有哪几类？举例说明。

参考文献

[1] 高国龙,蒋建国,李梦露. 有机物污染土壤热脱附技术研究与应用[J]. 环境工程,2012,30(1):128-131.

[2] 余亮亮,谢悦波,齐虹. 持久性有机污染物及修复技术[J]. 世界科技研究与发展,2008,30(6):728-731.

[3] 腾应,李秀芬,潘澄,等. 土壤及场地持久性有机污染的生物修复技术发展及应用[J]. 环境监测管理与技术,2011,23(6):43-46.

[4] 关于对由持久性有机污染物构成、含有此种污染物或受其污染的废物实际无害环境管理的一般性技术准则(《巴塞尔公约》第七次缔约方大会通过)UNEP/CHW. 7/1.

[5] 全向春,李安婕,等. 突发性场地污染事故处理处置方法及技术体系[M]. 北京:科学出版社,2013.

[6] 黄勤超,黄民生,池金萍,等. 沉积物中持久性有机污染物生物修复的现状与展望[J]. 三峡环境与生态,2012,34(6):36-40.

[7] 赵金福,美国危险废物填埋场的设计[J]. 中国环保产业,2002,08:40-41.

[8] Cost and Performance Report:In Situ Vitrification at the Parsons Chemical/ETM Enterprises Superfund SiteGrand Ledge, Michigan, http://www. clu-in. org/products/costperf/VITRIFIC/Parsons2. htm.

[9] 余刚,牛军峰,黄俊,等. 持久性有机污染物-新的全球性环境问题[M]. 北京:科学出版社,2005.

[10] 薛南冬,李发生,等. 持久性有机污染物(POPs)污染场地风险控制与环境修复[M]. 北京:科学出版社,2011.

[11] 王瑛. 热脱附技术修复 DDTs 污染土壤的研究[D]. 陕西:西北农林科技大学,2011.

[12] 傅海辉. 多溴联苯醚(PBDEs)污染土壤热脱附实验研究[D]. 陕西:西北农林科技大学,2012.

[13] 中国环境科学学会. 中国环境科学学会学术年会论文集[C]. 北京:中国环境科学出版社,2010.

[14] 彭桂莲. 超临界水中有机污染物氧化降解效率及影响因素探析[J]. 科技信息,2012,29:425.

[15] 杨少霞,冯玉杰,万家峰,等. 湿式催化氧化技术的研究与发展概况[J]. 哈尔滨工业大学学报,2002,34(4):540-544.

[16] 慕峰. 几种有机难降解污染物的光催化氧化技术研究[D]上海:东华大学,2003.

[17] 李文书,李咏梅,顾国维. 高级氧化技术在持久性有机污染物处理中的应用[J]. 工业水处理,2004,24(11):9-12.

[18] 马淑敏,刘雅娜,金文标,等. 有机污染土壤的生物修复研究进展[J]. 河北建筑科技学院学报,,2006,23(3):39-42.

[19] POPs 废物环境无害化管理与处置技术要求,2010.

第七章　应对持久性有机污染物的全球行动

第一节　针对持久性有机污染物的国际公约制定过程

20 世纪 80 年代，科学家们不但在北极的环境中和北极熊等动物体内检测到有机氯化合物，还发现爱斯基摩女性母乳中有机氯化合物的浓度高于魁北克南部的女性。这一发现促使国际社会开始关注有机氯化合物在全球范围的污染问题，并达成了一些涉及持久性有机污染物的区域性环境保护国际协议，其中涉及持久性有机污染物的国际公约主要有三个，分别是《控制危险废物越境转移及其处置巴塞尔公约》《关于在国际贸易中对某些危险化学品和农药采用事先知情同意程序的鹿特丹公约》以及针对持久性有机污染物的《关于持久性有机污染物的斯德哥尔摩公约》。

1992 年，波罗的海周边 9 国和原欧共体通过了《保护波罗的海区域海洋环境公约》，决定优先减少和消除包括重金属及其化合物、有机卤化物等在内的十大有毒有害物质。公约要求缔约方采取各种适当的法律、行政或其他措施，防止和消除污染，促进波罗的海的生态恢复和生态平衡。

1992 年 4 月，黑海周边 6 国签署《防止黑海污染公约》，并于 1994 年初批准。公约根据毒性、持久性和生物蓄积性，列出了十大类优先预防的化学物质，其中包括有机卤化物（如滴滴涕、多氯联苯等）、具有"三致"（致癌、致畸、致突变）效应的持久性化学物质等，要求缔约方采取措施，防止这些物质对黑海造成污染。

1992 年 9 月，欧洲 15 国和原欧共体委员会在合并 1972 年《关于倾废的奥斯陆公约》和 1974 年《关于源自陆源污染物的巴黎公约》的基础上，通过了《保护东北大西洋海洋环境公约》。提出优先减少和消除包括重金属及其化合物、有机卤化物在内的八大类有毒有害化学物质对东北大西洋的污染，同时决定成立一个委员会，制订一项减少和消除持久、蓄积、有毒的陆源污染物排放的计划。

1995 年 5 月联合国环境规划署（UNEP）理事会第五次会议通过 18/32 号决议，邀请有关国际机构对 POPs 问题进行评估。

1995 年 6 月北海国家发表了保护北海环境的"Esbjerg 宣言"，决定在 25 年内逐步减少直至停止 POPs 等有毒物质的排放。

1995 年 10 月 23 日加拿大、墨西哥和美国 3 国批准了北美环境合作协定，制定了涉及多种 POPs 的北美地区行动计划（NARAP）。

1996 年 6 月化学品安全政府间论坛（IFCS）确认有充分证据需要采取国际行动来减少 12 种 POPs 对人类健康和环境的风险，这 12 种 POPs 物质为艾氏剂、氯丹、滴滴涕、狄氏剂、异狄氏剂、七氯、灭蚁灵、毒杀芬、六氯苯、多氯联苯、二噁英和呋喃。

1997 年 2 月 UNEP 理事会决定邀请有关国际组织合作准备召开政府间谈判委员会（INC），制定有法律约束力的国际文书以便采取国际行动；同时通过了 19/13C 号决议，采纳了 IFCS 的研究结论及推荐意见。

1997 年 5 月世界卫生大会赞同 IFCS 的建议书，并通过一项关于 POPs 问题的决议，号召各成员国遵循和执行 UNEP 和 WHO 理事会关于 POPs 的决议。

1998 年东北大西洋地区 15 国部长和欧盟环境专员在《保护东北大西洋海洋环境公约》下同意到 2020 年停止包括多种 POPs 在内的有害物质向海洋的排放。

1998 年 6 月 24 日，美国、加拿大和欧洲 32 国在丹麦奥尔胡斯正式签署了《关于长距离越境空气污染物公约》下的《关于持久性有机污染物的议定书》，规定禁止或削减 16 种 POPs 物质的排放，并禁止和逐步淘汰某些含 POPs 产品的生产。

1998 年 6 月 29—30 日，政府间谈判委员会第一次会议（INC1）在加拿大蒙特利尔召开，会上成立了执行小组（IAG）和标准问题专家组（CEG）。

1999 年 1 月 25—29 日，INC2 在肯尼亚内罗毕召开，主要讨论了秘书处提供的框架文本。

1999 年 9 月 6—11 日，INC3 在瑞士日内瓦召开，批准了 CEG 的建议作为后续谈判基础，IAG 继续讨论技术援助、资金资源和机制。

2000 年 3 月 20—25 日，INC4 在德国波恩举行，讨论主要围绕减排措施、技术援助、资金机制等有争议问题，发展中国家和发达国家仍然存在很大分歧。

2000 年 12 月 4—10 日，INC5 在南非约翰内斯堡召开，122 个国家的代表同意对首批 12 种 POPs 所造成的健康和环境风险采取全球控制。

2001 年 5 月 22—23 日，全权代表大会在瑞典斯德哥尔摩召开，127 个国家的代表通过了《关于持久性有机污染物的斯德哥尔摩公约》，并开放供各国签署。时任国家环境保护总局（现环境保护部）副局长祝光耀代表中国政府签署了公约。

2002 年 6 月 17—21 日，INC6 在瑞士日内瓦召开，会议讨论了滴滴涕豁免、副产品减排、技术援助、资金机制等重要问题。

2003 年 7 月 14—18 日，INC7 在瑞士日内瓦召开，会议未能就关键的资金机制、新增 POPs 等问题达成一致。

2004 年 2 月 17 日法国成为第 50 个批准国，按照《斯德哥尔摩公约》的规定，自第 50 份批准文书交存后 90 天起公约生效，该公约的正式生效日为 2004 年 5 月 17 日。

2004 年 5 月 17 日，《斯德哥尔摩公约》正式生效，全球削减和淘汰 POPs 进入实质性的全面开展阶段。

2005 年 5 月 2—6 日，《斯德哥尔摩公约》第一次缔约方大会在乌拉圭举行。会议对议事规则、争端解决、成效评估、技术援助、特定豁免等议题进行商议。

2006 年 5 月 1—5 日，《斯德哥尔摩公约》第二次缔约方大会在瑞士日内瓦举行。会议主要审议并通过了公约成效评估、资金机制、技术援助、协同增效、不履约问题、新增 POPs 等议题。

2007 年 4 月 30 日—5 月 4 日，《斯德哥尔摩公约》第三次缔约方大会在塞内加尔首都达喀尔召开。会议主要审议并通过了公约成效评估、技术援助、协同增效、不履约问题、新增 POPs、最佳可行技术/最佳环境实践（BAT/BEP）导则等 22 项决议。

2009 年 5 月 4—8 日，《斯德哥尔摩公约》第四次缔约方大会在瑞士日内瓦举行。会议决定新增列 9 种持久性有机污染物于条约附件中，禁止或限制其使用。这 9 种持久性有机污染物包括：α-六氯环己烷、β-六氯环己烷、六溴二苯醚和七溴二苯醚、四溴二苯醚和五溴二苯醚、十氯酮、六溴联苯、林丹、五氯苯以及 PFOS/PFOSF。

2011 年 4 月 25—29 日，《斯德哥尔摩公约》第五次缔约方大会在瑞士日内瓦举行。会议决定将硫丹作为新增化学物质列入公约附件 A"消除"的受控范围，同意其在一些作物病虫害防治上的豁免。

2013 年 4 月 28 日—5 月 10 日，《斯德哥尔摩公约》第六次缔约方大会在瑞士日内瓦召开。会议重点审议了公约履约进展情况及预算等常规议题。

第二节　《关于持久性有机污染物的斯德哥尔摩公约》

一、主要内容

《斯德哥尔摩公约》是国际社会鉴于 POPs 对全人类可能造成的严重危害，为淘汰和削减 POPs 的生成和排放、保护环境和人类免受 POPs 的危害而共同签署的一项重要国际环境公约。

《斯德哥尔摩公约》分序言、正文和附件三部分。序言简述了制定公约的出发点，阐述了一些原则和认识，如共同而有区别的原则、预先防范原则等。

正文共 30 条，包括目标、定义、实质性条款 14 条和常规性条款 14 条。正文规定要通过控制生产、进出口、使用和处置等措施减少并最终消除有意生产的 POPs 的排放；对于有意性生产和使用产生的 POPs 排放，缔约国应当禁止和消除这些化学品的生产和使用；缔约国有义务制订计划，查明 POPs 的库存量及有关废物，并采用环境无害化方式进行管理；对于新型的农药和工业化学品，缔约国应当采取措施，对具有 POPs 特性的此类化学品的生产和使用进行管制；对 POPs 的进出口仅限于特定的案例，如以环境无害处置为目的的进出口。《斯德哥尔摩公约》同时规定了增补 POPs 的标准和程序，以及资金资源和机制，并要求发达国家提供额外的资金资源和技术援助。此外，还对缔约方的常规义务作了规定，包括：在公约生效两年之内，制定旨在履行本公约规定各项义务的国家实施计划；向缔约方大会报告为执行公约采取的措施；促进和进行信息交流，建立国家联络窗口；面向公众，特别是决策者等开展广泛的宣传教育活动；鼓励和开展替代品的研究、开发，开展监测，加强国际合作与交流等。

7 个附件对公约正文的规定做出了更为详尽的说明。其中附件 A、B、C 中包含的 POPs 物质见表 7-1。

表 7-1 《斯德哥尔摩公约》中包含的 POPs 物质一览表

列入公约的时间	附件 A	附件 B	附件 C
首批受控 12 种 （2001.5）	艾氏剂、狄氏剂、异狄氏剂、七氯、毒杀酚、多氯联苯、氯丹、灭蚁灵、六氯苯	滴滴涕	多氯二苯并对二噁英、多氯二苯并呋喃、六氯苯和多氯联苯
《2009 年修正案》增列 9 种 （2009.5）	α-六氯环己烷、β-六氯环己烷、十氯酮、六溴联苯、林丹、六溴二苯醚和七溴二苯醚、五氯苯、四溴二苯醚和五溴二苯醚	全氟辛基磺酸及其盐类和全氟辛基磺酰氟	五氯苯
《2011 年修正案》增列 1 种 （2011.4）	硫丹		
第六次缔约大会 （2013 年）	六溴环十二烷		

附件 A 列出需要消除其生产和使用的 POPs 物质及其特定豁免的情况。

附件 B 指明了需要限制生产和使用的 POPs 物质。

附件 C 对无意产生的 POPs 物质做了详细说明。

附件 D 对 POPs 审查从 4 个方面提出了筛选标准。

附件 E 提出了审查 POPs 时需在风险简介中提供的资料。

附件 F 说明了提出增列 POPs 建议时应提供的涉及社会经济因素的信息。

附件 G 规定了争端解决的仲裁程序和调解程序。

二、各国签署进程

《斯德哥尔摩公约》于 2001 年 5 月 23 日开放供各国签署，并于 2004 年 5 月 17 日在国际上生效。截至 2013 年年底，共有 179 个缔约方。我国于 2001 年 5 月 23 日签署了公约。2004 年 6 月 25 日，第十届全国人大常委会第十次会议做出了批准《斯德哥尔摩公约》的决定，同年 11 月 11 日公约对我国生效，并适用于香港特别行政区和澳门特别行政区。图 7-1 为到目前为止，世界各国签署状况图。

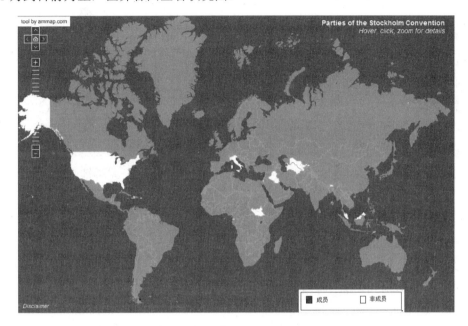

图 7-1 世界各国签署《公约》现状

第三节 斯德哥尔摩公约的相关机构

一、缔约方大会

《斯德哥尔摩公约》规定，第一次缔约方大会应在公约生效后一年内由联合国环境规划署执行主任召集。此后，缔约方大会的例会应按缔约方大会所确定的时间间隔定期举行。缔约方大会的特别会议可在缔约方大会认为必要的其他时间举行，或应任何缔约方的书面请求并得到至少 1/3 缔约方的支持而举行。缔约方大会应不断审查和评价本公约的实施情况。履行本公约为其指定的各项职责。联合国及其专门机构、国际原子能机构以及任何非本公约缔约方的国家均可作为观察员出席缔约方大会的会议。任何其他组织或机构，无论是国家或国际性质、政府或非政府性质，只要在本公约所涉事项方面具有资格，并已通知秘书处愿意以观察员身份出席缔约方大会的会议，均可被接纳参加会议，除非有至少

1/3 的出席缔约方对此表示反对。观察员的接纳和参加会议应遵守缔约方大会所通过的议事规则。

二、公约秘书处

公约秘书处的职能包括：为缔约方大会及其附属机构的会议作出安排并为之提供所需的服务；根据要求，为协助缔约方，特别是发展中国家缔约方和经济转型国家缔约方实施本公约提供便利；确保与其他有关国际组织的秘书处进行必要的协调；定期编制和向缔约方提供报告；在缔约方大会的全面指导下，作出为有效履行其职能所需的行政和合同安排；履行本公约所规定的其他秘书处职能以及缔约方大会可能为之确定的其他职能。

公约的秘书处职能应由联合国环境规划署执行主任履行，除非缔约方大会以出席会议并参加表决的缔约方的 3/4 多数决定委托另一个或几个国际组织来履行此种职能。

三、审查委员会

持久性有机污染物审查委员会是公约的一个附属机构，其成员应由缔约方大会予以任命。委员会应由政府指定的化学品评估或管理方面的专家组成。其成员应在公平地域分配的基础上予以任命。缔约方大会规定了审查委员会的职责范围、组织和运作方式；委员会应尽一切努力以协商一致方式通过其建议。如果为谋求协商一致已尽了一切努力而仍未达成一致，最后采取的方式是以出席并参加表决成员的 2/3 多数票通过此类建议。

四、联合国环境规划署（UNEP）

联合国环境规划署作为全球环境领导机构，是《斯德哥尔摩公约》的主办组织。联合国环境规划署的宗旨是：促进环境领域内的国际合作，并提出政策建议；在联合国系统内提供指导和协调环境规划总政策，并审查规划的定期报告；审查世界环境状况，以确保可能出现的具有广泛国际影响的环境问题得到各国政府的适当考虑；经常审查国家和国际环境政策和措施对发展中国家带来的影响和费用增加的问题；促进环境知识的取得和情报的交流。

联合国环境规划署是联合国系统中促进化学品无害管理国际事务的主要推动力。致力于促进化学品安全以及向各国提供有关有毒化学品的信息。环境规划署通过向发展中国家和经济转型国家提供政策咨询、技术指导和能力建设来推动化学品安全，其中包括国际化学品管理战略方针实施的相关活动。

五、政府间组织（IGO）

1. 联合国粮农组织（FAO）

联合国粮农组织（FAO）制定了《国际农药销售和使用的行为规则》，关注农药生产和使用给环境带来的破坏，POPs中很多种类属于农药。粮农组织在农药问题方面为主要参与者提供了很多合作的机会。

2. 全球环境基金（GEF）

全球环境基金（GEF）成立于1990年11月，由世界银行、联合国开发计划署、联合国环境规划署作为国际执行机构来共同管理，其宗旨是通过提供赠款，鼓励和支持发展中国家开展对全球有益的环境保护活动。世界银行为GEF的信托基金托管方，负责管理GEF信托基金。全球环境基金于2002年将POPs领域作为GEF支持的一个新业务领域，成为GEF的第六个业务领域。POPs公约第14条也将GEF指定为该公约的临时资金机制。从此，GEF开始了对POPs项目的支持，帮助发展中国家开展POPs公约的履约活动。

3. 联合国开发计划署（UNDP）

联合国开发计划署是全球环境基金在持久性有机污染物方面的一个执行机构。联合国开发计划署支持在世界各地50多个国家的持久性有机污染物项目的实施，涵盖了众多的行业和活动：包括更新国家实施计划（NIP）；完善的管理和处置持久性有机污染物农药；减少多氯联苯库存；逐步实施最佳可行技术（BAT）和最佳环境实践（BEP）等方面。

4. 联合国工业开发组织（UNIDO）

联合国工业开发组织帮助发展中国家和经济转型国家遵守《斯德哥尔摩公约》，培养发展中国家的履约能力，以保护其人民和环境资源免受持久性有机污染物的污染。联合国工业开发组织帮助许多缔约方制订其国家实施计划，在持久性有机污染物的扶持活动项目中起到非常重要的作用。

5. 联合国训练研究所（UNITAR）

联合国训练研究所为发展中国家消除或减少释放持久性有机污染物提供支持。包括协助制订国家实施计划，支持立法、基础设施建设、消除多氯联苯等《斯德哥尔摩公约》实施项目。

6. 世界银行

世界银行作为全球环境基金的一个执行机构，其工作涉及部分持久性有机污染物消除的项目，目的是帮助全球各国人民及环境免受持久性有机污染物污染。

7. 世界卫生组织（WHO）

世界卫生组织主要从事环境、健康和健康风险评估活动。目前公约秘书处与世界卫生组织和其他有关方面合作，致力于依照《斯德哥尔摩公约》减少滴滴涕的使用直至最终消除。

六、非政府组织（NGO）

《斯德哥尔摩公约》的相关机构中还包括多个非政府组织。非政府组织和公民社会组织如有兴趣在本国和当地开展 POPs 削减行动，还可以加入一个或多个从事 POPs 工作的网络。

1. 国际消除 POPs 网（IPEN）

IPEN 是一个全球网络联盟，它由代表公众利益的非政府组织联合组成，致力于建设常见 POPs 削减平台。该网络向非政府组织提供所有与履行《斯德哥尔摩公约》相关事宜的信息和支持。

2. 农药行动网（PAN）

PAN 是一个由非政府组织、机构和相关人士组成的全球网络。该网络致力于用环境无害化的替代品取代有害农药的使用。它可提供 POPs 农药方面的信息和帮助，包括废弃农药库存和与滴滴涕、疟疾相关的事宜。

3. 无害医疗（HCWH）

HCWH 是一个全球联合组织。它致力于通过减少医疗领域的污染从而保护人类健康。该组织拥有一支具备正确管理和处理医疗废物的专家队伍。

4. 全球焚化炉替代联盟（GAIA）

GAIA 是一家国际联合组织，包括个人、非政府组织、社区基础上的组织、学者和其他。它致力于终止所有形式废弃物的焚烧，防止废物产生和促进废弃物管理实践，以达到可持续性目标。该组织向反对焚烧机构以及提倡非焚烧废弃物管理的机构提供信息和援助。

5. 世界公共卫生协会联盟（WFPHA）

WFPHA 是一家具有多工作领域的国际非政府组织和公民社会组织。它旨在联合致力于保护和促进公众健康并积极行动的公共卫生专业人士。

6. 国际医师支持环保协会（ISDE）

ISDE 是一个由医生组成的环保非政府组织。该组织对医生和大众开展 POPs 等主要环境问题的宣传教育，以保护全球环境。

7. 欧洲女性共创未来国际组织（WECF）

WECF 是一家遍布中亚和欧洲 30 个国家的妇女和环保组织网络。该组织致力于使每个人都享有健康的环境。

第四节　国际上持久有机污染物的国家管理经验

中国在持久性有机污染物管理方面起步较晚，而国际上有些国家则在很早就很重视这方面物质的管理。中国可以通过总结国际上其他国家的经验，借鉴其成功的方面，吸取其不好的教训，从而更好地对我国的持久性有机污染物进行管理。国际上持久性有机污染物的管理经验涉及三个部分，第一部分是农药类 POPs 管理经验，第二部分是工业化学品类 POPs 管理经验，第三部分是无意产生的副产物类 POPs 的管理经验。

一、农药类 POPs

1. 管理机构体系

为了有效管理农药（大部分有意生产 POPs 属于农药），各国根据本国国情及整个法律体系采取了不同的机构设置形式。既有从上至下统领式的，如美国，也有各个同级部门分工合作的，如瑞典、日本，虽然形式上各不相同，但都可以对本国的农药管理起到有效的监督和指导作用。

美国采用的是"以联邦政府管理为主，联邦与各州政府相互配合"的管理形式，即联邦政府根据《农药法》授权 EPA 对农药的监督和管理负主要责任，可依法制定相关标准和行政规章，而各州经过 EPA 批准后，可以制定本州的相应标准和行政规章用于管理本州的农药，但所制定的标准和规章不得低于联邦政府制定的相应的标准和规范。如果有的州未严格履行职责，EPA 可以采取财政或行政等措施强制州政府履行义务，必要时还可以代替州政府直接加以管理。同时，其他联邦机构如农业部、食品及药物管理局、职业安全及卫生管理局和消费者产品安全委员会被授权从事各自业务内的管理。在所有机构当中，美国农药管理处（OPP）是这些管理机构中最重要的部门，它成立于1970年，是美国农药管理法的执法单位。由于农药问题的广泛性和复杂性，OPP下属1个后勤部和9个专业部，各个部门之间分工合作，密切配合。

与美国不同，很多其他的国家采用的是中央一级的涉及农药的各个部门联合监管式的机构设置，针对农药的不同环节由不同的部门实施监管。比如，瑞典根据《化学品管理法》，由国家化学品检察署、国家环境保护局与国家职业安全和健康委员会等机构分工负责。国家化学品检察署，主要负责对农药生产、进口和其他供应者的审批和监督，一些有关农药的登记和重新登记、农药评价和调查等法规和监督也主要由该部门负责；国家环境保护局，主要负责与农药管理有关的自然环境的保护；国家职业安全和健康委员会，主要负责商业活动与农药有关的工作环境中，防止损害健康和事故的发生。此外，其他一些相关部门，如有关运输管理机关，负责农药运输过程中的管理工作。日本对农药实施管理的部门主要是农林水产省（负责制定每种农药应当具有的有效成分含量，农药登记，安全使用标准的颁布，指导检查等）和环境厅（负责制定环境介质中的残留量标准，责令提供有关业务或农药使用的报告或实施检验等），但农林水产省制定、修改或废除作物残留性农药、土壤残留性农药或水质污染性农药的法定标准时，必须与环境厅进行协商。此外，都道府县也部分具有上述农药管理的权力。

2．相关法律体系

法律体系的变革反映了人类对农药生产和使用认识的不断变化，也折射出相关管理体系的更迭。同时，法律法规的建立和有效执行也确保了农药管理的强制性和目标实现的可靠性。

《斯德哥尔摩公约》的签署，进一步促进各国对本国农药管理法律法规的修改补充，将POPs物质明确列出，并更改相关法律法规中互相矛盾的地方，保证公约的有效履行。比如，美国针对《斯德哥尔摩公约》、《鹿特丹公约》和《巴塞尔公约》提出了《对履行斯德哥尔摩公约以及1979年的长距离越境空气污染协议的有关POPs物质和国际贸易中涉及的杀虫剂方面的每一部分的立法修改建议》以及《对FIFRA和有毒物质控制法案的修正案》两份报告，详细列出了修改意见。这两个修改意见中都明确定义了POPs公约物质和远程跨国界大气污染公约POPs协议物质，并修改了一些文字表述，成为POPs公约履行的法律依据。

对于农药管理的立法，一般来讲，各国都分为不同的层次，最高一级的立法是由国会/议会通过的法律，其效力仅次于宪法，具有较高的强制性；其次是政府颁布的行政法规或条例，效力仅次于法律，具有较强的操作性；再次是公共部门（类似于我国的国家机关）颁布的管理规章；最后是地方颁布的仅适用于本区域内部的地方性规章制度。这种清晰的层次性在各国立法中都有体现，以瑞典为例，有关农药环境管理的法律制度由三个不同级别的环境法律文件组成：首先是国家议会颁发的法律，属于第一级立法，其效力仅次于宪法，有《化学品管理法》、《林地杀虫剂施用法》和《环境危险货物运输法》等。其次是政府颁发的条例，有《化学品管理条例》、《危险废物管理条例》、《杀虫剂条例》、《多氯联苯条例》、《对人体健康和环境有危害的产品条例》、《林地杀虫剂施用条例》以及《化学品收费条例》等。最后是瑞典的公共机构颁发的许多农药管理规章。另外，欧盟还制定了一系列命令，以减少杀虫剂的使用，控制农药类 POPs 的跨界污染，其中影响较大的是 91/414 法令，它协调了各国的注册程序，要求在欧盟整体水平上安排杀虫剂的市场和使用，根据成员国特别杀虫剂使用权威标准和活性物质清单，建立"一致性原则"，即如果一种杀虫剂在一个成员国得到认可，那么其他成员国也必须从农业、作物健康和环境相比较的程度上认可该种产品。这说明在区域内，各国协调后达成的法令的效力要高于本国的法律。

3. 国家政策

为有效地管理农药的生产、分配、销售、处置、残留等各个方面，各个国家对农药都实行了比较严格的管理。对农药的管理从大类上分，主要有三种：政府对农药数量、价格、标准、技术等方面进行直接管制；通过税收、补贴等形式来影响生产者和消费者行为，以及通过广泛的信息交流、培训、教育等形式的自我约束和自愿行动等。由于各种政策的作用方式、影响程度都不一样，并且各有其优势和劣势，需要针对不同的目标、不同的时间和不同的地点进行具体的分析和选择，扬长避短。

直接的农药的管制政策包括：

（1）产品的登记注册

目前几乎各个国家的农药投入批量生产和销售前都必须到国家相关机关进行登记注册，相关机关对需要登记的某种农药的生物活性进行检验，以确定该农药控制病虫害的能力和对人体无害及对环境没有直接的危险性。

在欧盟国家内，对农药登记是按照 91/414/EEC 法令进行的，申请者要申请一种新的化学农药有效成分，需提供：有效活性物质的鉴定、物理化学性质、其他信息、分析方法、毒性和代谢、残留、环境归宿、生态毒理、分类及标签等资料。

在美国，根据《联邦杀虫剂、杀菌剂和灭鼠剂法》（FIFRA）的规定，任何生产、运输、销售或使用农药的个人或公司，必须向联邦环保局提出登记注册申请，并提交有关书面材料，包括产品标签、专利说明、用途指南和使用要求等。

（2）商标的登记注册

严格管理农药产品的商标是美国农药管理的一个显著特点。一种新农药要想在市场上销售，在通过注册登记的审核的同时，其商标也须经过严格的检验程序，方可获准通过。美国联邦法律要求商标上必须详细说明农药的使用规则、保护作物、消费者和环境的特殊注意事项等。美国在农药开发和注册过程中分别有 5 种不同类型的商标：试验许可商标、临时耐性的试验商标、地方特殊用途商标、紧急用途商标，供不同时期或不同用途所使用。

（3）再登记注册

农药的再登记制度是指那些在多年前已通过登记手续的农药，由于当时批准使用的标准和实验资料的要求与现在相比显得不够严格，因此从保护人体健康和环境安全出发，有必要进行再登记。美国早在 1947 年就根据《联邦杀虫剂、杀菌剂、杀鼠剂法》（FIFRA）与《联邦法典》（CFR40）开始实行农药再登记制度，但随着农药工业的发展与农药的广泛使用，过去施行的某些标准与规定已不能满足对环境和人类安全的要求，为此 1988 年10 月美国联邦政府颁布了《联邦杀虫剂、杀菌剂、杀鼠剂法》修正法案。对于再登记评价的结论有"再登记"、"撤销"、"暂停"和"修订"。同时规定，对已取得登记的农药产品，15年后应进行再登记评价。

（4）销售和使用

很多国家都对农药的销售和使用实行许可证制度，瑞典《化学品管理法》规定：只有在特别许可或符合其他特别条件的情况下，方可从事化学品经营、进口或出口活动；《化学品管理条例》对许可证制度的实施，做出了更为详细的规定，并授权国家化学品检察署对化学品经营、进口和出口的许可证或特别要求，可以发布更为详细的法规。

在美国，农药销售者，除要求申办营业执照外，还要到环保局考试领取经营许可证，许可证一年内有效，到期考试换证。不同农药实行不同的销售和使用管理方式。对安全性较差的限制使用农药只能在特定的农药销售点销售，而且使用这类农药的人，不论自己使用、商业目的还是科学研究所用，都必须取得使用执照，使用者到环保局考试，执照每年换发，不能转借他人使用。只有取得执照的人才能购买和使用这类农药，否则视为违法。这类农药约占总量的 25%，其他农药则可以在任何取得经营许可证的商店销售。

在亚洲，杀虫剂市场由杀虫剂生产、进口限制和注册程序控制。注册需要保管生产数量、毒性、有效性、残留（基于 2~3 年的实践）、广告、处理、存储的信息。杀虫剂使用可以通过执行注册程序中限制杀虫剂对特别作物和生产阶段、使用类型、剂量、地点、制作后期工人进入田地的时间来加以限制。杀虫剂的使用可以通过取消注册、撤回市场上的产品或者禁止进口来加以禁止。

（5）进出口管制

POPs 类农药除了通过自身的特性对周边甚至远距离地区产生负面影响以外，人为的影响途径之一就是贸易。为防止由于危险农药的进出口而给本国人民和环境带来负面影响，各国都有必要针对进出口环节制定相应的政策，从而最大可能地避免由于农药的贸易而导致的损害。美国 1993 年 EPA 的《农药通告》报道了修改过的农药出口政策。在 1993年 2 月公布的条例中，对出口农药的标签有新规定，即产品标签上的注意事项、危害和产品所含组分的资料，均应翻译为进口该农药国家的官方语言。同时，为保证进口国的利益，EPA 须向那些从美国进口农药的国家的制定当局发出"重要通知"，报告美国对一些农药的重要管理行动，如禁止或停止使用的某种农药；严格限用的农药；禁用农药的替代品；作物、蔬菜、水果中残留量标准及其豁免情况以及害虫防治技术和新的农药管理政策等内容。

（6）农药残留标准

农药残留是目前有机氯农药对人体健康危害最大的途径，对农药残留加以控制，可以在很大程度上影响生产者的生产工艺，从而促进生产者采用对人体健康危害少的技术和方法，这会在一定程度上降低有机氯农药的危害。

（7）监测体系

对农药的各种管理规定，特别是对农药残留的管理都离不开完善的监督体系，各国的设备、经验、范围、方法都有所不同。以美国为例，美国农药监测体系具有机构体系健全、政府高度重视、法规完善具体、处罚严厉、技术手段先进、监控措施得力、部门配合协调的特点。

（8）产品替代

尽管上面所述的各种政策有所不同，但从一定程度上都体现出了预防为主和加快替代的原则，尤其对于产品替代，各国都比较重视，如瑞典规定：凡是从事农药经营或进口活动者，必须采取必要的措施或其他可执行的预防性措施来防止或减轻对人体或环境造成的危害；在应用范围相同的情况下，如果存在着对环境和人体健康危害较小的可替代的、可选择的产品或方式，则不使用这种产品或方式就被视为违法。美国也采取了缩短新农药品种的登记审批时间等优惠政策，让新产品尽快投入使用以替代那些安全性有问题的产品。

（9）违规处罚

对违反农药管理相关法规的处罚轻重是法律法规顺利执行的保证，处罚程度的威慑作用将直接影响从事农药生产、运输、销售和使用者的行为以及对待风险的态度。不管是发达国家，还是发展中国家，尽管环保意识的高低有差别，但都必须辅以严格的惩罚措施，否则法律法规的效力将受到影响，严格的处罚措施的履行可使农药的使用危险大大降低，而对农业生产带来的影响则微乎其微。一般来讲，主要采取三种形式的处罚：一是罚款；二是行政处罚；三是刑事处罚。另外，还可以对违法者进行通报，充分发挥各种媒体的舆论监督作用。

4．经济手段的运用

有效的经济激励措施在可持续发展方面可能会发挥更大的作用，因为这种手段可以促进农药使用效率的提高，从而减少农药的实际使用水平。市场导向型的政策机制还具有保证以最小的成本实现最大减排目标的潜力，而管理规定则不一定。对农药进行管理的基于市场的经济手段主要包括：

（1）税收

由于政策一般关注的是投入，所以对投入征税，就可以通过替代和收入效应对农药的生产和使用产生影响，这种对投入征税的形式已经在欧洲的一些国家中使用。但大多数情况下，由于这个税率比较低，并没有起到多大的效果。

如果税率很高，甚至高于售价，就会发挥作用。可以通过税收，提高政府的财政收入，促进相关的研究和替代品的开发；另外税率比较低的税收政策可以作为一种价格信号，促进生产者和使用者采取更为环境友好的行动，否则将来可能会面临更高的税率。

（2）补贴

补贴是另外一种应用比较广泛的经济手段，但与税收政策不同。税收是基于环境资源的产权为公众所有，任何农药使用者必须对由于他们不合理地使用自然资源而给社会带来的负面影响进行付费。而减少农药使用的实践正好建立在与上述产权相反的前提假设下。理论上，除了财务流的方向相反以外，补贴的效果应该等于税收的经济影响。

（3）保险

为防止可能出现的最糟糕的后果，特别是在目前这个不确定的世界，生产者和消费者都可能使用更多的危险化学品的情况下，社会的风险就大大增加了。这样，就需要低成本的保险来帮助通过减少化学品的使用来降低环境风险的计划。

（4）可交易的许可证制度

尽管由于大量的实际问题，可交易的许可证（TP）还没有在农业环境政策的实践中采用，但 TP 系统提供了一种控制环境问题的定量的方法。如果总使用量是严格控制的，可交易的许可制度应该给农民提供很强的动机来有效地使用许可量，并自觉地满足社会的目标。

5. 宣传教育和自愿行动

通过教育、培训、更好的信息传递等方式说服农民采用对环境更为安全的作业操作方式，虽然表面上并不是实际的控制，但大量的操作及各种因素的作用导致这种最终改变农民生产方式的方法有助于更好地执行其他政策。

二、工业化学品类 POPs

POPs 包含的物质中很大一部分属于工业化学品，这类 POPs 物质属于化学品的一个分支，这方面的管理经验可以通过国际上对于化学品的管理方法来获得。比较突出值得借鉴的是欧盟的 REACH 管理体系。

2006 年 12 月，欧盟委员会通过了"化学品登记、评估、审批法规（REACH）"，并于 2007 年 6 月 1 日起实施。该法规替代了从 20 世纪 70 年代以来建立的多项主要化学品环境管理法规。REACH 法规的目标是："在保证欧盟统一市场和化学工业竞争力的同时，确保给予人类健康和环境高水平的保护。"因此，REACH 法规对经济发展、人类健康和环境保护进行了综合的考虑，并且在发展和满足需求的同时贯彻了预先防范原则。

REACH 法规特别针对解决现有化学物质的危害和风险信息的缺乏问题，并加快现有化学物质风险管理进程。REACH 保留了对现有化学物质"提供证据的负担"要求，并将提供证据的责任由主管部门移交给企业，要求生产厂家和进口商对其超过规定数量生产或进口化学物质，针对"已确定的"用途开展风险评价，并将评价结果报告主管部门和告知下游用户及消费者。

发达国家的工业化学品管理经验主要表现在以下几个方面：

1. 化学品管理体系

20 世纪 70—80 年代，世界发达国家普遍建立了具有显著环境管理特征的专门性化学品管理法，并在此基础上逐步建立了以化学品的风险评价与风险管理为基本框架的化学品环境管理制度体系。同时，发达国家还在化学品生命周期的各主要环节建立起有害化学品的环境污染控制、污染事故防范和污染事故应急预案等。进入 21 世纪初以来，为了加速现有化学物质危害和风险信息的收集、评估和风险管理的进程，发达国家进一步改革现有化学品的风险评价与风险管理制度，推行以"预先防范原则"和扩大化学品生产厂商的风险责任为主要内容的化学品测试、评价和优先性化学品风险管理制度。

（1）新化学物质申报登记制度

新化学物质申报制度是化学品环境管理的一项基本制度。新化学物质生产厂商或进口商在生产、进口或上市销售一种新化学物质以前，向国家行政主管部门申报新化学物质的基本性质和危害性信息，主管部门据此对该化学品的危害性及环境和健康风险进行评估和审查，并酌情给予许可登记、禁止或限制等管理措施。

如日本于 1973 年颁布的《化学物质控制法》，美国于 1976 年发布的《有毒物质控制法》（TSCA）和欧盟于 1979 年颁布的《关于危险物质分类、包装和标志指令（79/831/EEC）》（该法令是对欧盟 67/548/EEC 的第六次修订）。

在欧盟，根据新化学物质的上市销售或进口数量，新物质的申报被分为三个级别，数量越高，级别越高所要求提供的数据越详细。

美国《有毒物质控制法》（TSCA）规定的新化学物质申报数据内容可分为四部分：① 一般信息，主要包括新化学物质的种类、分子式、组成成分、纯度以及制备工艺、生产/进口量、用途和职业安全说明等；② 人体暴露和环境释放信息，主要包括操作规程、职业暴露估计和防护措施，环境释放估量和控制技术信息；③ 附录安全和测试信息，主要包括安全技术说明书（MSDS）、现有健康和环境毒性研究数据、理化性质等任何测试数据（可选）；④ 可选择提供信息，包括污染防治相关信息。

（2）现有化学物质风险评价与风险管理制度

"现有化学物质"是指在过去某一段时期内（如欧盟）或者从某一时间到目前（如美国）一个国家或地区已经生产、进口或上市销售和使用的化学物质。1993 年，欧盟颁布了《关于现有化学物质风险评价和控制条例（EEC793/93）》，要求生产和进口量超过 10 t/a 的化学品生产厂家或进口商在 1998 年前按产量分阶段申报要求的信息，规定生产和进口量超过 1 000 t/a 的高产量化学品的生产厂家或进口商必须提交包括进入环境途径与转归、生态毒性、急性毒性、亚急性毒性等多项化学品风险评价数据。欧盟建立了一个称为"欧洲现有商业物质名录（EINECS）"的现有化学品名录，并启动了一项由欧盟各成员国分工合作的现有化学物质优先风险评价与风险管理计划，旨在逐步评估和控制现有化学物质的环境和健康风险。

美国 TSCA 规定：当 EPA 认定一种现有化学物质可能对人类健康或环境产生"不合理风险"或因该化学品的大量生产造成人体或环境显著的暴露、但缺乏风险评价数据或需要进行必要的毒性测试时，则可要求该化学品生产者或进口者提供该化学品危害测试信息，并可采取强制性管理措施，包括禁止该物质的生产，或者严格管制其使用或者两个措施共同执行；同时，TSCA 还授权设立了一个测试咨询委员会，负责向 EPA 推荐需优先开展毒性测试、评价和风险管理的现有化学物质的名单。

鉴于现有化学物质数目庞大以及化学品风险评价的复杂性，优先风险管理已成为各国现有化学物质风险评价与风险管理的一项基本政策，即对通常意义上意味着具有高暴露概率的高产量化学品（HPV，产量>1 000 t/a）开展制度化或组织化的危害性质测试，并根据对某些高风险或优先类化学品的特定标准，采取风险管理措施，禁止或限制使用某些高风险的"优先有毒化学品"。新的 REACH 法规制度要求年生产量和进口量在 10 t 以上的化学品生产厂家或进口商必须对它们化学品"已确定"的用途进行风险评价，也是一种优先性风险管理政策。

2. 化学品污染物环境标准与监测制度

1972 年美国的颁布的《清洁水法》提出"禁止大量排放有毒物质"的政策，要求 EPA 公布一份有毒污染物的清单，并建立一个"充分的安全限度"标准。1977 年，《清洁水法》修正案正式提出了一个包括 129 种优先有毒污染物的标准控制清单，要求 EPA 针对当时的 21 类工业污染源类型制定相应的有毒污染物排放标准。目前，美国、欧洲和 WHO 制定的生活水质标准中一般都有 50 多项指标，其中有相当大的一部分指标都是有毒污染物，尤其是美国当前的饮用水水质标准中有多达 50 多种有毒有机污染物和 10 多种重金属等无机有毒污染物。同时，有毒污染物通常是饮用水水源环境标准和生活饮用水水质卫生标准中的重要指标。1990 年，美国在《清洁空气法》中提出了包括 189 种有毒污染物清单，要求 EPA 对 41 类污染源制定和颁布排放标准控制。截止到 1996 年，美国 EPA 共制定了 52 个行业的水污染排放标准和 47 类污染源的有毒大气污染物排放标准。

在欧盟有关水管理框架指令中，建立了优先管理物质名单，规定了欧盟的饮用水和空气质量标准。

虽然有毒化学污染物种类众多，通常难以保证进行日常的常规环境监测，但是在发达国家，仍然将有毒污染物作为年度环境质量评价报告的一项基本内容。例如，美国的年度环境质量报告中就专门有"有毒化学物质"一章，报告全国各地有毒污染物环境监测的实际结果。监测和报告某些优先有害化学品的环境污染状况，是化学品环境风险识别、评价与风险管理的一项基础工作。

3. 重大危险源管理与应急预案制度

重大危险源管理与应急预案制度是专门针对重大危险化学品泄漏事故的预防和应急处置而建立的一项化学品管理制度。1993 年，国际劳工组织（ILO）组织世界各国共同签订《关于防治重大工业事故公约》（简称 174 公约），使重大危险源管理制度得以在世界各国普遍建立。根据 174 公约的定义，"重大危险源"是指永久性或临时生产、加工、搬运、使用、处置或储存一种或多种数量超过规定的阈值的有害化学品的设施。174 公约规定，各成员国应当根据本国的立法、条件和规范，制定、执行和定期审查一项关于保护工人、公众和环境，防止重大事故风险的国家政策。

重大危险源鉴定标准、安全通报书和安全报告制度是重大危险源管理制度的基本内容。欧盟 1996 年颁布的"关于防止危险物质重大事故危害的指令（96/82/EC）"（简称塞维索指令 II）提出的重大危险源鉴定标准，按照危害性质和危害程度对重大危险源进行了比较详细的划分，包括具有"环境危害性"物质指标；同时，欧盟的这一重大危险源鉴定标准中分为两个级别阈值，根据不同量级以及相应的危险程度而采取不同程度的管理措施。

应急预案又称应急计划，是针对可能的重大事故（件）或灾害，为保证迅速、有序、有效地开展应急与救援行动、降低事故损失而预先制订的有关计划或方案。

美国在 1986 年出台的《应急计划与公众知情法案》将有毒化学品事故的应急反应计划作为一项法律制度。在欧盟，应急预案也被作为塞维索指令 II 的一部分。1993 年，国际劳工组织（ILO）大会通过的《关于预防重大工业事故公约》也将应急预案作为预防重大事故的必要措施而列入其中。

4. 公共参与

（1）自愿协议（VAs）

20 世纪 90 年代以来，政府与化学品产业界之间旨在实施化学品风险评价与风险管理的自愿协议（Voluntary Agreement，VAs）在发达国家广泛开展，成为各国实施化学品环境管理政策的一项重要手段。

根据欧盟委员会（CEC）的一项研究统计，在欧洲各国政府与企业间签订的总共 300多个环境保护 VAs 中，政府与化工行业之间 VAs 占总数量近 30%，而其余几个行业大概各占 10%左右。美国在化学品环境管理中更加广泛地使用 VAs 手段，VAs 成为美国化学品环境管理政策和战略的主要实施手段之一。

1998 年，美国提出旨在加速化学品环境和健康危害的测试和风险信息公布的"化学品知情权（ChemRTK）"一项政府动议，并启动了"HPV 化学品挑战计划（HPVCP）"和"自愿性儿童化学品评价计划（VCCEP）"，这两项计划成功建立了政府与社会上化学品产业和公共利益集团之间的广泛的伙伴关系，数百家社会利益相关方自愿承担了 2 800 多种 HPV

化学品中绝大多数现有化学物质和某些优先性高风险有毒化学品的危害测试和风险评价。2006 年 1 月，EPA 与杜邦等 8 家公司在达成的 PFOA 削减和淘汰的 VAs 计划——"2010/15PFOA 责任管理计划"中，各家 PFOA 生产和加工企业承诺，到 2015 年前逐步消除 PFOA 及其相关前体物质的排放和在产品中的残留，这是化学品环境管理 VAs 手段的一个典型案例。

（2）责任关怀行动

"责任关怀"（RC）行动是化学工业界的自发性行为规范，致力于持续提高化学品整个生命周期中的技术、工艺和产品的环境、安全和健康知识与绩效，开放信息并进行与社会各利益相关方的交流与合作，推进化学品工商业者在化学品产业和消费链中的化学品管理责任，保护环境和人类健康。

RC 理念和运动产生由加拿大化学生产者协会（CCPA）于 1985 年首次发起，相继被美国化学品制造商协会（CMA）以及欧盟和日本等国家化学工业协会所采纳，后在国际化学品协会理事会（ICCA）的正式推动下，至今已在全世界 52 个国家推广，参加企业的化学品产量接近全球化学品总产量的 90%，成为一项全球领先的产业界自发环境管理行动。RC运动2002年8月在南非约翰内斯堡召开的可持续发展大会上受到了UNEP的高度评价。

（3）绿色化学

"绿色化学"（Green Chemistry）旨在主要通过政府与科技界及产业研发团体建立广泛的伙伴关系进行环境友好的化学产品和工艺的创新设计，减少化学品的环境和健康风险。1991 年，EPA 污染预防和有毒物质办公室（EPA/OPPT）发起的"预防污染的替代合成路线"计划，其主要包括：绿色化学研究计划、绿色化学教育计划以及绿色化学的科学传播计划。

5. 国际化学品环境管理政策和行动

1992 年在巴西召开的全球环境与发展大会上，将化学品环境无害化管理写入了人类社会可持续发展的纲领性文件《21 世纪议程》。进入 21 世纪以来，国际化学品环境管理活动深入发展，这主要体现在三个方面：第一，全球化学品统一分类和标签制度（GHS），GHS 成为世界各国未来普遍遵循的统一的化学品危害性分类制度，极大地推动国际化学品环境管理进程。第二，化学品环境管理公约的广泛签署，先后签署了关于化学品管理的《鹿特丹公约》和《斯德哥尔摩公约》。第三，国际化学品管理战略方针（SAICM）的制定实施，SAICM 这一全球自愿积极性机制建立的观念基础是："通过基于科学的风险评价以及考虑费用和获利以及安全替代品的可行性及其绩效，对于对人体健康和生态环境造成不可接受的和难以管理的风险的化学品或者化学品的使用应该不再生产或者不再用于这样的用途。"

三、无意生产类 POPs

国际上，发达国家基本完成了对农药类 POPs 和部分工业化学品类 POPs 的淘汰和处置，目前的重点是对无意生产的副产品类 POPs 的减排和控制，其中又以二噁英为主要监控对象。本部分主要对日本 20 多年来二噁英减排控制的历程进行分析，总结其成功经验和教训。

自 20 世纪 80 年代起，日本一些政府机构和民间团体开始调查二噁英排放情况和主要环境介质中的含量。调查数据显示，日本的二噁英主要来自于生活和工业废弃物的焚烧，其次是金属冶炼工业过程，此外还有少量的二噁英源于吸烟和汽车尾气，以及森林火灾和火山活动等自然源。

日本的管理经验主要在以下几个方面：

1. 整合相关管理机构

政府必须在态度上对二噁英问题予以高度重视，将二噁英问题作为应优先解决的环境问题。在 1998 年，日本政府就初步建立了"二噁英防治对策相关各省厅会议"制度，要求在现状调查的基础上强化省厅间协作体制，共谋二噁英防治对策。2001 年，日本政府根据 1999 年内阁会议的精神，将"二噁英防治对策相关省厅会议"调整为十省厅（内阁府、总务省、外务省、文部科学省、厚生劳动省、农林水产省、经济产业省、国土交通省、环境省及警察厅）的局长级会议，以统一协调全国范围的减排控制活动。跨省厅间协调机制的建立，使得国家与二噁英相关的各个机构实现了职能互补、立场一致，从而形成了推动二噁英减排控制工作的合力。

2. 设立专门法规

1999 年 3 月，日本首相主持召开了"二噁英防治对策相关内阁会议"，会上提出了《二噁英对策推进基本指南》（简称《指南》），确定二噁英减排目标为："在未来的四年中（自 1999 年起），全国的二噁英排放水平应相对 1997 年排放水平减少 90%。"为了实现这一目标，1999 年 7 月日本制定了《二噁英类对策特别措施法》（简称《二噁英法》），该法于 2000 年 1 月正式实施。该法明确了二噁英类物质及其来源，确立了环境基准的设定、环境污染状况的监测、防治土壤污染计划的制订、二噁英减排计划的制订等综合的对策框架。

此外，日本政府还针对二噁英的减排需要，对原有的一些相关法律法规做了补充和修订，包括《大气污染控制法》（1968）、《废弃物管理和公共清洁法》（1970）、《关于特定企业的污染控制机构法》（1971）、《促进资源有效利用法》（1991）、《确定特殊化学品在环境中含量以及推广改进的控制措施法》（1999）、《建立循环型社会体制的基本法》（2000）等。法规政策上的改进，构成了日本二噁英减排控制的基础框架，对后续的各项减排措施的实施起到了重要的作用。

3. 制定相关环境质量标准

日本制定环境质量标准与排放标准的思路主要是基于两点：一是通过对二噁英的风险评价确定人体每天最大容许摄入量；二是通过环境调查弄清各种环境介质中的二噁英国际毒性当量（TEQ），从而确定各种途径的暴露水平。在此基础上，建立了针对各种环境介质的二噁英 TEQ 标准，以及二噁英 TEQ 大气排放控制标准。

4. 加强监测能力建设

一方面，日本明确了对环境介质以及排放源的二噁英定期监督评估机制，相关企业及地方政府根据《二噁英法》必须定期申报相关的数据。由于大部分的监测任务都是通过招标进行，从而在日本"催生"出了一个规模相当可观的二噁英分析行业。据不完全统计，目前日本从事二噁英分析的实验室已超过 300 家。另一方面，国家对全国的二噁英监测机构实行严格的精度管理控制。环境省和厚生省等先后颁布了一系列二噁英标准监测分析方法，涵盖了大气、土壤、水体、底泥、烟道气、飞灰和水生生物等各种介质。2000 年11 月制定了《二噁英环境测定精度指南》，对实验室开展采样、前处理、测定以及结果报告等方面做了严格的规定；2001 年 3 月，制定了《在接受外界委托测定二噁英的时候确保可信性的指南》，主要规定了实验室需委托外部机构进行监测精度校准。同时，环境省对全国的监测机构进行定期的资格认证。截至 2005 年上半年，通过环境省二噁英监测资格认证的机构达 134 家。通过上述努力，日本成功地建立了标准化、高精度的二噁英监测系统，一方面为减排控制的效果提供了定量评估的手段；另一方面对实施减排措施的相关企业起到了很好的监督作用。

5. 运用经济手段

实行奖惩并举，推广减排措施。根据《二噁英法》，日本制定了针对不同工业活动二噁英的减排计划，并在全国实施。一方面，对从事减排工作的团体或企业给予经济或者税率上的优惠待遇；另一方面，对不达标企业予以坚决关停，一些不能达到排放标准的焚烧炉、炼钢电炉等设施被逐步废除。

6. 加强宣传教育

对二噁英的控制和减排，日本非常重视公众的理解与参与。《指南》中着重强调要通过宣传教育、及时公开信息资料，争取公众对二噁英减排工作的广泛关注和支持。

从宣传教育的内容来看，重点是促进废弃物的循环利用。包括通过国家和地方政府的参与来改进废弃物处理场；对现有的废弃物进行适当的处理；减少废弃物的产生，尽可能延长产品的使用期；促进废弃物的分类收集和循环利用；建立循环型经济和社会体制。宣传教育的组织工作主要通过政府信息公开工作和民间环保社团（NGO）相关活动。

思考题

1. 都有哪些公约涉及持久性有机污染物管理？
2. 哪个机构是斯德哥尔摩公约的主办组织？
3. 全球环境基金（GEF）有哪些国际执行机构？
4. 国际上都有哪些直接的农药管制政策？
5. 日本的二噁英管理经验主要有哪几个方面？
6. 《斯德哥尔摩公约》的主要内容有哪些？

参考文献

[1] 胡建信. 中国履行斯德哥尔摩公约系列研究丛书[M]. 北京：中国环境科学出版社，2008.

[2] 黄业茹. 持久性有机污染物调查监控与预警技术[M]. 北京：中国环境科学出版社，2009.

[3] 中国环境与发展国际合作委员会，专题政策报告，2007，8.

[4] 蔡振霄，黄俊，张清. 日本二噁英减排控制的历程、经验与启示[J]. 环境污染与防治，2006，28（11）：837-840.

第八章　我国持久性有机污染物的应对

作为一个工农业大国，我国存在着多种POPs的生产、使用和废弃库存。1998年《斯德哥尔摩公约》谈判启动之时，中国仍有滴滴涕、氯丹、灭蚁灵、六氯苯的生产和使用。多氯联苯的生产虽早已停止，但一些含有多氯联苯介质的电力设备或仍在服役，或暂时存放于闲置库房或厂区空地，或下线后封存于山洞和地下，未经合理处置。为了减缓和控制持久性有机污染物的污染，我国采取了积极的应对措施。本章从批准《斯德哥尔摩公约》、开展履约管理和实施履约项目开展削减淘汰几个方面介绍我国持久性有机污染物的应对。

第一节　批约进程

经国务院批准，1998年，国家环保总局（现环境保护部）牵头组织外交部、农业部、卫生部等部门组成的政府代表团参加了政府间谈判委员会第一次会议。2001年5月23日，时任国家环保总局祝光耀副局长代表中国政府在《斯德哥尔摩公约》全权代表大会上签署了公约，成为《斯德哥尔摩公约》的第一批签约国。

在充分考虑国内情况的基础上，2004年6月25日，第十届全国人大常委会第十次会议审议批准我国加入《斯德哥尔摩公约》。同年11月11日，《斯德哥尔摩公约》正式对我国生效，并适用于香港特别行政区和澳门特别行政区。

2013年8月30日，十二届全国人大常委会第四次会议批准《〈关于持久性有机污染物的斯德哥尔摩公约〉新增列九种持久性有机污染物修正案》和《〈关于持久性有机污染物的斯德哥尔摩公约〉新增列硫丹修正案》。2013年12月26日，我国政府向《公约》保存人联合国秘书长交存我国批准《修正案》的批准书，2014年3月26日《修正案》对我国生效。

第二节 履约管理

一、机构建立

对 POPs 的控制需贯穿 POPs 的整个生命周期，包括 POPs 的生产、使用、进出口、排放、库存管理、废弃物处置及替代品研究开发等。这是一项关系到人民健康、产业发展、国际贸易等诸多问题的环境保护系统工程，既要环境保护行政主管部门的协调，又要各相关部门的积极参与。

2003 年 4 月 15 日，国家环境保护总局（现环境保护部）履行斯德哥尔摩公约领导小组和履约筹备办公室成立。领导小组由国家环保总局污染控制司、国际合作司、规划财务司、科技标准司和环境保护对外合作中心组成，履约筹备办公室办公地点设在环境保护对外合作中心。

2005 年，我国政府专门成立了由国家环境保护总局（现环境保护部）牵头的国家履行斯德哥尔摩公约工作协调组（简称"国家履约工作协调组"）。随着后续相关部委的加入及国家部委调整，目前，国家履约工作协调组由环境保护部、外交部、国家发展和改革委员会、科学技术部、财政部、住房和城乡建设部、农业部、商务部、国家卫生和计划生育委员会、海关总署、国家质量监督检验检疫总局、国家安全生产监督管理总局、工业和信息化部、国家能源局等相关部委组成。各相关部委组成的国家履约工作协调组建立更密切的部际间协调机制，通过协调员会议、联络员会议、专家委员会会议等多种形式，各司其职，形成合力，共同审议国家关于 POPs 管理和控制的方针、政策、法规、标准和指南，协调国家 POPs 管理及履约方面的重大事项。

国家履约工作协调组下设办公室，承担中国履行《斯德哥尔摩公约》联络点；负责建立和完善履约管理信息机制；负责履约活动的日常组织、协调和管理。具体负责履约工作协调组交办的各项工作；开展公约政策研究和组织公约谈判；协调组织相关部门拟定履约相关的配套政策、法规和标准并推动实施；协调组织相关部门和地方开展国家履约项目的筛选、准备、报批和实施；指导地方开展相关履约活动；开展有关宣传、教育和培训等活动；组织开展履约绩效的评估。国家履约工作协调组办公室的日常工作由环境保护部斯德哥尔摩公约履约办公室承担。

同时，我国各省也建立了由省政府负责、环保厅（局）牵头的协调机制，明确了开展 POPs 污染防治工作和履约的责任单位。

二、战略规划制定

1. 制订《国家实施计划》

根据《斯德哥尔摩公约》第 7 条规定，公约缔约方应在公约对其生效后两年内向缔约方大会提交其履行公约规定各项义务的《国家实施计划》。2004 年，国家环保总局联合相关部委，启动了《国家实施计划》的制订工作，并于 2007 年年初编制完成。2007 年 4 月 14 日，国务院正式批准了《中国履行关于持久性有机污染物的斯德哥尔摩公约国家实施计划》（简称《国家实施计划》），并于同年 7 月正式启动实施。

（1）《国家实施计划》的内容

《国家实施计划》分四章。第一章主要介绍公约相关背景，《国家实施计划》的目标、编制原则和编制过程，《国家实施计划》中的不确定性和有关更新修订的说明。第二章阐述 POPs 现状、有关研究和管理状况，以及解决这些问题的机构、政策和其他能力建设需求。第三章明确了中国履行公约的战略目标和针对公约所要求的具体行动计划，以及实施计划的能力建设和资金需求。第四章从组织机构、实施措施、能力建设和资金需求等方面提出了履约的实施和保障机制。

（2）总体目标

《国家实施计划》指出，中国将针对本国实际情况，完善实现履约目标的政策法规，加强机构能力建设，制定并采取相应的战略和行动，分阶段、分区域和分行业开展履约活动以实现以下控制目标：

① 禁止和防范艾氏剂、狄氏剂、异狄氏剂、七氯、六氯苯、毒杀芬和多氯联苯的生产和进口；除有限封闭体系中间体用途和可接受用途的滴滴涕生产和使用外，到 2009 年，基本消除氯丹、灭蚁灵和滴滴涕的生产、使用和进出口；到 2015 年，完成示范省在用含 PCBs 装置和已识别高风险在用含 PCBs 装置的环境无害化管理。

② 到 2008 年，对重点行业新源采取 BAT/BEP 措施；优先针对重点区域的重点行业现有二噁英排放源采取 BAT/BEP 措施，到 2015 年，基本控制二噁英排放的增长趋势。

③ 到 2010 年，完善 POPs 废物环境无害化管理与处置支持体系，到 2015 年，初步完成已识别 POPs 废物环境无害化管理与处置。

（3）优先领域

《国家实施计划》确定的优先领域包括：① 制定和完善履行公约所需的政策法规、加强机构建设；② 引进和开发替代品/替代技术、BAT/BEP、废物处置技术和污染场地修复技术；③ 消除氯丹、灭蚁灵和滴滴涕的生产、使用和进出口；④ 调查和确认无意产生 POPs 排放清单、含 PCBs 电力装置和含 POPs 废物清单；⑤ 采用 BAT/BEP 控制重点行业二噁英排放；⑥ 建立资金机制以保障各项行动计划的实施；⑦ 开展项目示范和全面推广；⑧ 加强能力建设，建立控制 POPs 排放长效机制。

（4）控制措施

为确保《国家实施计划》有效实施，《国家实施计划》列明了一系列行动计划，行动概要如表 8-1 所示。

表 8-1　《国家实施计划》行动概要

活动类型	活动内容								
机构和政策法规以及其他基础设施建设	机构及其能力建设	制定和完善有关POPs管理的法律法规	建立POPs管理的标准体系	修订和完善现有的与POPs管理相关名录	加强执法力度，鼓励公众参与	促进有关各方信息交流	公众宣传、认识和教育	成效评估、报告能力和制度建设	技术援助和转让制度和能力建设
排放清单调查和建立	附件A杀虫剂POPs清单更新	识别和标识在用含PCBs装置，完善其清单	附件B滴滴涕清单更新	建立重点行业二噁英排放动态清单	完善POPs库存和废物动态数据库系统	查明POPs库存、在用物品和废物			
各类控制、替代技术推广应用	示范和推广替代品与替代技术	废物处置与减排技术的开发	废物处置能力建设	减排技术的示范和推广					
实施排放控制	限制并消除氯丹和灭蚁灵的生产和使用	禁止六氯苯的生产和使用	环境无害化管理在用含PCBs电力装置	限制并逐步停止滴滴涕的生产使用和出口	控制豁免和可接受用途生产和使用的污染	控制无意产生POPs排放新源的行动和措施	削减和控制有意生产的行动措施	实施POPs废物环境无害化处置计划	污染场地的环境无害化管理
监测、研究、评估和报告	履约实施机制与政策的评估和研究	评估减排效果	开展监测活动	开展相关科学研究	开展相关技术开发	评估履约及相关政策效果	报告相关履约信息和效果		

2. 制定持久性有机污染物污染防治"十二五"规划

2012 年 7 月，环境保护部、外交部、国家发展和改革委员会、科学技术部、工业和信息化部、财政部、住房和城乡建设部、农业部、卫生部（现国家卫生和计划生育委员会）、国家质量监督检验检疫总局、国家安全生产监督管理总局和国家电力监管委员会（现国家能源局）联合发布了《全国主要行业持久性有机污染物污染防治"十二五"规划》（以下简称《规划》），确定了"十二五"期间持久性有机污染物污染防治工作的目标和任务。

《规划》以二噁英、多氯联苯、杀虫剂及其废物和污染场地、新增列 POPs 为主要对象，以与二噁英排放、多氯联苯电力设备及废物、杀虫剂及其废物有关的行业为主要行业，涉及二噁英排放的再生有色金属生产、电弧炉炼钢、废弃物焚烧、铁矿石烧结四个行业为重点行业，浙江、江苏、山东、江西、广东、河北、上海、安徽、山西、湖南等十个省市为重点地区。规划任务包括加强监督管理，实施二噁英减排治理工程；控制含多氯联苯电力设备及其废物环境和健康风险；控制并消除已识别杀虫剂废物环境风险，开展污染场地风险管理、治理和修复示范；主动应对受控持久性有机污染物增列；完善管理体系，加强科技研发。

规划目标为：到 2015 年，基本控制重点行业二噁英排放增长的趋势；全面下线、标识、管理已识别在用多氯联苯电力设备；安全处置已识别杀虫剂废物；无害化管理已识别杀虫剂类高风险污染场地；加强持久性有机污染物监管能力建设；初步建立持久性有机污染物污染防治长效机制；推进新增列持久性有机污染物的调查和管理；有效预防、控制和降低持久性有机污染物污染风险，保障环境安全和人民身体健康。

国家环境保护"十二五"规划将 POPs 污染防治作为重点领域之一，《全国主要行业持久性有机污染物污染防治"十二五"规划》是环保规划的重要组成部分，将持久性有机污染物管理、控制和淘汰工作纳入国民经济和社会发展中长期规划。全国各省、直辖市、自治区分别制定并相继出台省级《持久性有机污染物污染防治"十二五"规划》。

三、政策法规制修订

《斯德哥尔摩公约》生效以来，为了履行公约，加强管理，切实减少 POPs 的排放，中国全面启动了有关法规和标准的修改、补充和完善工作。

1. 发布禁令

滴滴涕、氯丹、灭蚁灵和六氯苯是《斯德哥尔摩公约》规定限期淘汰的持久性有机污染物。在我国，滴滴涕主要用于应急病媒防治、三氯杀螨醇生产和防污漆生产，氯丹和灭蚁灵用于白蚁防治，六氯苯用于五氯酚钠生产。

2009 年 4 月 16 日，环境保护部、国家发展和改革委员会、工业和信息化部、住房和城乡建设部、农业部、商务部、卫生部（现国家卫生和计划生育委员会）、海关总署、国家质量监督检验检疫总局、安全监管总局发布公告，自 2009 年 5 月 17 日起，禁止在中华人民共和国境内生产、流通、使用和进出口滴滴涕、氯丹、灭蚁灵及六氯苯。紧急情况下用于病媒防治的滴滴涕其生产和使用问题，由有关部门协商解决。

该禁令是我国履行《斯德哥尔摩公约》、落实《国家实施计划》和国家有关管理政策的重要举措。

2. 发布《关于加强二噁英污染防治的指导意见》

2010 年 10 月 19 日，环境保护部、外交部、国家发展和改革委员会、科学技术部、工业和信息化部、财政部、住房和城乡建设部、商务部、国家质量监督检验检疫总局九个部门联合发布《关于加强二噁英污染防治的指导意见》（以下简称《意见》）。

《意见》明确二噁英污染防治的基本原则为坚持全面推进、重点突破；坚持综合防治、协同推进；坚持政府主导、市场化推动。

《意见》指出，将在铁矿石烧结、电弧炉炼钢、再生有色金属生产、废弃物焚烧等重点行业全面推行削减和控制措施，深入开展清洁生产审核，全面推广清洁生产先进技术、最佳可行工艺和技术等，降低单位产量（处理量）二噁英排放强度。到 2015 年，建立比较完善的二噁英污染防治体系和长效监管机制，重点行业二噁英排放强度降低 10%，基本控制二噁英排放增长趋势。

3．更新目录

2005 年国家环保总局（现环境保护部）联合海关总署发布 65 号公告，将滴滴涕、氯丹、灭蚁灵、六氯苯列入《中国严格限制进出口的有毒化学品目录》，要求这些 POPs 的进出口实施事先知情同意程序，办理环境管理登记证。

商务部、海关总署和国家环境保护总局（现环境保护部）发布 2005 年第 116 号公告，将艾氏剂、狄氏剂、异狄氏剂、七氯、毒杀芬、多氯联苯、二噁英和呋喃列入《禁止进口货物目录》（第六批）和《禁止出口货物目录》（第三批），禁止这些 POPs 的进出口。

国家发改委组织修订《产业结构调整指导目录》（2005），将淘汰、限制 POPs 生产和使用的有关要求纳入其中。2011 年《产业结构调整指导目录》，将 POPs 减排技术研发应用列为鼓励类。

4．颁布标准、技术规范和指南

2005 年，卫生部（现国家卫生和计划生育委员会）和国家标准化管理委员会联合发布了《食品中农药的最大残留限量》（GB 2763—2005），对原粮、豆类、薯类、蔬菜、水果、茶叶、肉及其制品、水产品、蛋类、牛乳、乳制品等食品中的滴滴涕分别提出了最大残留限量标准。又发布了《生活饮用水卫生标准》（GB 5749—2006），对饮用水中的滴滴涕、六氯苯、七氯、多氯联苯、二噁英提出了卫生标准。

2008 年环境保护部颁布《制浆造纸工业水污染物排放标准》（GB 3544—2008）对制浆造纸企业废水中的二噁英排放做出了规定。

POPs 的监测和检测方面，继 2007 年颁布《危险废物（含医疗废物）焚烧处置设施二噁英排放监测技术规范》（HJ/T 365—2007）后，2008 年 12 月 31 日，环境保护部发布第 68 号公告，颁布了水质、环境空气和废气、固体废物、土壤和沉积物四类介质中二噁英测定的同位素稀释高分辨气相色谱-高分辨质谱法的国家标准。

卫生部（现国家卫生和计划生育委员会）先后修订颁布了《植物性食品中有机氯和拟除虫菊酯类多种农药残留量的测定》（GB/T 5009.146—2008）、《动物性食品中有机氯和拟除虫菊酯多组分残留量的测定》（GB/T 5009.162—2008）、《食品中有机氯农药多组分残留量的测定》（GB/T 5009.19—2008），并参与了国际食品污染物法典委员会组织的食品中二噁英和类二噁英多氯联苯污染控制操作规范国际标准的起草。国家质检总局修订颁布了《食品中指示性多氯联苯含量的测定》（GB/T 5009.190—2006）等检测标准。通过这些标准的颁布和实施，更加规范了 POPs 物质的监测和检测方法。

此外，地方政府也开展了 POPs 相关法规文件的制定工作。2007 年，北京市环保局联合北京市质检局发布了北京市《危险废物焚烧大气污染物排放标准》（DB 11/503—2007）和北京市《生活垃圾焚烧大气污染物排放标准》（DB 11/502—2007）。2009 年 1 月 7 日，浙江省颁布了"浙江省多氯联苯污染环境防治与控制规定"。

四、长效机制建立

为落实《国家实施计划》要求，防止和消除 POPs 污染对中国社会经济发展和人民群众生产生活的影响，2006 年至 2010 年，由环境保护部组织，在全国范围内开展了 POPs 调查。

通过全国 POPs 调查和更新工作以及履约项目相关调查，基本掌握了 17 个二噁英排放主要行业 1.5 万多家企业、2 万多个排放装置的排放量及其变化情况，掌握了全国电力行业和 8 个省份非电力行业含多氯联苯电力设施在用及其废物数量和存放情况；掌握了 11 个主要省份杀虫剂类 POPs 废物种类、数量和存放情况；查明了 44 家曾经生产杀虫剂类企业 POPs 污染场地状况，对 2 个典型的污染场地进行了污染探测分析，从而明确了 POPs 污染防治的重点区域、重点行业和重点监管对象，为政府决策提供了有力支持。

2009 年，环境保护部发文，要求在 2006—2008 年全国 POPs 调查工作的基础上，组织开展全国 POPs 更新调查工作，研究建立中国 POPs 排放源动态上报机制，并要求各省、自治区和直辖市制定 POPs "十二五"污染防治规划。

2010 年，环境保护部组织开展全国部分地区非电力行业含 PCBs 电力设备及其废物调查，掌握了全国电力行业和典型省份非电力行业含 PCBs 电力设施在用及其废物数量和存放情况。

自 2011 年起，我国开始实施 POPs 统计报表制度，以掌握我国 POPs 污染源的动态变化，建立 POPs 污染防治长效监管机制。

POPs 调查和统计报表制度以及部际间协调机制、政策法规标准和技术规范及指南的约束机制，均是我国控制和管理持久性有机污染物、履行《斯德哥尔摩公约》的长效机制。

五、能力加强

加强能力建设，建立控制 POPs 排放长效机制是《国家实施计划》中确定的优先领域。

2007 年以来，我国利用国际多边资金、双边资金开展了一系列能力建设活动，对加强我国中央、地方、行业履约能力发挥了重要作用。

1. 建立地方履约能力建设示范点

实施"联合国工业发展组织/全球环境基金中国履行斯德哥尔摩公约能力建设项目"和"中挪合作地方履约能力建设项目"，帮助上海、广东、陕西、宁波、重庆等十几个省市开展了大量能力建设工作，在地方履约机制建立、地方政策法规制修订、POPs 调查、监测监管、应急响应、公众意识和教育等方面全面提高了地方履约能力。

2. 开展监测监管能力建设

通过培训和交流等活动，引进日本、挪威等发达国家在二噁英监测方面的先进经验，帮助辽宁、浙江、重庆以及清华大学等建设和完善了二噁英检测实验室，组织开展全国性环境介质中 POPs 监测技术培训和经验交流，培养了一批地方监测队伍。在此基础上，按照公约第 16 条的规定，在全国设置 11 个大气背景点，进行环境介质中 POPs 污染常规监测，开展履约成效评估。

2013 年，针对全国疾控系统实验室监测技术人员，以血清以及乳汁为样本，开展人体样本中杀虫剂类 POPs 以及 PCBs 的监测技术培训，提高卫生系统实验室监测技术人员在 POPs 监测方面的能力。

在 POPs 监管方面，在全国范围内针对环境执法人员，开展杀虫剂类 POPs 监管执法检查培训，开展监督执法检查，提高中央以及地方的环境监督执法能力。

3. 提供技术支撑

自签署公约以来，环境保护部从多个角度为 POPs 的污染防治与监督管理提供了技术支撑服务，主要有：

一是组织减排技术调查评估。开展了生活垃圾处置、有色金属再生、钢铁生产和化工生产重点行业二噁英减排最佳实用技术和最佳环境实践（BAT/BEP）技术调查和评估，探索二噁英减排技术路线。

二是搭建技术转让平台。为识别和筛选符合国情的 POPs 削减与控制关键适用技术，克服技术转移中的主要障碍，促进技术供需双方间的交流合作，为国家实施计划（NIP）的顺利实施提供技术保障，2011 年，POPs 履约技术转移促进中心揭牌。中心以清华大学国际技术转移体系、斯德哥尔摩公约区域中心为依托，通过开展技术评估、技术推广、技术培训、技术咨询等，促进 POPs 替代、削减与处置等关键领域的技术转移。

三是开展科学研究。在国家科技支撑计划、国家重点基础研究发展计划（973 计划）、国家高技术研究发展计划（863 计划）等主要科技计划的大力支持下，科技部、国家自然科学基金委员会、环境保护部等在 POPs 迁移转化行为、暴露影响评估、监测开发研究、

POPs 替代品和替代技术开发、POPs 废物处置与减排技术等领域支持开展了一批研究项目，在国际上的影响日益显著。

2006 年，由清华大学持久性有机污染物研究中心发起了"持久性有机污染物论坛暨持久性有机污染物全国学术研讨会"（简称"POPs 论坛"）。2008 年，中国环境科学学会成立了 POPs 专业委员会。2009 年，第 29 届国际二噁英大会在北京成功举办。这些都标志着中国关于 POPs 的科研能力上了新台阶。

四是引进国际先进管理经验。自 2008 年，环境保护部每年组织召开一次国际技术协调会议，沟通履约信息，交流 POPs 削减和控制先进技术和管理经验，探讨履约国际热点问题。

六、宣传教育

根据公约的要求及《国家实施计划》确定的目标和行动，中国制订了履约相关宣传培训计划，在不同阶段，针对不同受众，开展内容各异的宣传工作。

借助广播、电视、报纸以及网络等开展了大量履约宣传和专题活动，提高社会各界对于 POPs 的认知程度；通过建设 POPs 履约行动网、定期编印中英文履约工作通讯、大批发放宣传册和宣传折页、播放宣传片和举办主题展览等多种方式，广泛宣传了 POPs 知识和履约工作取得的进展和成果；组织编写针对政府管理者、大中小学教师和学生的培训教材以及读物，在大中小学开展示范课程建设，提高社会各界对于 POPs 问题的认知程度，营造良好的履约社会氛围。

同时，结合履约工作进程，举办由国内外代表近百人参加的大型履约技术国际交流会。通过交流会，不但介绍和宣传了我国履约工作取得的进展，同时广泛地了解和学习其他国家的经验，从而进一步推动我国的履约工作。此外，中国还高度重视与周边国家的交流与合作，积极参与了由联合国工业发展组织发起的"东亚、东南亚最佳环境技术、最佳可行实践论坛"，并于 2010 年当选为轮值主席国。

第三节　削减淘汰

公约生效以来，我国政府按照《国家实施计划》确定的履约行动措施及履约总体目标和具体控制目标，积极采取行动，完善政策法规，加强能力建设，开展宣传教育，按照分阶段、分区域和分行业的战略采取相应行动，建立和完善 POPs 清单，加强各类 POPs 削减、淘汰和控制技术的研发和推广应用，推动行业开展 POPs 的淘汰和削减。

（1）在杀虫剂领域，我国启动了"世界银行/全球环境基金氯丹灭蚁灵替代示范项目"、"联合国开发计划署/全球环境基金中国用于防污漆生产的滴滴涕替代项目"、"联合国开发计划署/全球环境基金三氯杀螨醇生产控制和综合虫害管理（IPM）技术应用全额示范项目"等多个履约示范项目，开展技术示范，三个项目分别消除每年 450 t 氯丹和灭蚁灵的生产和使用，每年减少 250 t 滴滴涕的生产和使用，淘汰每年 2 800 t 的滴滴涕生产产能，减少 1 350 t 滴滴涕废物和 350 t 作为杂质的滴滴涕的排放。同时提升了白蚁防治行业整体技术和管理水平，推动了技术可行、环境友好的防污漆替代品的广泛应用，减少了食品安全隐患。

通过这些项目的实施，提高了相关生产企业、应用行业和广大公众对于 POPs 污染问题的认识，推动了相关管理政策体系的建立和完善，加强了对 POPs 生产和应用企业的监管能力；并通过技术示范，引进了经济有效、环境友好的替代品，促进了白蚁防治领域氯丹和灭蚁灵的替代以及综合虫害管理技术的应用，淘汰了滴滴涕在非封闭系统三氯杀螨醇生产中的使用以及防污漆生产过程中的使用。到 2009 年 5 月，中国顺利完成了氯丹、灭蚁灵、滴滴涕 4 种杀虫剂 POPs 农药淘汰。

（2）在多氯联苯领域，我国启动了"世界银行/全球环境基金中国多氯联苯管理与处置示范项目"，开展了在用含多氯联苯电力装置识别、标识和风险评估以及含多氯联苯废物的环境无害化管理和处置，初步建成了多氯联苯管理体系和处理处置能力，引进了国际先进的多氯联苯污染土壤的热脱附处置设施。

截至 2011 年，我国已完成浙江省 3 个多氯联苯封存点的 100 余 t 含多氯联苯电容器及废物、900 余 t 含多氯联苯污染土壤清运，及 700 余 t 污染土壤处置，部分完成了浙江省多氯联苯封存点的清运处置工作。

该项目的实施，将为我国全面开展多氯联苯环境无害化管理与处置建立科学可行的政策体系和先进的处理处置技术能力。

（3）在二噁英领域，我国启动"联合国工业发展组织/全球环境基金中国医疗废物可持续环境管理项目"、"中国生活垃圾环境综合管理项目"、"再生有色金属和钢铁生产行业 BAT/BEP 示范"等多个示范项目，减少二噁英排放。仅"联合国工业发展组织/全球环境基金中国医疗废物可持续环境管理项目"就有效减少和避免了 22.66 g 毒性当量二噁英的排放。与世界银行合作、共同开发的"中国生活垃圾环境综合管理项目"，在生活垃圾领域开展 BAT/BEP 管理与技术示范，完善我国相应管理法规和标准体系，开展贯穿生活全生命周期的垃圾管理和回收资源利用等活动，降低该行业 POPs 及其他污染物排放，提高我国生活垃圾综合环境管理水平。

同时，在"世界银行/中加无意产生的持久性有机污染物在非木浆造纸行业排放研究项目"和"中瑞合作中国造纸行业二噁英减排和控制项目"支持下，我国对各种典型非木浆制浆工艺二噁英产生情况进行了全过程的检测和评估，针对不同工艺的二噁英产生特征，制订了二噁英减排 BAT/BEP 技术方案；同时，开展行业二噁英等污染物管理与减排技术培训交流和宣传活动。

（4）在 POPs 废物和污染场地领域，我国启动"联合国工业发展组织/全球环境基金中国废弃杀虫剂类 POPs 和其他 POPs 废物环境无害化管理和处置项目"及"联合国开发计划署/全球环境基金三氯杀螨醇生产控制和 IPM 技术应用全额示范项目",针对我国已查明的废弃杀虫剂类 POPs 和飞灰进行环境无害化管理和处置示范工作。截至 2011 年 10 月,我国已处置完成卫生领域已识别的、湖北和河北两省历史遗留的近 4 000 t 杀虫剂类 POPs 废物,解决了一些历史遗留的 POPs 废物和废弃场地环境隐患,保护了环境安全和人民健康。

此外,按照公约的要求,结合《国家实施计划》确定的优先行动,我国还广泛开展了 POPs 污染场地的环境风险评估,并针对典型场地开展环境无害化的管理修复工作。如白蚁防治氯丹灭蚁灵替代示范项目完成了两个氯丹/灭蚁灵污染场地清理工作,共处置上万吨废物和污染土壤。

我国政府以履约示范项目为切入点,积极争取资金支持,推动行业开展 POPs 的淘汰和削减。我国与全球化基金、联合国开发计划署、联合国环境规划署、联合国工业发展组织、世界银行等国际组织及意大利、挪威、新西兰等国家密切合作,开展了 30 多个 POPs 国际合作项目,获得了 1 亿多美元的赠款资金支持,引入了先进的管理理念和 POPs 削减及替代技术,促进相关行业技术升级。

思考题

1. 我国分别在什么时候签署和批准的《斯德哥尔摩公约》?《斯德哥尔摩公约》什么时间开始在我国生效?
2. 我国从哪几个方面开展 POPs 履约管理?
3. 除了教材中所列,我国又出台了哪些有关 POPs 防治与管理的政策法规?
4. 截至目前,我国组织实施了哪些履约示范项目?
5. 减少 POPs 污染,你力所能及所能做到的有哪些?

参考文献

[1] 余刚,牛军峰,黄俊,等. 持久性有机污染物——新的全球性环境问题[M]. 北京:科学出版社,2005.

[2] 环境保护部国际合作司,控制和减少持久性有机污染物《斯德哥尔摩公约》谈判履约十二年(1998—2010)[M]. 北京:中国环境科学出版社,2010.

[3] 环境保护部环境保护对外合作中心. 为了更加和谐、健康的明天——中国签署《关于持久性有机污染物的斯德哥尔摩公约》十年回眸[M]. 北京:中国环境科学出版社,2011.

[4]　中华人民共和国履行《关于持久性有机污染物的斯德哥尔摩公约》国家实施计划，2007.

[5]　《全国主要行业持久性有机污染物污染防治"十二五"规划》. 环境保护部. 2012.

[6]　《关于禁止生产、流通、使用和进出口滴滴涕、氯丹、灭蚁灵及六氯苯的公告》，环境保护部　2009年第 23 号公告. 2009.

[7]　《关于加强二噁英污染防治的指导意见》. 环境保护部. 环发[2010]123 号. 2010.